VC++图像处理与分析实战

陈兵旗　陈思遥　编著

化学工业出版社

·北京·

内容简介

本书涵盖图像处理与分析的基础知识和实操内容，详细介绍了学习版软件 DIPAX、OpenCV 和 Visual Studio 2010 的功能及下载安装方法，并深入讲解了 VC++新工程的创建、菜单及对话框功能的添加，以及 OpenCV 在 VC++工程中的配置。通过丰富的实例，指导读者在 DIPAX 上进行各类图像处理与分析的编程实践，包括灰度图像二值化处理、直方图处理、微分与细线化处理、去噪声处理、特征提取、彩色变换、彩色分割、图像合成、几何变换、Hough 变换直线检测、傅里叶变换、小波变换、模式识别等，帮助读者在实际操作中轻松掌握 VC++图像处理编程技能。

本书可供计算机科学与技术、人工智能、数据科学、电子工程等领域的技术人员参考，也可作为相关专业的本科生和研究生教材。

图书在版编目（CIP）数据

VC++图像处理与分析实战 / 陈兵旗，陈思遥编著.
北京 : 化学工业出版社，2025. 8. -- ISBN 978-7-122-48875-6

Ⅰ. TP391.413

中国国家版本馆 CIP 数据核字第 2025PG3678 号

责任编辑：贾　娜　　　　文字编辑：侯俊杰　温潇潇
责任校对：李雨晴　　　　装帧设计：王晓宇

出版发行：化学工业出版社
（北京市东城区青年湖南街 13 号　邮政编码 100011）
印　　装：高教社（天津）印务有限公司
787mm×1092mm　1/16　印张 19　字数 470 千字
2025 年 11 月北京第 1 版第 1 次印刷

购书咨询：010-64518888　　　　售后服务：010-64518899
网　　址：http://www.cip.com.cn
凡购买本书，如有缺损质量问题，本社销售中心负责调换。

定　　价：108.00 元

前言

PREFACE

图像处理与分析技术作为现代信息技术的重要组成部分，其应用范围广泛，涵盖了从科研探索到工业生产的各个领域。随着技术的不断进步，对于图像处理技术的需求也日益增长，这就要求有更多具备图像处理与分析能力的人才。VC++作为图像处理领域广泛使用的编程语言，以其底层访问能力和高效的性能，成为实现大规模图像处理和复杂算法的理想工具。

本书涵盖图像处理与分析的基础知识和实操内容，旨在指导理工农医类大学生、研究生及相关技术人员进行图像处理与分析的 VC++上机编程实践。本书配套的 DIPAX 学习版软件，作为上机实践平台，具备图像的显示、读入、保存、彩色转灰度等基本功能。通过加入菜单和对话窗，并输入各章配套的图像处理 C 语言函数，可轻松实现图像处理的人机对话功能。通过学习本书，读者可以完成相关研究课题或解决实际工程问题。

本书主要结构如下：

第 1 章介绍 DIPAX、OpenCV 和 Visual Studio 2010（VC++）的功能及下载安装方法。

第 2 章详细讲解 VC++新工程的创建、菜单及对话框功能的添加方法，以及 OpenCV 在 VC++工程中的配置方法，为后续章节提供参考案例。

第 3 章介绍 DIPAX 的基本功能及使用方法，并提供 DIPAXView.cpp 和 DIPAXView.h 源代码，供后续章节添加菜单函数时参考。

第 4~16 章涵盖灰度图像二值化处理、直方图处理、微分与细线化处理、去噪声处理、特征提取、彩色变换、彩色分割、图像合成、几何变换、Hough 变换直线检测、傅里叶变换、小波变换、模式识别等内容。每章均先介绍相关算法理论，然后逐步指导读者添加菜单、对话框等功能，并提供相应的源代码文件和头文件。

本书具有以下特点：

1. 深入的底层实现：结合 VC++的底层访问能力，深入讲解图像处理算法的实现原理，帮助读者理解算法的本质和细节，培养底层编程能力。

2. 高性能优化技巧：介绍如何在 VC++环境下进行图像处理算法的性能优化，包括内存管理、并行计算、算法优化等技巧，满足高性能应用需求。

3. 注重实践应用：结合实际应用场景，展示如何在 VC++中开发图像处理与分析的应用程序，为读者提供直接参考和借鉴。

4. 配套资源丰富：提供专业版 VC++源代码软件 DIPA，包含书中全部 59 条图像处理 C 语言函数和 VC++界面源代码，供教师授课和读者编程参考。

由于笔者水平所限，书中难免有不妥与疏漏之处，敬请读者批评指正。在使用本书过程中如遇问题，可通过电子邮箱 fbcbq@163.com 与编著者联系。

编著者

目录
CONTENTS

第 1 章 VC++图像处理与分析的编程准备

1.1 配套软件的介绍与安装

1.1.1 功能介绍

本书提供用于教学演示的执行软件 DIPA 和学习版的源程序 DIPAX。

DIPA 是一个可执行软件，包含了本书全部图像处理与分析算法内容，可以对本书配套的图像进行演示处理，用于演示编程实战效果。图 1.1 是教学演示软件 DIPA 的初始界面。

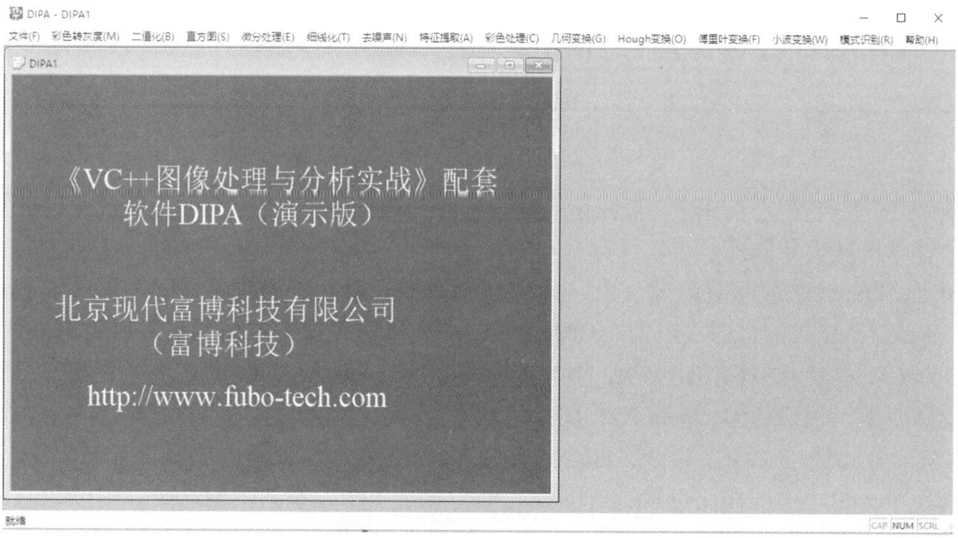

图 1.1 配套教学演示软件 DIPA

DIPAX 作为本书的上机实战平台，初始界面包含了图像的表示、读入、保存、彩色变灰度等基本功能，添加本书的第 4～16 章内容后，可以实现与 DIPA 相同的图像处理与分析功能。图 1.2 是学习版 DIPAX 初始界面读入图像的界面。

图 1.2　学习版 DIPAX 初始界面读入图像

1.1.2　获得安装

可以从网站或者扫码二维码免费下载学习版 DIPAX 的安装软件 DIPAXInstall.msi。下载后点击执行，默认安装或选择位置安装即可。安装后在桌面显示演示软件 DIPA。

用 Visual Studio 2010 打开工程 DIPAX 即可进行编程。

下载
DIPAXInstall.msi

1.2　OpenCV 的介绍与安装

1.2.1　功能介绍

OpenCV 是一个基于 BSD（berkeley software distribution，Unix 的衍生系统）许可发行的跨平台计算机视觉和机器学习软件库，可以运行在 Linux、Windows、Android 和 Mac OS 操作系统上。OpenCV 轻量且高效，由一系列 C 函数和少量 C++类构成，同时提供了 Python、Ruby、MATLAB 等语言的接口，实现了图像处理和计算机视觉方面的很多通用算法。

OpenCV 具有开源性、跨平台、功能全面等优势。OpenCV 经过几十年的发展，已经得到广泛的应用。从最初的 OpenCV-1.0.0 到 2020 年 10 月 12 日发布了 OpenCV-4.5.0 版本。OpenCV 一开始通过 C 语言设计，如今已支持 C++、Python、Ruby、MATLAB 等多种语言。

借助 OpenCV 中的模块可以完成图像处理的基本工作，包括图像从硬件的读取与存储、图像的阈值分割、边缘检测、腐蚀膨胀，还包括机器学习等。OpenCV 主要的功能模块如表 1.1 所示。

1.2.2　获取安装

OpenCV 版本众多，OpenCV-2.x 版本已经可以满足基本的图像处理操作需求。接下来以 OpenCV-2.4.10 为例，对 OpenCV 的获取与安装进行介绍。

表 1.1　OpenCV 主要模块介绍

模块	功能	模块	功能
Core	核心组件模块	Feature2d	二维特征框架
Imgproc	图像处理模块	Objdetect	目标检测
Highgui	顶层 GUI 及视频 I/O	Ml	机器学习
Video	视频分析	Flann	聚类及多维空间搜索
Calib3d	摄像机标定及三维重建	Photo	图像修复及去噪

（1）下载 OpenCV-2.4.10

OpenCV 作为计算机视觉开源库，在 OpenCV 官网便可以进行 OpenCV-2.4.10 安装文件的下载。进入 OpenCV 官网，单击 Library 菜单下的 release 选项，下方会显示 OpenCV 的众多版本，如图 1.3 所示。

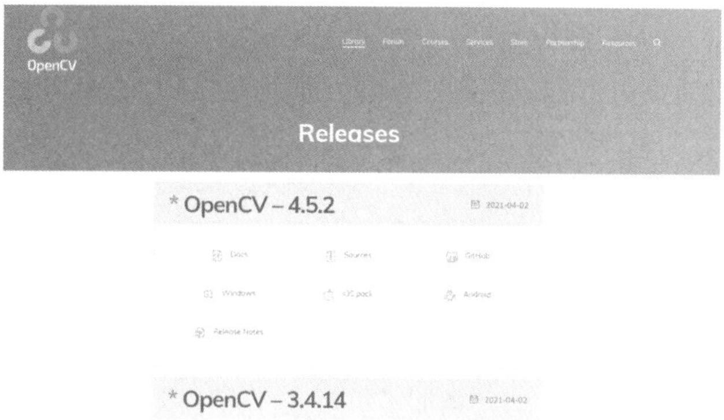

图 1.3　OpenCV 的众多版本

找到 OpenCV-2.4.10，单击并选择 Windows 版本即可开始对其进行下载，如图 1.4 所示。

（2）解压 OpenCV-2.4.10

双击获取的“opencv-2.4.10.exe”文件图标，弹出“7-Zip self-extracting archive”窗口，如图 1.5 所示。单击按钮选择解压位置（自主选择），最后单击“Extract”按钮等待解压完成。

图 1.4　OpenCV-2.4.10 文件下载

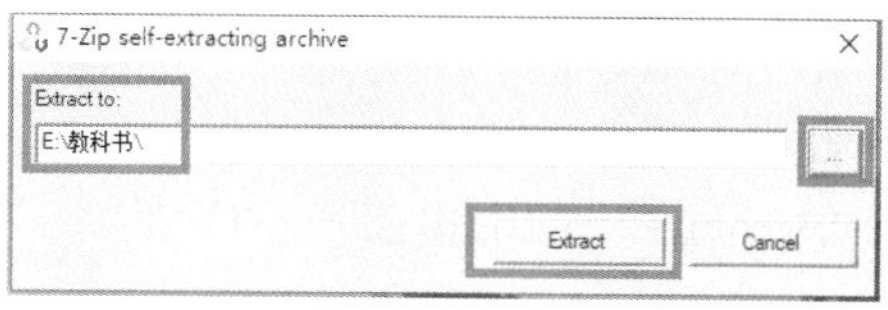

图 1.5　“opencv-2.4.10.exe”文件解压

定位到解压位置，此时存在一个“opencv”文件夹，其文件结构如图 1.6 所示。

图 1.6　“opencv”文件夹文件结构

1.3 VC++的介绍与安装

1.3.1 功能介绍

（1）基本介绍

Microsoft Visual C++（简称 VC++），是 Microsoft 公司推出的开发 Win32 环境程序的，面向对象的可视化集成编程系统。VC++不但具有程序框架自动生成、灵活方便的类管理、代码编写和界面设计集成交互操作、可开发多种程序等优点，而且通过简单的设置就可使其生成的程序框架支持数据库接口、OLE2、WinSock 网络、3D 控制界面等。

VC++以拥有语法高亮、IntelliSense（自动完成功能），以及高级除错功能而著称。它允许用户进行远程调试、单步执行等。它还允许用户在调试期间重新编译被修改的代码，而不必重新启动正在调试的程序。其编译及建置系统以预编译头文件、最小重建功能及累加连结著称。这些特征明显缩短了程式编辑、编译及连结花费的时间，在大型软件计划上尤其显著。

（2）发展历史

Visual C++最初叫作 Microsoft C/C++。下面介绍其发展历史。

Visual C++ 1.0。初代版本，集成了 MFC2.0，于 1992 年推出。同时支持 16 位处理器与 32 位处理器。

Visual C++ 1.5。集成了 MFC2.5，增加了目标文件链接嵌入 (OLE)2.0 和支持 MFC 的开放式数据库链接（ODBC）。这个版本只有 16 位的，也是第一个以 CD-ROM 为软件载体的版本。这个版本也没有所谓的“标准版”。它是最后一个支持 16 位软件编程的软件，也是第一个支持基于 x86 机器的 32 位编程软件。

Visual C++ 2.0。集成了 MFC 3.0，第一个只发行 32 位的版本。微软公司在这个版本中集成并升级了 Visual C++1.5。Visual C++ 2.x 附带了 16 位和 32 位版本的 CDK，同时支持 Win32 的开发。Visual C++ 2.2 及其后续版本不再升级 Visual C++ 1.5（尽管它一直被集成至 Visual C++ 4.x）。

Visual C++ 4.0。集成了 MFC4.0，这个版本是专门为 Windows 95 以及 Windows NT 设计的。用户可以通过微软公司的订阅服务（Microsoft Subscription Service）升级至 4.1 和 4.2 版本（此版本不再支持 Win32 开发）。

Visual C++ 5.0。集成了 MFC 4.21，是 4.2 版以来比较大的一次升级。

Visual C++ 6.0。集成了 MFC6.0，于 1998 年发行。发行至今一直被广泛地用于大大小小的项目开发。但是，这个版本在 Windows XP 下运行会出现问题，尤其是在调试模式的情况下。这个调试问题可以通过打一个叫“Visual C++ 6.0Processor Pack”的补丁来解决。

Microsoft 公司开发的可视化编程平台经过几十年的发展，如今最新版本开发环境是 Microsoft Visual Studio 2022（简称 VS2022）。本书选择较为稳定版本的版本 Microsoft Visual Studio 2010（简称 VS2010 或 VC++2010），并对其获取与安装进行介绍。

1.3.2　获取安装

（1）下载安装包

Visual Studio 2010 是微软拥有版权的商业软件，可以通过以下途径获得：

① 访问读者所在大学的 IT 服务部门网站、图书馆网站，或者专门为学生/教师提供软件下载的校内门户。

② 访问官方网站下载完全免费的 Visual Studio Community 版本。

（2）安装 Visual Studio 2010

① 解压安装包文件，在解压文件中找到“setup.exe”文件。如图 1.7 所示对其双击，弹出如图 1.8 所示的软件安装对话框。

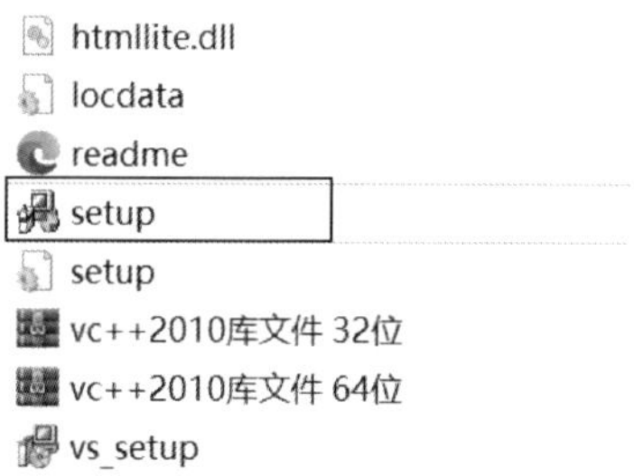

图 1.7　双击 setup.exe

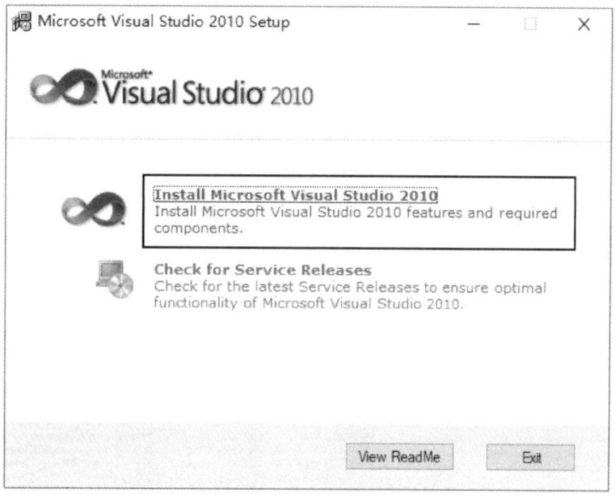

图 1.8　VS2010 软件安装对话框

② 单击“Install Microsoft Visual Studio 2010”，弹出如图 1.9 所示的对话框。单击“Next >”，进入安装许可对话框，如图 1.10 所示，勾选“I have read and accept the license terms.”选项。

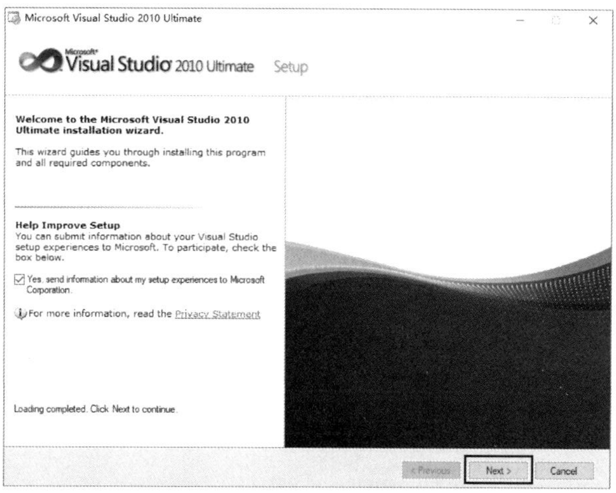

图 1.9　VS2010 安装初始化对话框

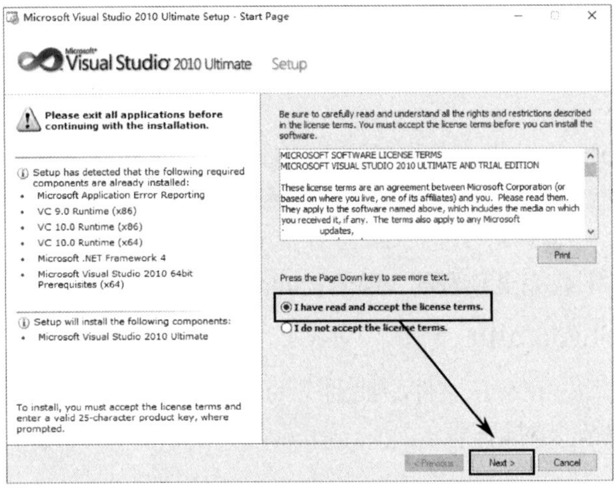

图 1.10　安装许可对话框

③ 继续单击“Next＞”按钮，进入安装类型与路径选择对话框，如图 1.11 所示。首先在安装类型选项中选择“Full”选项，然后对安装路径进行设置。默认路径在 C 盘，也可以单击“Browse...”按钮设置自己的安装路径，建议修改安装路径到 D 盘。

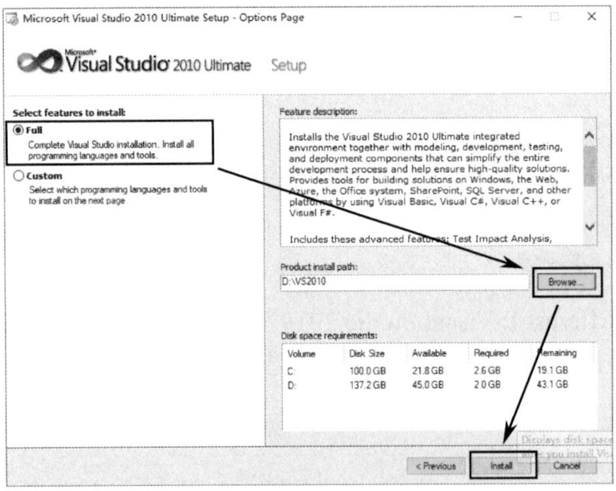

图 1.11　安装类型与路径选项对话框

④ 选择了安装路径后单击“Install”便可对 VS2010 进行安装，整个安装过程大约需要 30 分钟左右，安装完成后点击“Finish”按钮即结束对 VS2010 的安装。

第 2 章

配置 OpenCV 的 VC++ 图像处理工程

2.1 工程创建

2.1.1 启动 Visual Studio 2010

双击桌面软件图标启动软件，或者单击计算机桌面左下角图标（Windows10 系统），并在如图 2.1 所示的搜索栏中输入“Microsoft Visual Studio 2010”，最后单击搜索结果中的“Microsoft Visual Studio 2010”。

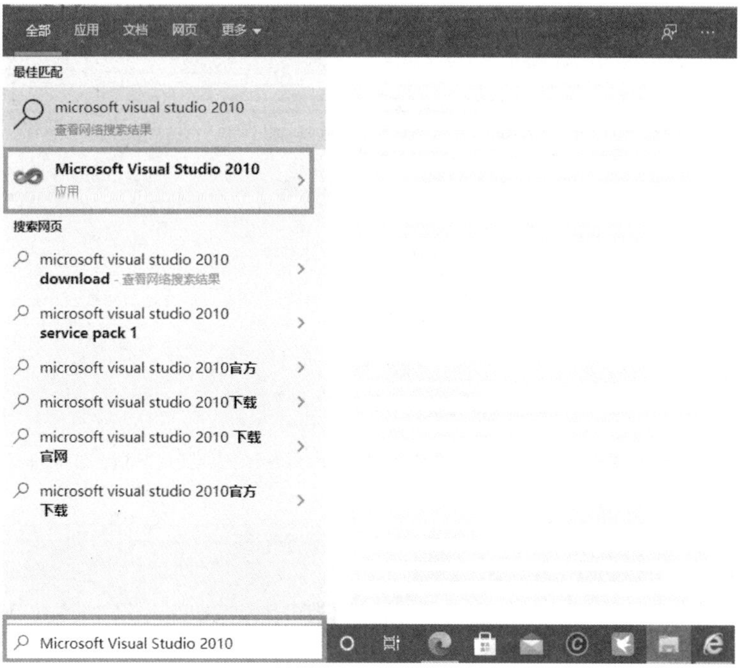

图 2.1　启动软件

弹出如图 2.2 所示的软件初始界面。

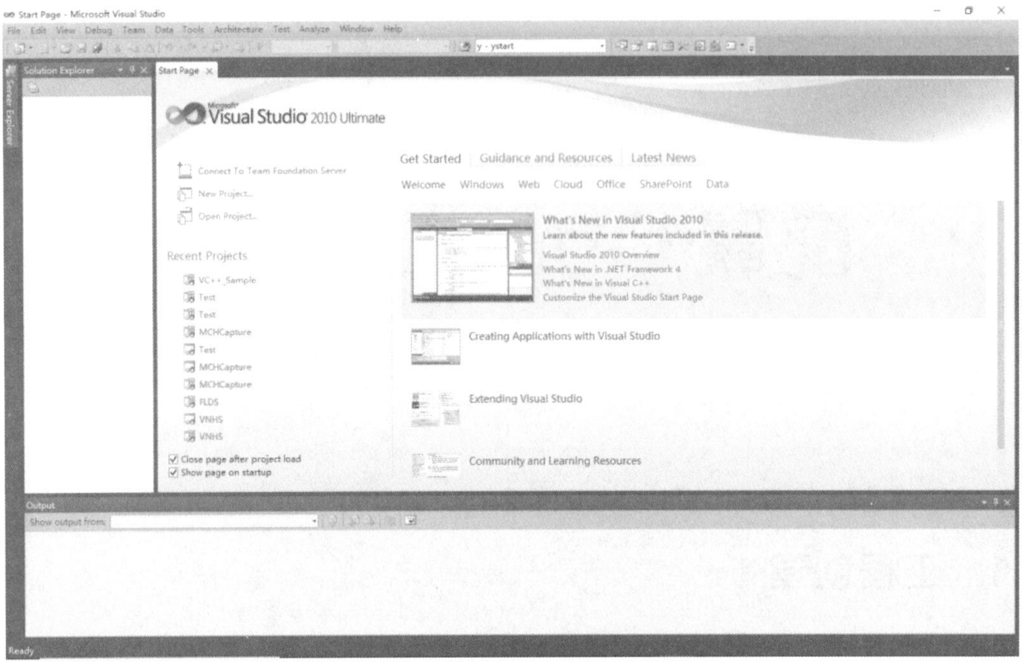

图 2.2　软件初始界面

2.1.2　创建新工程

（1）新建项目

在软件初始界面单击“New Project...”按钮，弹出如图 2.3 所示的新建项目对话框。

图 2.3　新建项目对话框

（2）新建项目选项

如图 2.3 所示，在新建项目对话框中选择“MFC Appliation”，并在下方“Name”处填写工程名称“VC++_Sample”，在“Location”位置单击“Browser...”按钮，选择项目存储位置，本书的存储位置为“E:\2010Project\”，其中“Solution name”位置处一般与“Name”处名称一致，最后单击“OK”按钮，弹出 MFC 应用程序向导对话框，如图 2.4 所示。

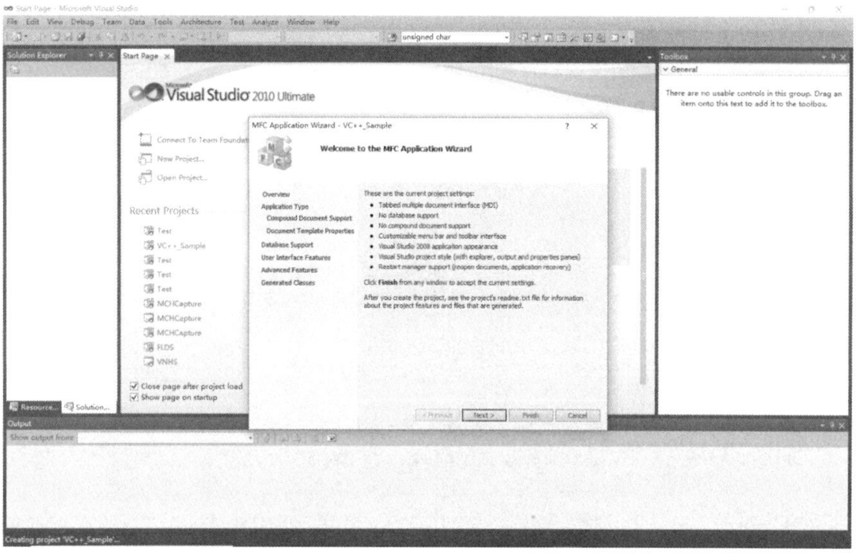

图 2.4 MFC 应用程序向导对话框

（3）应用类型选项

在图 2.4 中，单击“Next >”按钮，弹出图 2.5 的“Application Type”对话框。

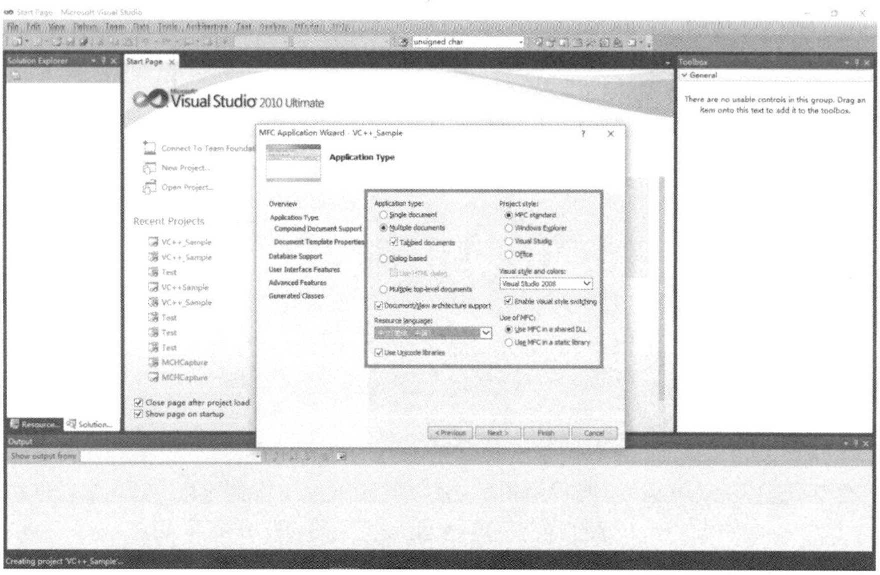

图 2.5 “Application Type”对话框

按图 2.5 所示设定选项，并单击“Next>”按钮，直到出现如图 2.6 所示窗口。

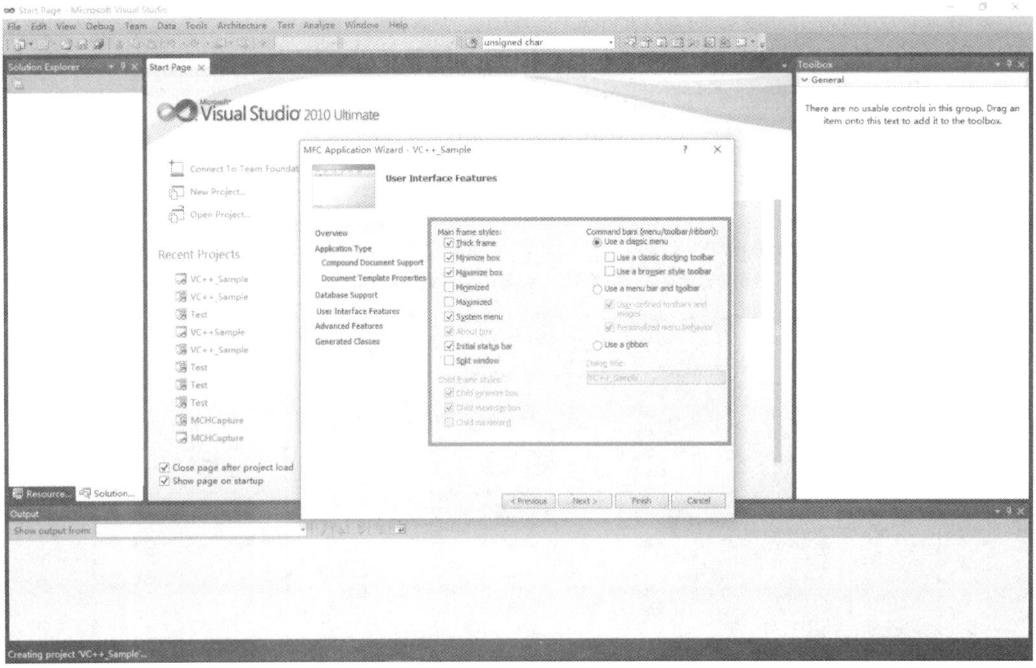

图 2.6　新建工程设置

按图 2.6 所示设定选项，然后点击“Next>”，直到出现图 2.7 窗口，不能继续点击“Next　>”为止。

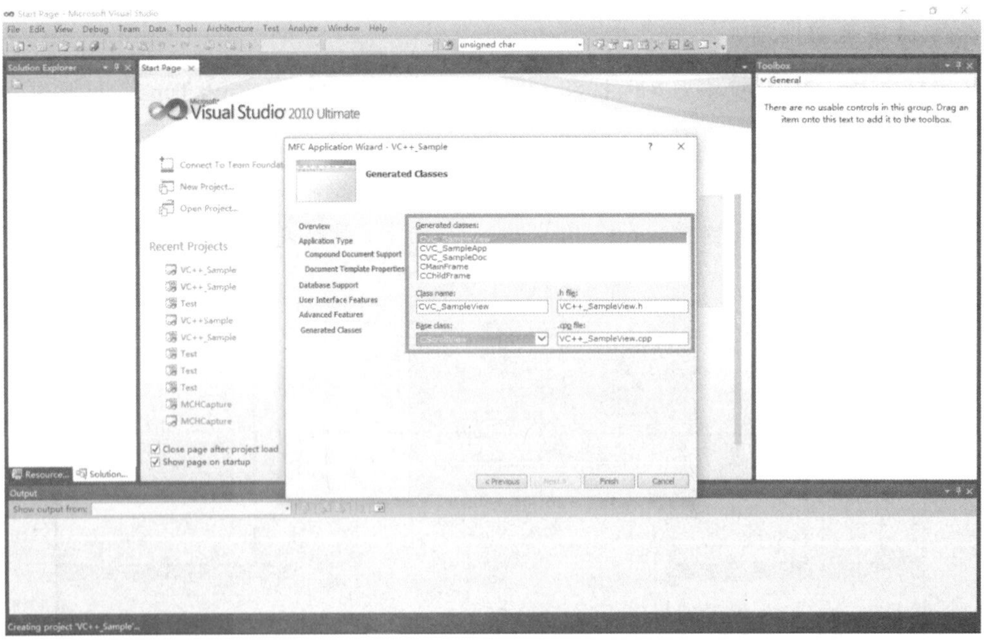

图 2.7　“Base class”的设置

在图 2.7 上修改“Base class”为“CScrollView”，点击“Finish”，完成新工程创建，

出现如图 2.8 所示的新工程界面。

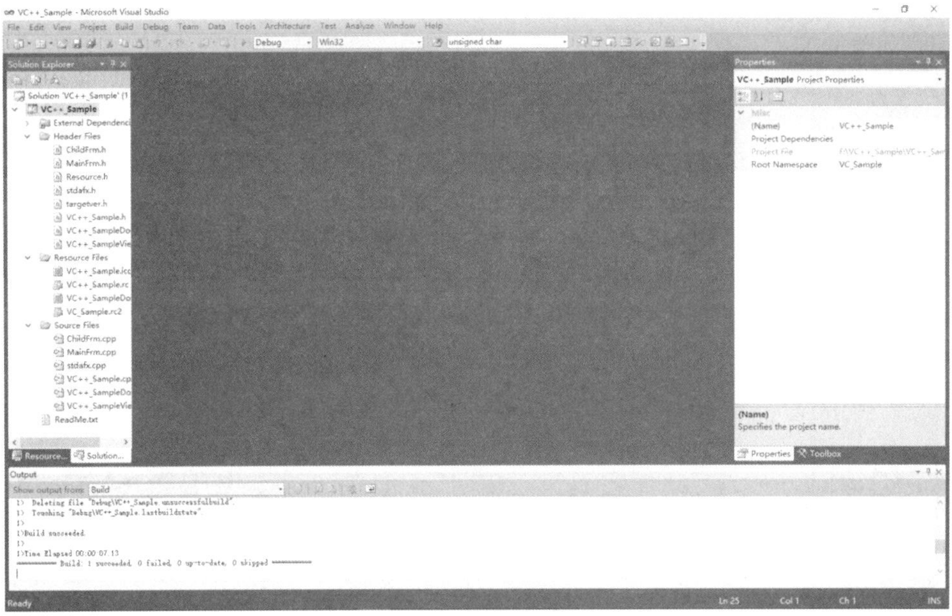

图 2.8　新工程界面

2.1.3　添加菜单

（1）Resource View 选项

如果窗口左侧下方没有“Resource View”一栏，单击工具栏中“View”菜单，选择“Resource View”，如图 2.9 所示，即可添加“Resource View”。

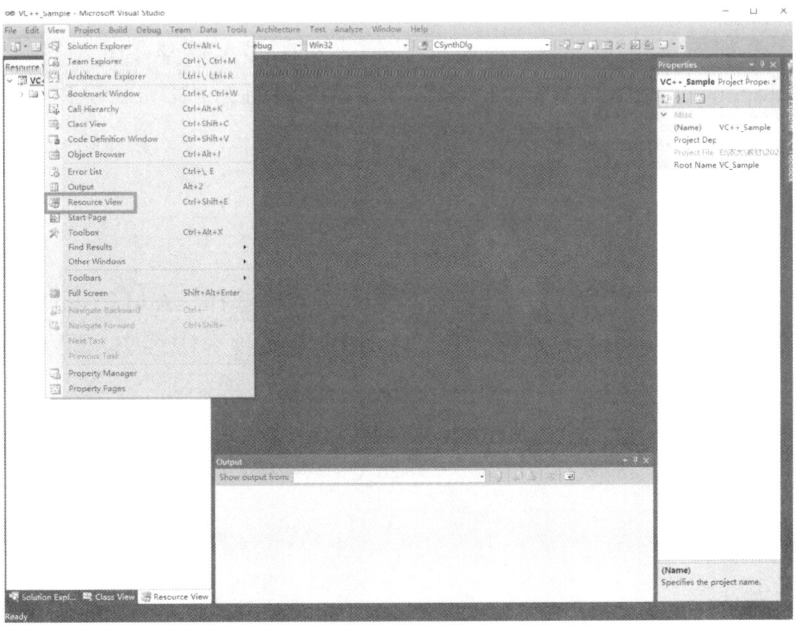

图 2.9　选择“Resource View”

在左侧“Resource View”选项卡中打开“Menu”文件，双击“IDR_VC_SampleTYPE”出现“VC++_Sample.rc- IDR_VC_SampleTYPE”页面，如图 2.10 所示。

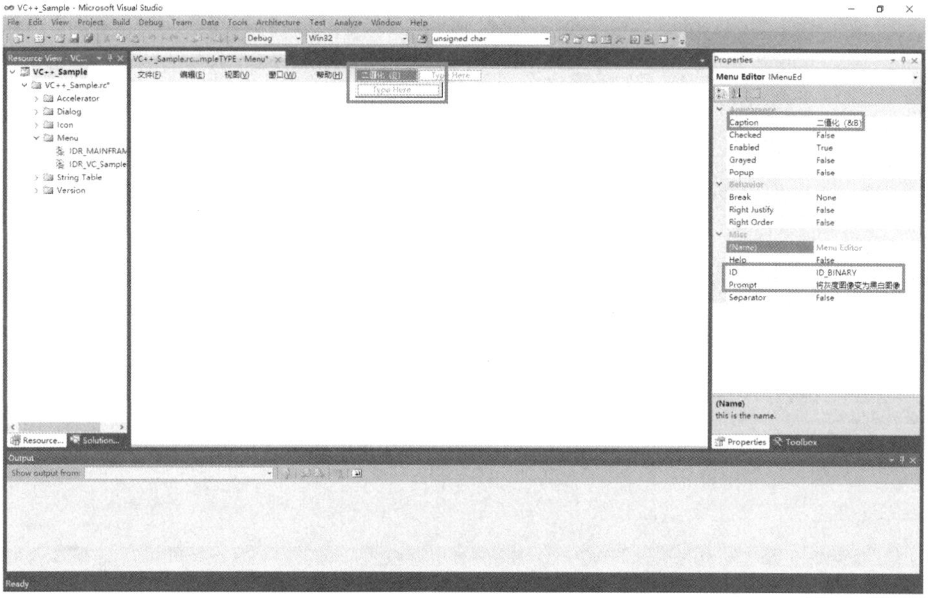

图 2.10　添加菜单窗口

（2）Type Here 选项选择

单击“Type Here”并输入“二值化（&B）”菜单，然后右键单击该菜单，在选项卡中选择“Properties”，弹出如图 2.10 右侧所示窗口。

注：“&B”意思是设置该菜单的快捷键为 Ctrl + B。

（3）Menu Editor 选项选择

单击刚才添加的菜单“二值化（B）”按钮，右侧显示该菜单的设置选项卡“Menu Editor”。将“Popup”选项卡设置为“False”，将“ID”设置为“ID_BINARY”，在“Prompt”中填写“将灰度图像变为黑白图像”。

注：鼠标移动到该位置时会弹出提示语。

2.1.4　添加菜单函数

右键单击添加的“二值化（B）”菜单，在选项卡中选择“Add Event Handler”，此时弹出“Event Handler Wizard”对话框，在“class list”选项卡中选中“CVC_SampleView”并单击“Add and Edit”按钮，完成函数添加，如图 2.11 所示。

此时出现“VC++_SampleView.cpp”文件窗口，并定位到添加的“OnBinary”函数，在函数中可以根据自己的需要编写代码，如图 2.12 所示。

2.1.5　添加对话框

（1）添加对话框

打开工程界面左侧的“Resource View”窗口，右击“Dialog”后，在出现的菜单中选择“Insert Dialog”，此时出现新添加的对话框，如图 2.13 所示。

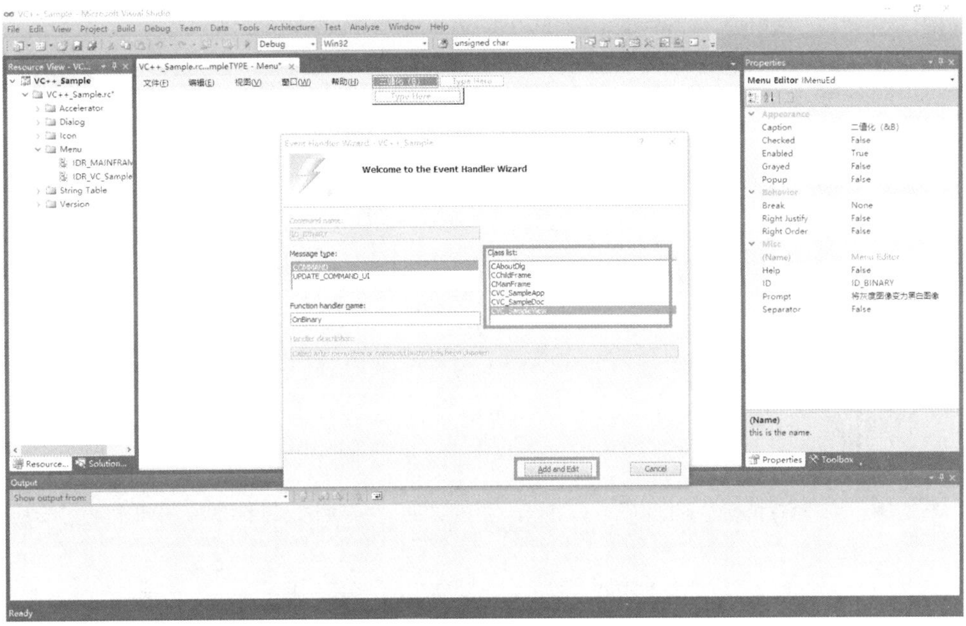

图 2.11　添加函数界面

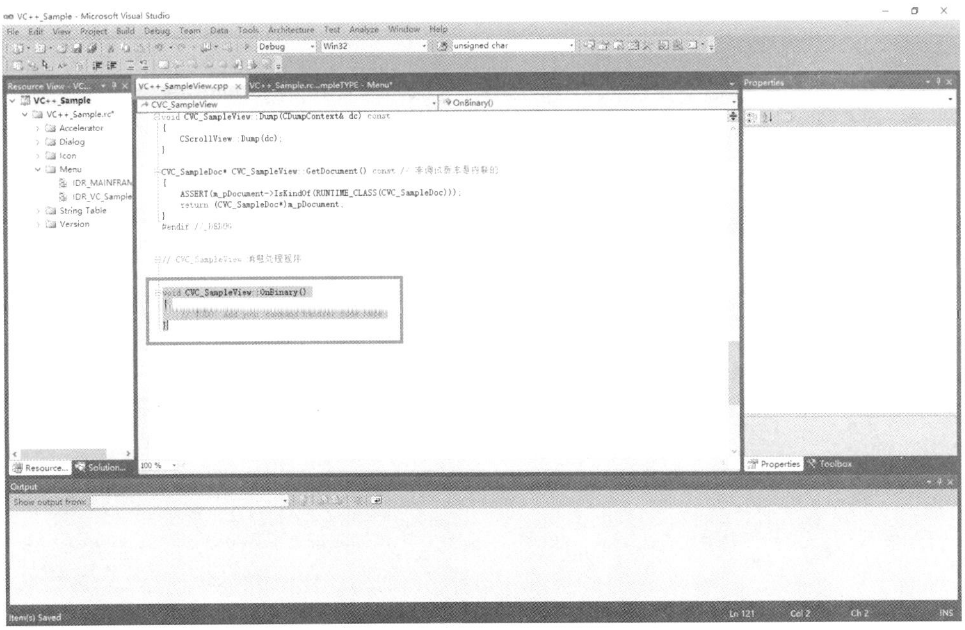

图 2.12　完成函数添加界面

（2）新增对话框的设置

右击新增的对话框，在弹出的菜单中选中“Properties”，此时在工程窗口右侧出现“Properties”对话框。在“Appearance”选项卡中的“Caption”中输入“二值化处理”，将选项卡“Behavior”中的“Visible”选项改为“True”，将“Misc”选项卡中的“ID”

选项中输入“IDD_BINARY_DIALOG”，如图 2.14 所示。

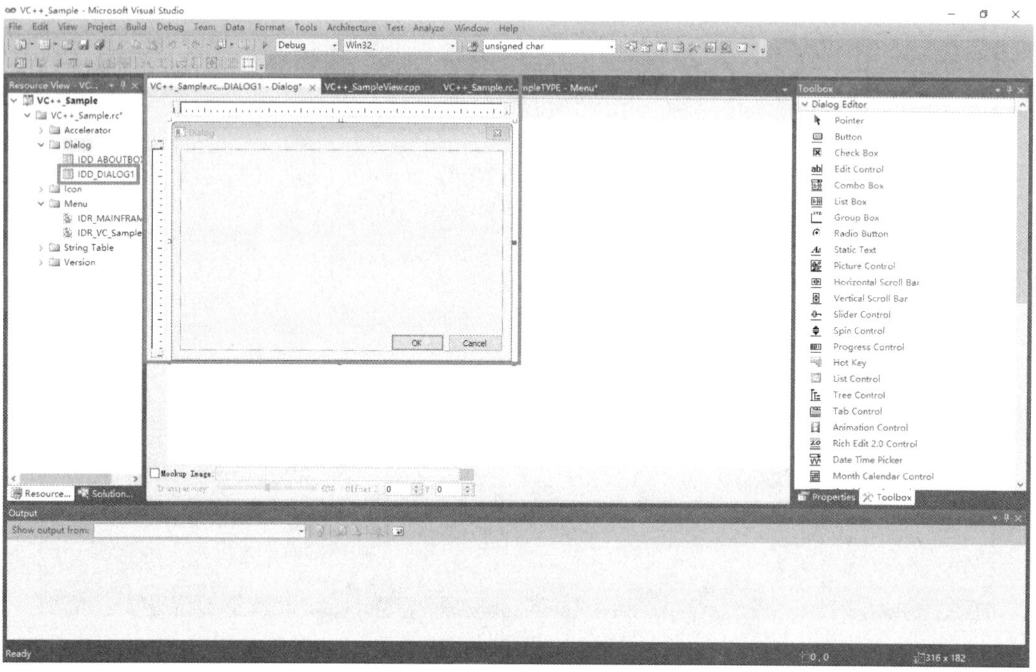

图 2.13　新添加的对话框

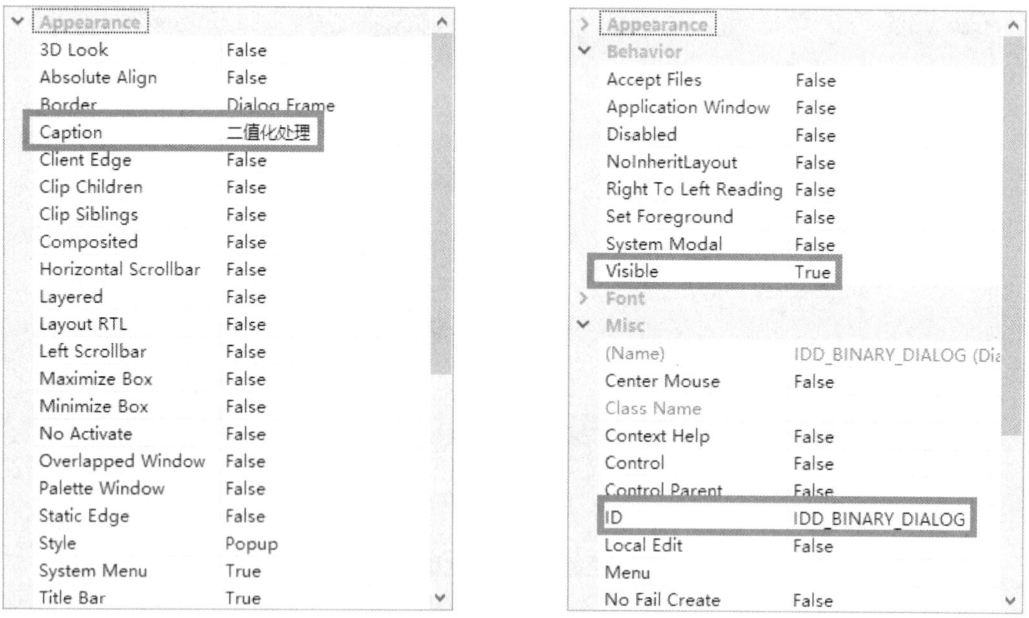

图 2.14　新增对话框属性设置

2.1.6　添加对话框类

右击对话框，在弹出的对话框中选择“Add Class”后，弹出“MFC Add Class Wizard-VC++_Sample”对话框，如图 2.15 所示。

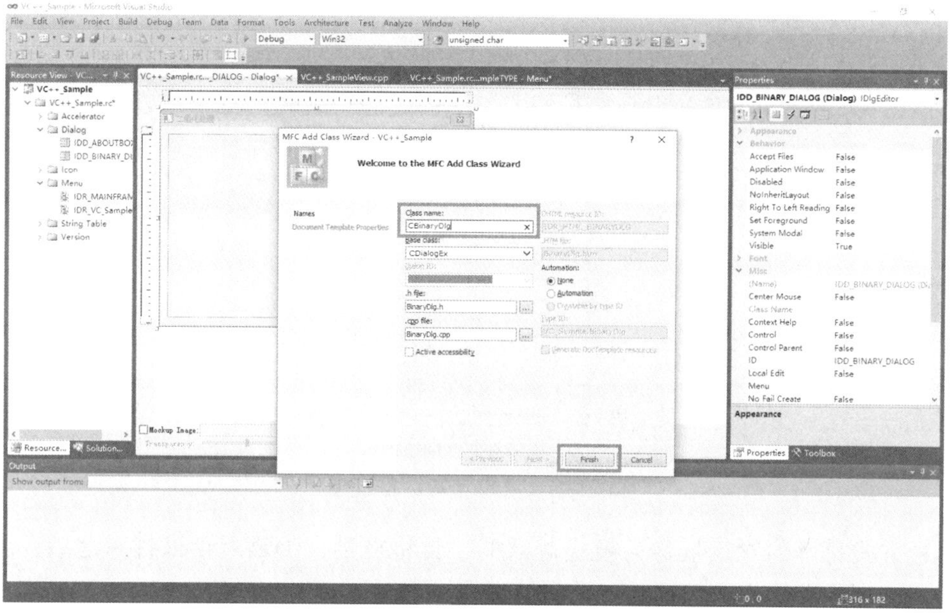

图 2.15　添加对话框类界面

在“Class name”中输入新类的名称“CBinaryDlg”，并单击“Finish”按钮。完成后会自动生成“.h”和“.cpp”文件。

2.1.7　菜单与对话框连接（模式）

在 VC++_SampleView.cpp 文件的上方加入对话框的头文件 BinaryDlg.h，如图 2.16（a）所示。在程序文件“VC++_SampleView.cpp”文件中的 OnBinary（）函数里面加入调用对话框的内容，如图 2.16（b）所示。

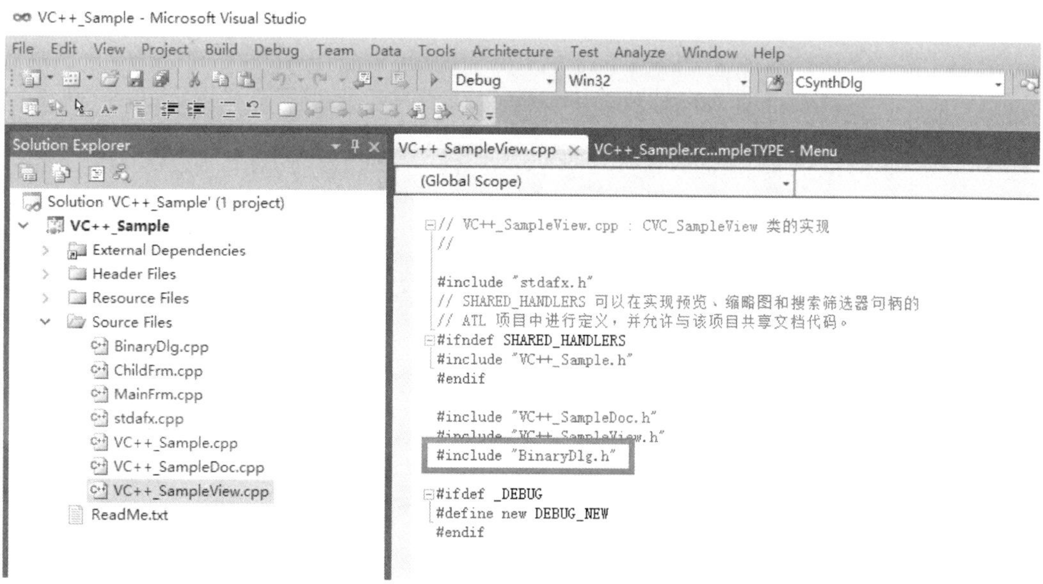

（a）添加对话框头文件

图 2.16

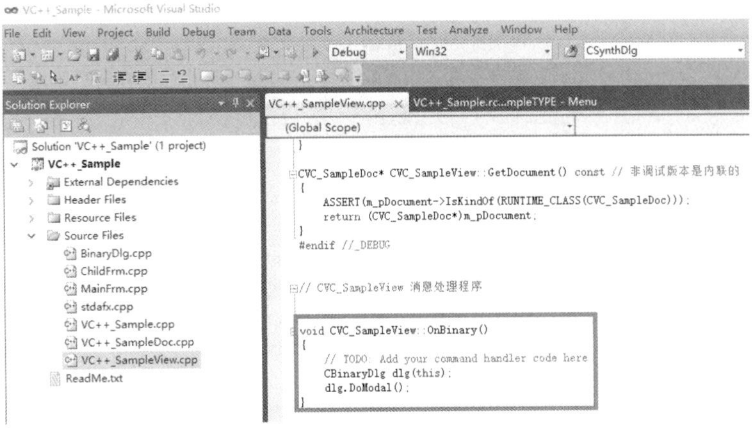

（b）添加对话框调用函数

图 2.16　菜单与对话框连接

这种方式打开的对话框称为模式对话框，其特点是：①该对话框打开之后，对话框之外的功能都不能执行；②打开对话框的关闭函数是 OnClose()或 OnCancel()，本工程的 Cancel 按钮没有添加函数，默认执行 OnCancel()函数。

与模式对应的另一种对话框打开方式是非模式，其主要特点是其他功能不受该对话框打开的影响。非模式打开和关闭对话框的函数与模式不同，具体将在 6.3.2 小节说明。

2.1.8　对话框上添加执行按钮

（1）打开工具窗口

打开对话框，将对话窗口上自动生成的“OK”键与“Cancel”键改造后使用，也可以单击工具窗口的“Button”按钮后，单击对话框上的适当位置创建按钮。如图 2.17 所示，在“View”菜单中选择“Toolbox”打开工具窗口，选择工程界面右上边的“Toolbox”，即打开工具窗口。

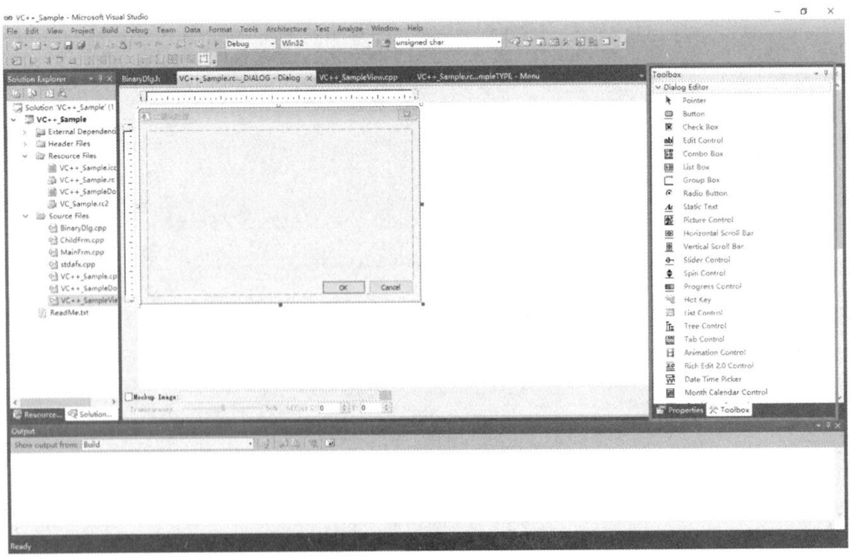

图 2.17　打开工具窗口

（2）按钮选择

在本例中，“Cancel”作为关闭对话框的按钮不变（默认执行 OnCancel()函数），将“OK”按钮改造为二值化的执行按钮。改造方法如下：右击原来的“OK”按钮，选择“Properties”后，在右侧出现“Properties”窗口，将“Misc”选项卡中的“ID”项改为“ID_BINARY_EXECUTE”，“Appearance”选项卡中的“Caption”项改为“执行”。改造结果如图 2.18 所示。

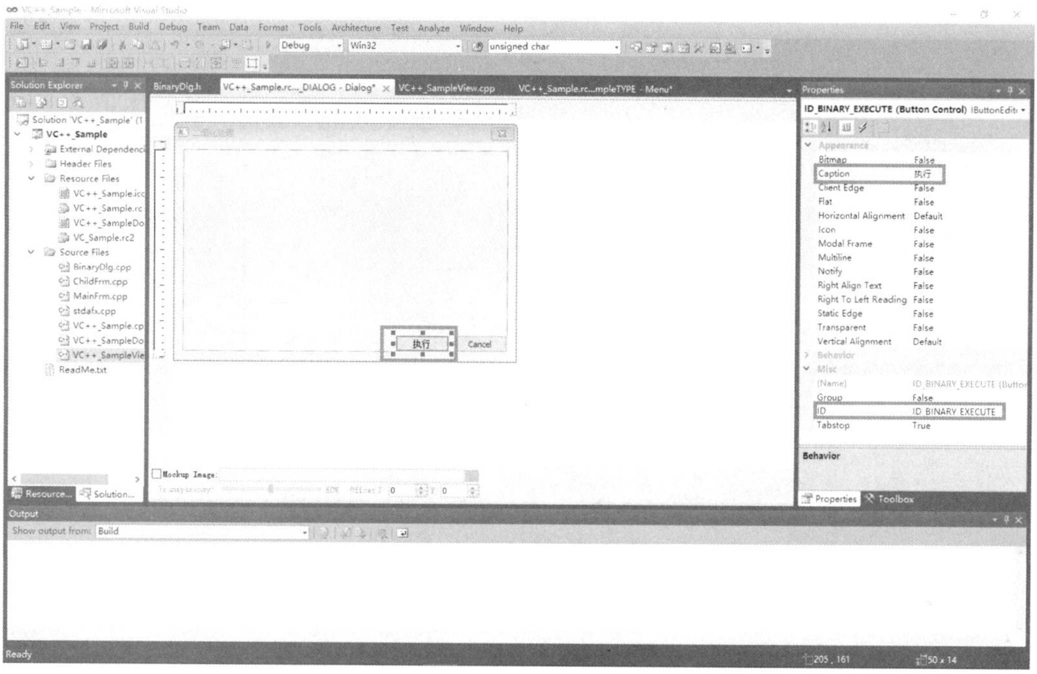

图 2.18 “OK”按钮改造

2.1.9 对话框上设置参数

（1）静态文字

单击 “Toolbox”中的“Static Text”按钮后，再单击对话框上适当的位置放置该按钮。然后，右击该按钮选择“Properties”，并在右侧“Properties”窗口中设定“Appearance”的“Caption”为“阈值”，静态文字的“ID”默认“IDC_STATIC”，不需要修改。如图 2.19 所示。

（2）添加参数输入框

单击“Toolbox”中的“Edit Control”后，再单击对话框中“阈值”的右侧放置该输入框。放置后，选择“Properties”，在右侧“Properties”窗口中，设定“Misc”的“ID”为“IDC_THRESHOLD_EDIT”。如图 2.20 所示。

（3）添加单选按钮

单击“Toolbox”中的“Radio Button”后，再单击对话框上的适当位置放置该按钮。

放置后，右击该按钮，选择“Properties”，在如图 2.21 所示的“Properties”窗口中，设定“Appearance”的“Caption”为“以上”，“Misc”的“Group”为“True”，“ID”为“IDC_BINARY_RADIO1”。

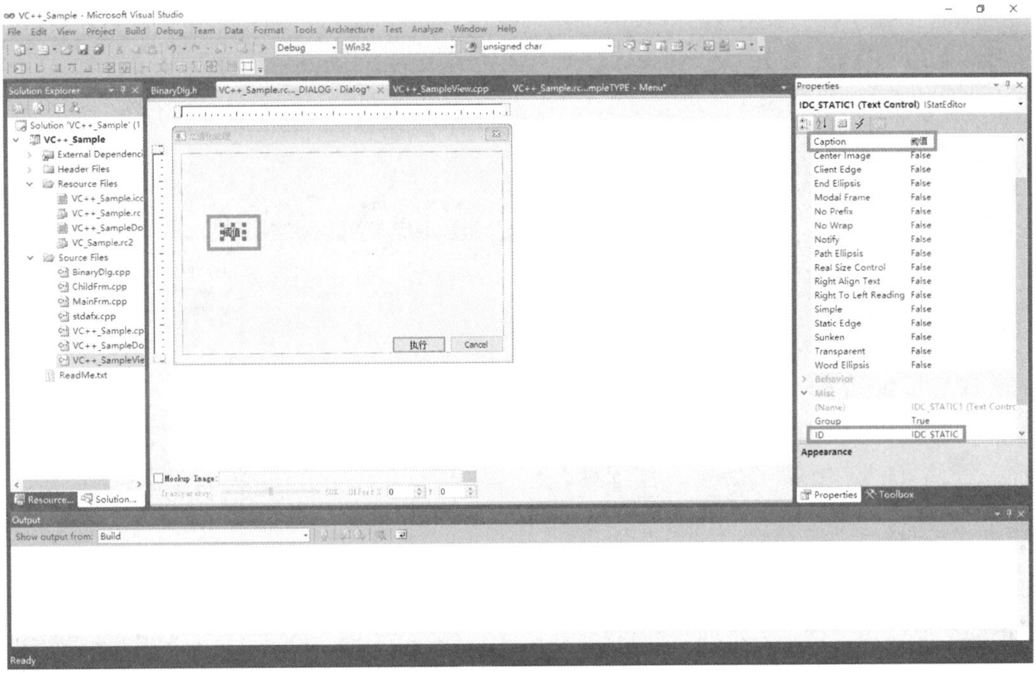

图 2.19　添加静态文字

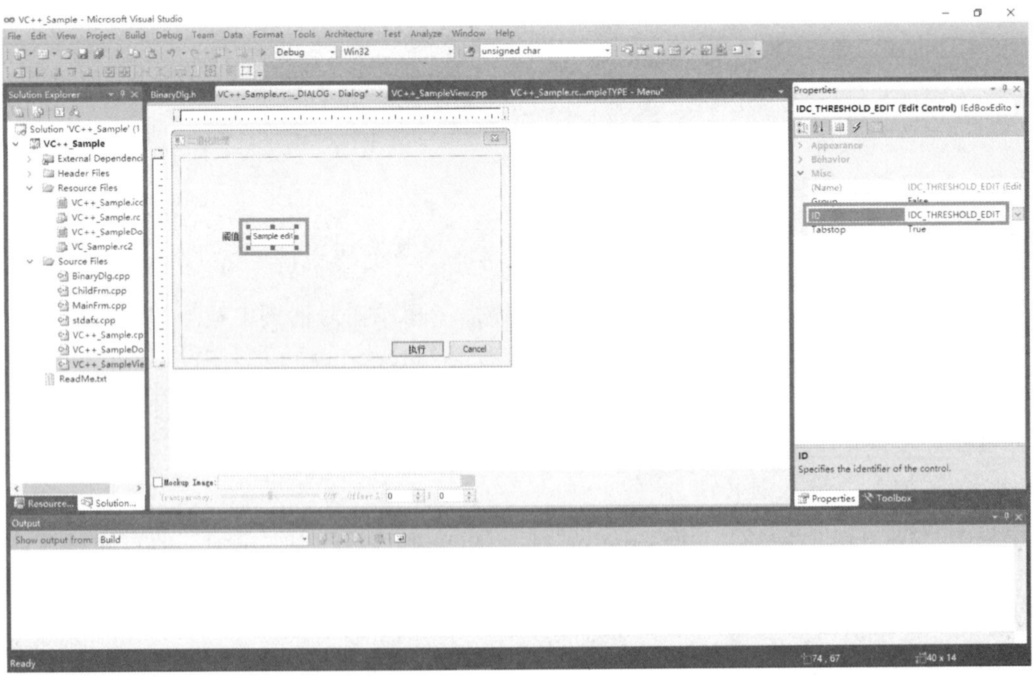

图 2.20　添加参数输入框

用同样的方法在该按钮的右侧再建立一个名字为“以下”的单选按钮，“ID”设置为

“IDC_BINARY_RADIO2”，如图 2.22 所示。

注意：此时的“Group”采用默认的“False”，这样“以上”和“以下”即为同一组，只能选一个。

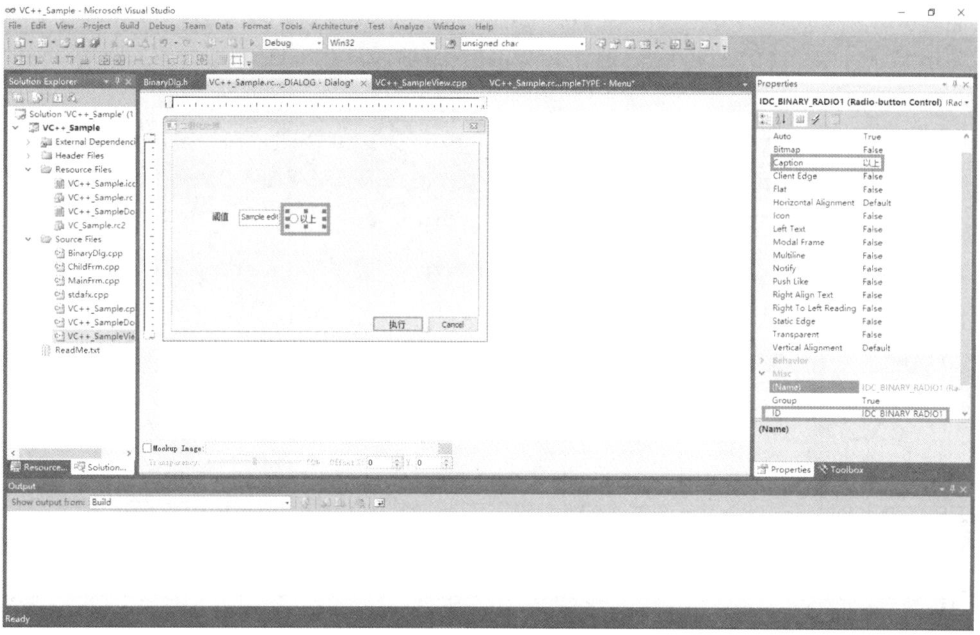

图 2.21　设置单选按钮 1

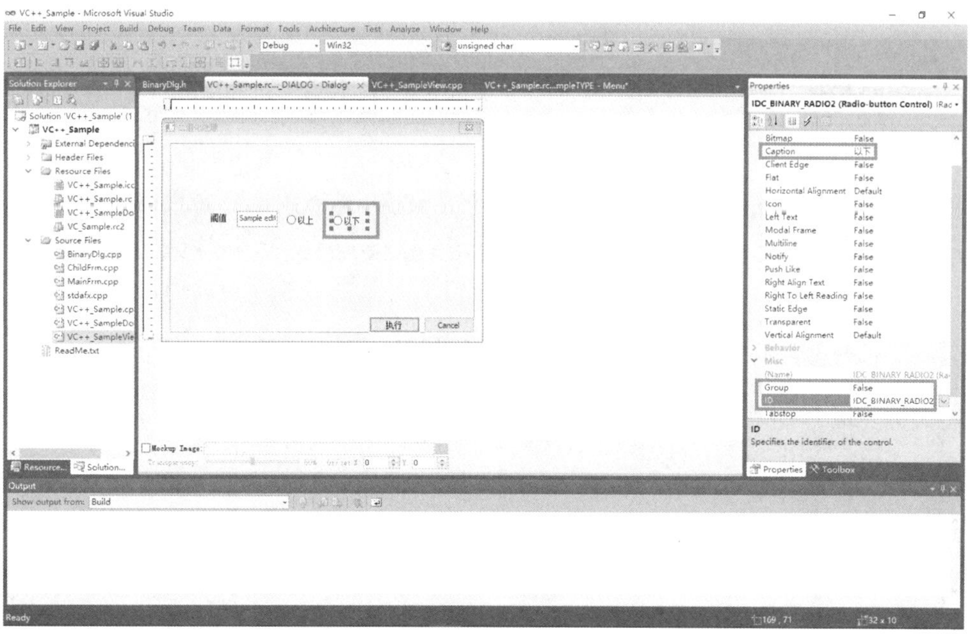

图 2.22　设置单选按钮 2

单选按钮不能正常运行时的修正方法：①确认第一个单选按钮的“Group”设定为“True”，其他都为“False”；②点击菜单“Format”→“ Tab Order”后，顺序点击各个单选按钮即可。

（4）添加参数

右击编辑窗口“IDC_THRESHOLD_EDIT”，在弹出的快捷菜单里选择“Add Variable”后，弹出“Add Member Variable Wizard-VC++_Sample”对话框，如图 2.23 所示。首先在“Category”中选择“Value”，然后在“Variable type”中选择“BYTE”，同时在“Variable name”中输入“m_nTh”。设定后单击“Finsh”关闭窗口。

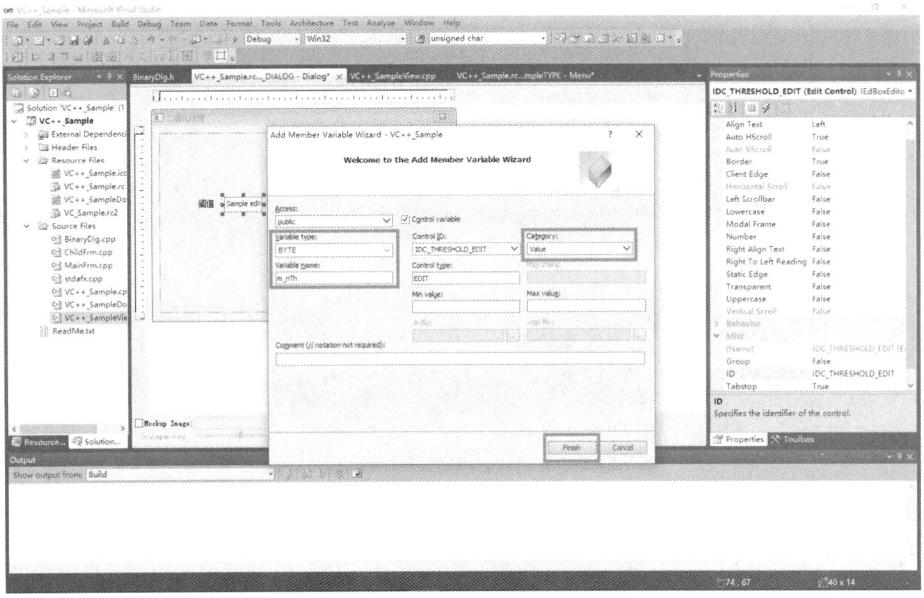

图 2.23　定义阈值参数

以同样的步骤，给单选按钮“以上”定义参数，名字为“m_nModel”，值型为“int”，如图 2.24 所示。

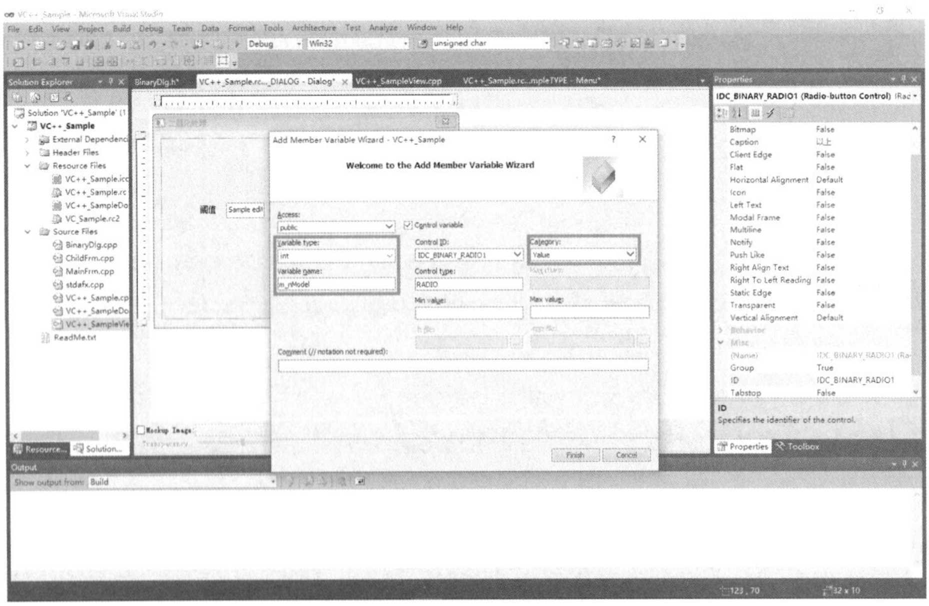

图 2.24　定义单选按钮参数

说明：

添加参数的格式一般是类的成员标识（m_）+ 参数型标识（例如整数型 n）+ 参数符号。m_nTh 表示该参数是类成员的整数型参数。

2.1.10　添加函数

（1）添加对话框的初始化函数

初始化函数在对话框打开时自动执行，可以在初始化函数里对参数等进行初始设定。右击对话框上空白位置，在弹出的快捷菜单中，选择“Class Wizard”，打开“MFC Class Wizard”窗口，如图 2.25 所示。在“Virtual Function”一栏中选择“OnInitDialog”，单击对话框右侧的“Add Function”。然后，单击对话框下方的“OK”按钮关闭对话框，或者单击“Edit Code”按钮进入函数编辑对话框。

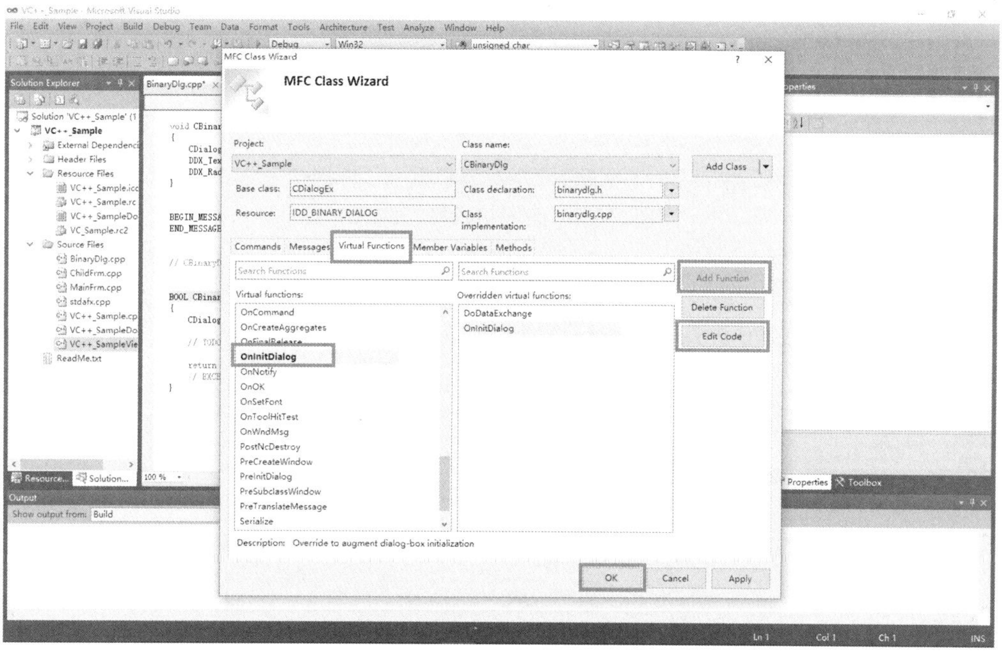

图 2.25　添加对话框的初始化函数

说明：用同样的方法可以添加 PostNcDestroy 函数，该函数在窗口关闭前执行，与 Class 的析构函数类似，一般将初始化函数里分配的内存在该函数或 Class 的析构函数中释放。

（2）添加执行按钮函数

右击对话框上的“执行”按钮，在弹出的快捷菜单中选择“Class Wizard”，弹出“MFC Class Wizard”对话框，如图 2.26 所示。在“ID_BINARY_EXECUTE”对应的“Messages”栏中选择“BN_CLICKED”，然后单击对话框右侧的“Add Handler...”，弹出填有默认函数名称的对话框，默认函数名称与“ID”名称关联，一般不需要修改。单击“OK”按钮关闭添加函数对话框，再单击“OK”按钮关闭“MFC Class Wizard”对话框。这里的“Cancel”按钮使用默认关闭，不添加函数。

鼠标双击按钮，可以自动添加函数。

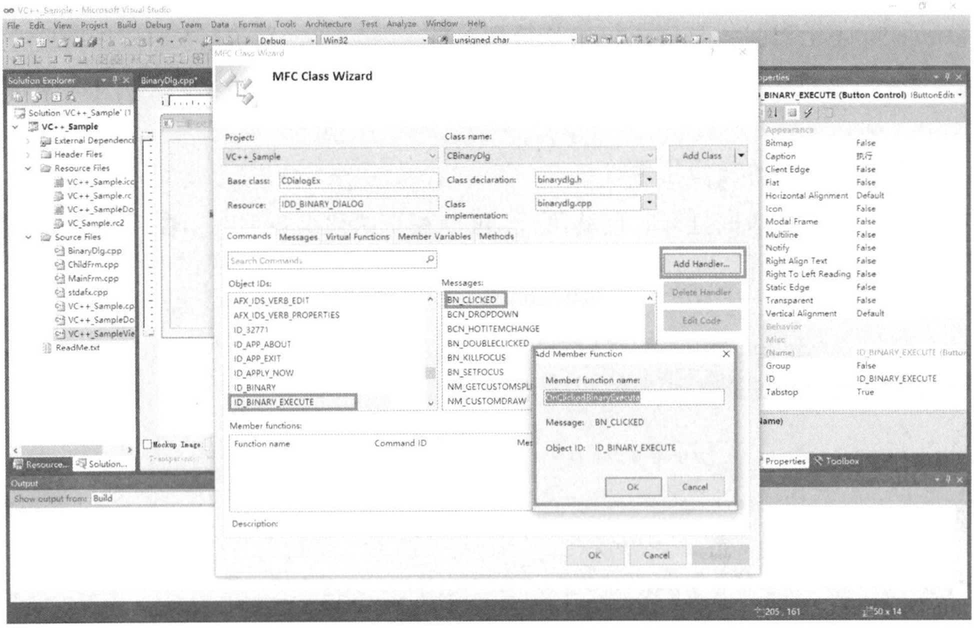

图 2.26　添加执行按钮函数

（3）添加函数代码

① 在 BinaryDlg.h 文件中添加如图 2.27 所示代码。

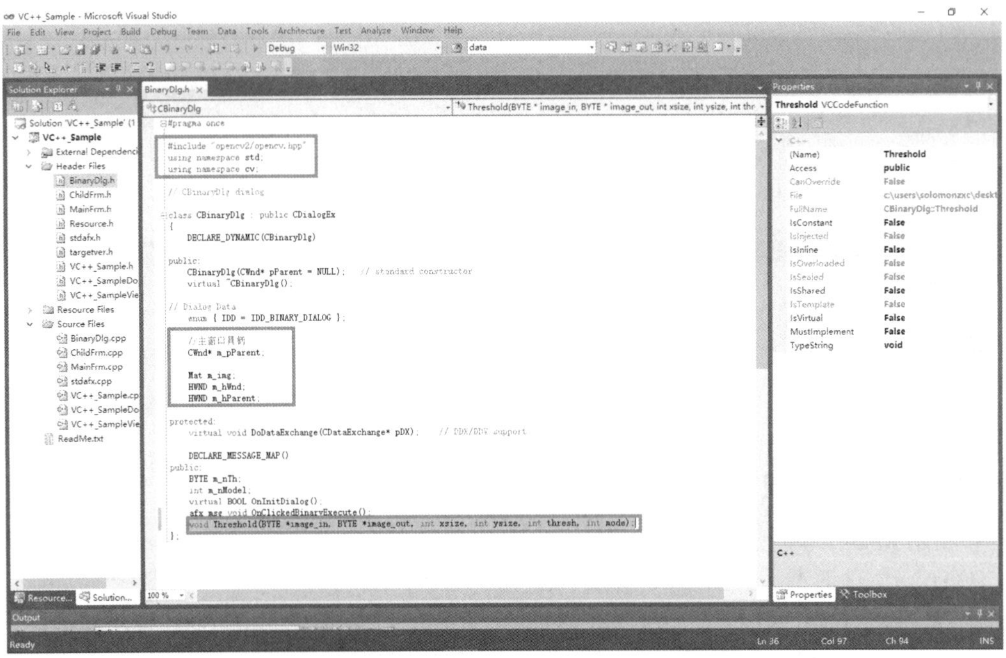

图 2.27　头文件添加变量与函数的声明

② BinaryDlg.cpp 文件代码如下所示。

```
#include "stdafx.h"
#include "VC++_Sample.h"
#include "BinaryDlg.h"
#include "afxdialogex.h"
//////////////////////////
#include "VC++_SampleDoc.h"
#include "VC++_SampleView.h"
//////////////////////////
// CBinaryDlg dialog

IMPLEMENT_DYNAMIC(CBinaryDlg, CDialogEx)

    CBinaryDlg::CBinaryDlg(CWnd* pParent /*=NULL*/)
    : CDialogEx(CBinaryDlg::IDD, pParent)
    , m_nTh(0)
    , m_nModel(0)
{
   //初始化参数。需要设置合适的初始值，确保打开窗口后点击任何命令都不会出错。
    m_nTh = 100;
    m_nModel = 0;

    //保存表示画面句柄
    m_pParent = pParent;
}

CBinaryDlg::~CBinaryDlg()
{
}

void CBinaryDlg::DoDataExchange(CDataExchange* pDX)
{
    CDialogEx::DoDataExchange(pDX);
    DDX_Text(pDX, IDC_THRESHOLD_EDIT, m_nTh);
    DDX_Radio(pDX, IDC_BINARY_RADIO1, m_nModel);
}

BEGIN_MESSAGE_MAP(CBinaryDlg, CDialogEx)
    ON_BN_CLICKED(ID_BINARY_EXECUTE, &CBinaryDlg::OnClickedBinaryExecute)
END_MESSAGE_MAP()

// CBinaryDlg message handlers
BOOL CBinaryDlg::OnInitDialog()
{
    CDialogEx::OnInitDialog();
    //读入图像
    m_img = imread("Sample.bmp", CV_LOAD_IMAGE_UNCHANGED);
    Size size = m_img.size();
    //设定图像窗口大小
    ((CVC_SampleView*)m_pParent)->SetWindowSize(size.width, size.height);
    //更新画面
    m_pParent->Invalidate();
```

```
    //显示图像
    imshow("Origin", m_img);
    //获得创建的窗口句柄
    m_hWnd = (HWND)cvGetWindowHandle("Origin");
    //获得其父句柄
    m_hParent = ::GetParent(m_hWnd);
    //设置创建窗口的父窗口为 View
    ::SetParent(m_hWnd, ((CVC_SampleView*)m_pParent)->m_hWnd);
    //将父窗口及其子窗口进行隐藏
    ::ShowWindow(m_hParent, SW_HIDE);
    return TRUE;
}

void CBinaryDlg::OnClickedBinaryExecute()
{
    // TODO: Add your control notification handler code here
    UpdateData(TRUE);
    int channel = m_img.channels();
    if(channel != 1)
        return;
    //二值化处理
    Threshold(m_img.data, m_img.data, m_img.cols, m_img.rows, m_nTh, m_nModel);
    //显示图像
    imshow("Origin", m_img);
    waitKey(0);
}

void CBinaryDlg::Threshold(BYTE *image_in, BYTE *image_out, int xsize, int ysize, int thresh, int mode)
{
    int    i,j;

    for (j = 0; j < ysize; j++)
    {
        for ( i = 0; i < xsize; i++)
        {
            switch (mode)
            {
                case 0:
                    if (*(image_in +j*xsize + i) <= thresh)
                            *(image_out +j*xsize + i) = 255;
                    else      *(image_out +j*xsize + i) =   0;
                    break;
                default:
                    if (*(image_in +j*xsize + i) >= thresh)
                            *(image_out +j*xsize + i) = 255;
                    else      *(image_out +j*xsize + i) =   0;
                    break;
            }
        }
    }
}
```

③ 在 VC++_SampleView.h 里定义如下函数。

```
void SetWindowSize(int xsize, int ysize);
```

④ 在 VC++_SampleView.cpp 加入如下函数代码。

```
void CVC_SampleView::SetWindowSize(int xsize, int ysize)
{
        //设定滚动轴的大小
        SetScrollSizes(MM_TEXT, CSize(xsize-1, ysize-1));
        //初始化表示帧的大小
        CRect cRect ;
        CMDIChildWnd* pChildFrm = (CMDIChildWnd*)GetParentFrame();
        //改变表示的大小
        cRect.SetRect(0, 0, xsize, ysize) ;
        CalcWindowRect((LPRECT)cRect, CWnd::adjustOutside) ;
        SetWindowPos(&wndTopMost, cRect.left, cRect.top, cRect.Width(), cRect.Height(),
SWP_NOZORDER|SWP_NOMOVE) ;
        // 改变帧的大小
        pChildFrm->CalcWindowRect((LPRECT)cRect) ;
       pChildFrm->SetWindowPos(NULL, cRect.left, cRect.top, cRect.Width(), cRect.Height(),
SWP_NOZORDER|SWP_NOMOVE) ;

}
```

2.2　配置 OpenCV

定位到解压位置（参考本书第 1 章关于 OpenCV 部分），将“opencv”文件夹中的“include”文件夹（...\opencv\build\include）与“lib”文件夹（...\opencv\build\x86\vc10\lib）复制到新建“VC++_Sample”工程文件中，路径为“...\VC++_Sample\VC++_Sample”。将“bin”文件夹（...\opencv\build\x86\vc10\bin）中的所有“.dll”文件复制到电脑系统文件中，路径为“C:\Windows\SysWOW64”。

右键单击“Solution Explorer”界面中的工程名称，选择菜单“Project”→“Properties”，此时弹出工程的属性窗口，如图 2.28 所示。

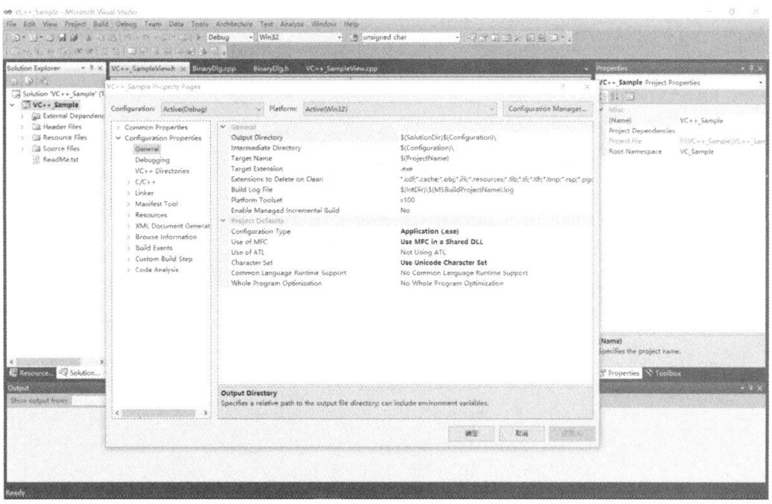

图 2.28　工程属性窗口

（1）添加包含目录

选择“C/C++”中的“General”选项，单击“Additional Include Directories”编辑框尾部的小三角号▽并选择“Edit”选项，此时弹出“Additional Include Directories”窗口，在编辑框中添加 include，如图 2.29 所示。单击“OK”按钮完成添加。

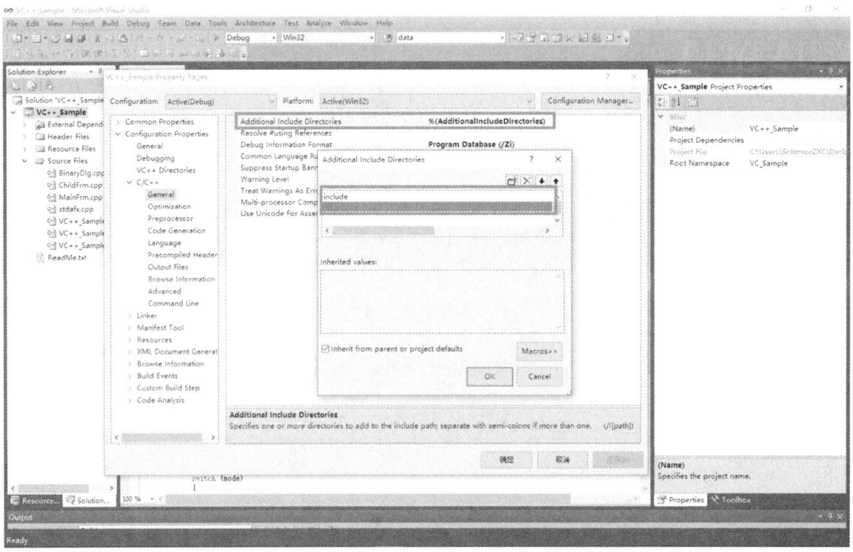

图 2.29　添加包含目录

（2）添加库目录

选择“Linker”中的“General”选项，单击“Additional Library Directories”编辑框尾部的小三角号▽并选择“Edit”选项，此时弹出“Additional Library Directories”窗口，在编辑框中添加 lib，如图 2.30 所示。单击“OK”按钮完成添加。

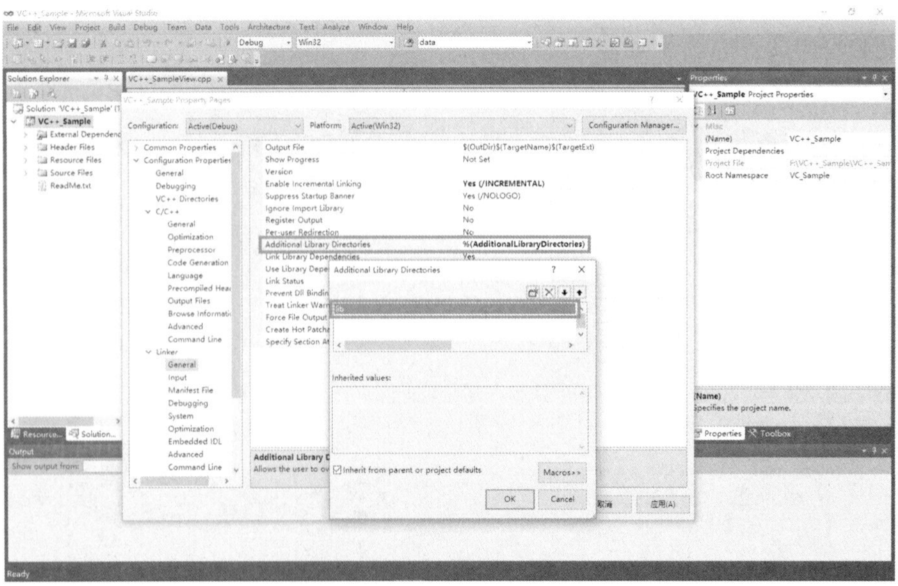

图 2.30　添加库目录

（3）添加连接函数库

选择“Linker”中的“Input”选项，单击“Additional Dependencies”编辑框尾部的小三角号⌄并选择“Edit”选项，此时弹出“Additional Dependencies”窗口，在编辑框中添加如下“.lib”：

opencv_calib3d2410d.lib
opencv_contrib2410d.lib
opencv_core2410d.lib
opencv_features2d2410d.lib
opencv_flann2410d.lib
opencv_gpu2410d.lib
opencv_highgui2410d.lib
opencv_imgproc2410d.lib
opencv_legacy2410d.lib
opencv_ml2410d.lib
opencv_nonfree2410d.lib
opencv_objdetect2410d.lib
opencv_ocl2410d.lib
opencv_photo2410d.lib
opencv_stitching2410d.lib
opencv_superres2410d.lib
opencv_video2410d.lib
opencv_videostab2410d.lib

最后单击“OK”按钮完成添加，如图 2.31 所示。

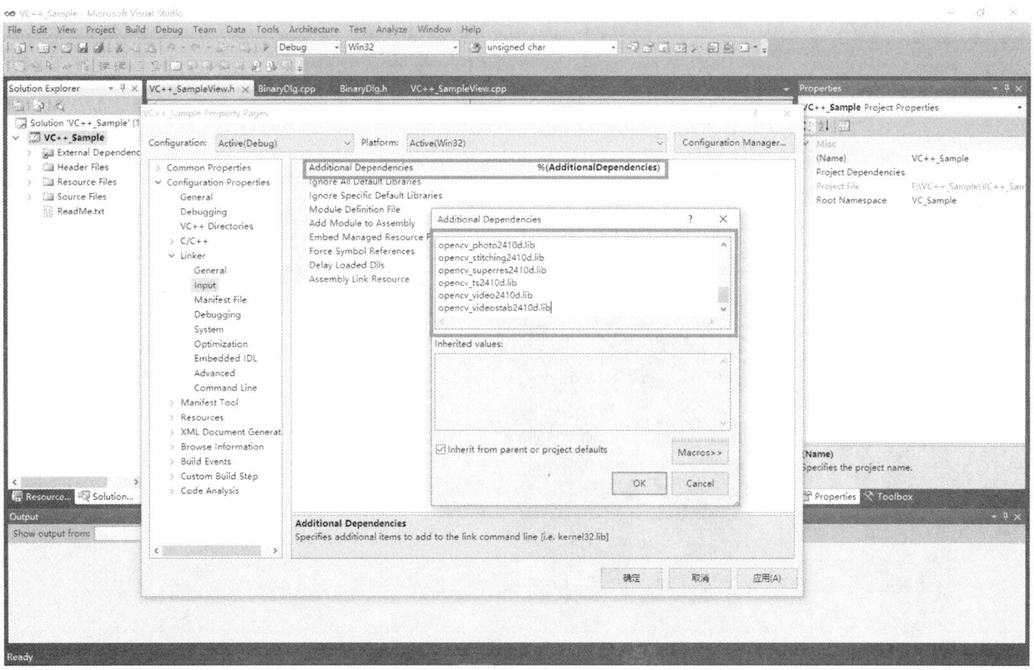

图 2.31　添加连接函数库

最后依次单击“VC++_Sample Property Pages”窗口中的“应用”与“确定”按钮，完成环境配置。

2.3　编译执行

单击菜单栏中的“Build”按钮，在选项中单击选择“Rebuild Solution”按钮，完成项目生成，然后单击菜单栏中的“Debug”按钮，在选项中单击选择“Start Without

Debugging”按钮运行程序。

运行程序后单击菜单中“二值化”按钮，显示原图像，如图 2.32 所示。点击对话框上的“执行”按钮，显示二值图像，如图 2.33 所示。

图 2.32　原图像

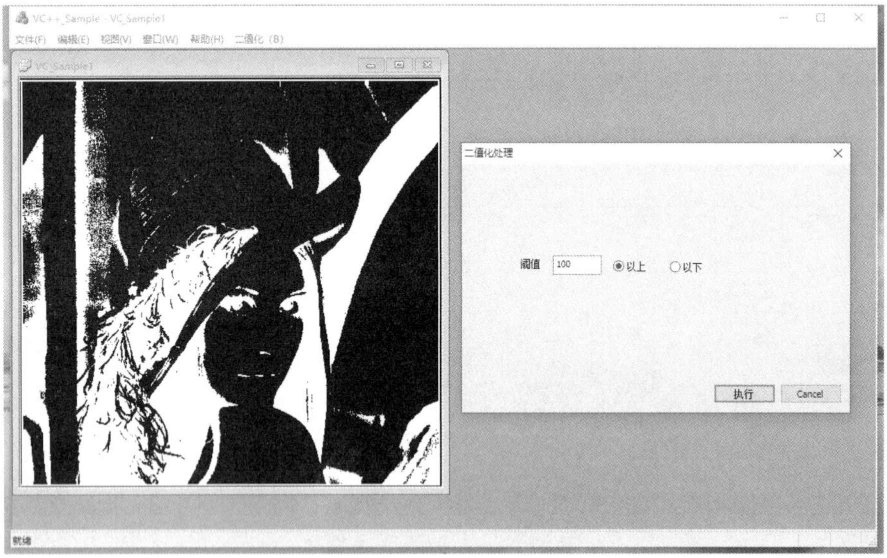

图 2.33　二值化处理后结果

以上 VC++_Sample 工程的源代码可以在北京现代富博科技有限公司官网下载，或者用手机扫描二维码下载。

下载
VC++_Sample

第 3 章

配套软件功能及使用方法

3.1　DIPAX 的基本功能及初始界面

学习版 DIPAX 作为上机实践平台，具有图像的显示、读入、保存、彩色转灰度等基本功能，在 DIPAX 上加入菜单和对话窗，输入各章配套的图像处理函数，即可实现图像处理的人机对话功能，实现在实际操作中轻松学会 Visual C++图像处理编程的目的。

在安装 DIPAX 的文件夹中双击 DIPAX.sln 文件即可打开如图 3.1 所示的 DIPAX 工程。

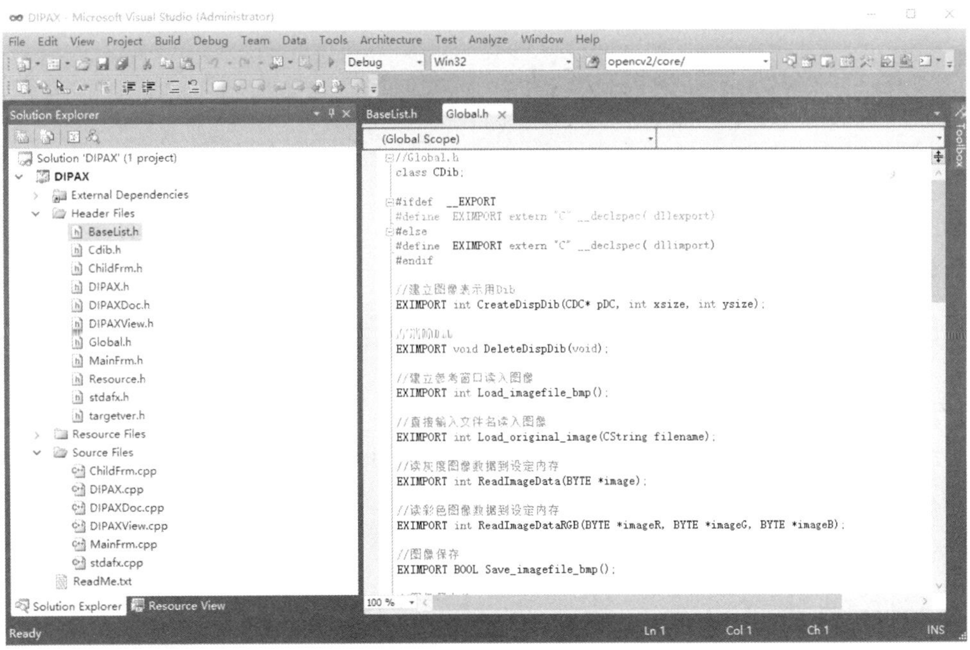

图 3.1　DIPAX 工程

工程中的 Global.h 头文件，包含了图像文件的读入和保存、图像数据的读出和显示等相关函数。BaseList.h 头文件，包含了本书中所有图像处理函数的名称及宏定义。...\DIPAX\DIPAX\ Image 文件夹中给出了本书的演示图像。

编译执行 DIPAX 的结果如图 3.2 所示，其通过“文件”→“打开”菜单读入了一帧图像，缩小了显示区域（默认是全屏显示）。

图 3.2　DIPAX 编译执行结果

3.2　系统构成和使用方法

（1）系统构成

① 从第 4 章开始，每章简单介绍一种图像处理与分析算法，算法的详细理论可以参考笔者编写的其他图书。

② 给出相关算法的 C 语言源代码和对话框的 VC++源代码。

③ 给出第一次出现的知识内容。例如，菜单与对话框连接的非模式方法。

（2）使用方法

① 看简介或其他教材，学习相关图像处理与分析算法的理论知识。

② 将相关算法的 C 语言源代码输入到 DIPAX 工程中。输入方法在 3.3 节介绍。

③ 将对话框功能的 VC++源代码添加到 DIPAX 工程中。添加方法参考 2.1.3 ~ 2.1.10 小节。

④ 编译执行。

3.3　图像处理函数加入工程方法

以一般二值化函数为例进行说明。如果没有 Threshold.cpp 文件，需要用新建文件输入方法，如果已经有 Threshold.cpp 文件，可以采用现有文件加入方法。

首先，打开如图 3.1 所示 DIPAX 工程界面。

3.3.1　新建文件输入方法

① 如图 3.3 所示，在 DIPAX 工程窗口左侧的 Solution Explorer 窗口，右击“Source Files”，选择添加“New Item”，出现如图 3.4 所示“Add New Item-DIPAX”窗口。

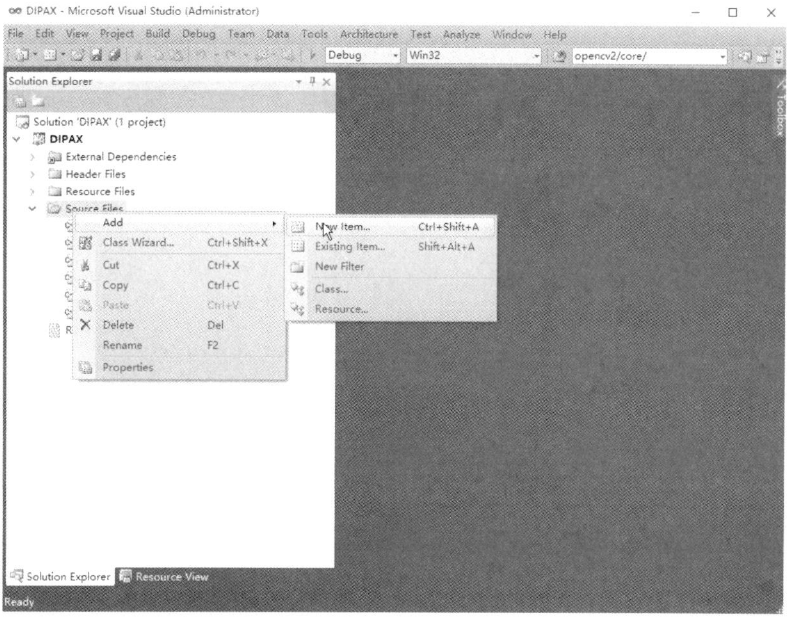

图 3.3　选择添加“New Item”

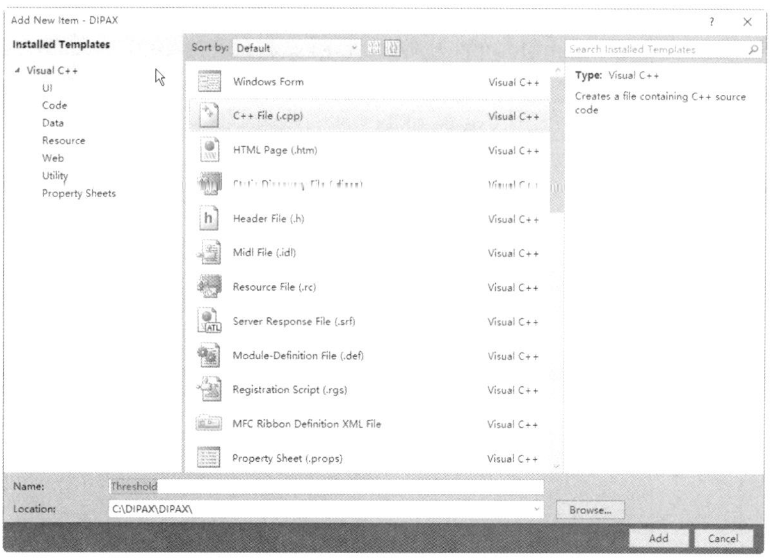

图 3.4　“Add New Item-DIPAX”窗口

② 如图 3.4 所示，选择 C++ File，在下方“Name”栏输入函数名称 Threshold，在“Location”，一般会自动显示图像处理要放入的位置（本例中为 C:\DIPAX\ DIPAX\）。需要注意的是，要设置 DIPAX 在读者计算机系统上的实际安装位置，不一定是图 3.4 上的位置。完成上述设定以后，单击右下方的“Add”按钮，“Add New Item-DIPAX”窗口关

闭，完成添加源文件操作。

③ 关闭“Add New Item-DIPAX”窗口后，回到工程窗口，出现刚才新建的源程序文件 Threshold.cpp 的空白编辑窗口。将 Threshold.cpp 的内容按第 4 章后的“List4.1”如实输入，保存即可，如图 3.5 所示。

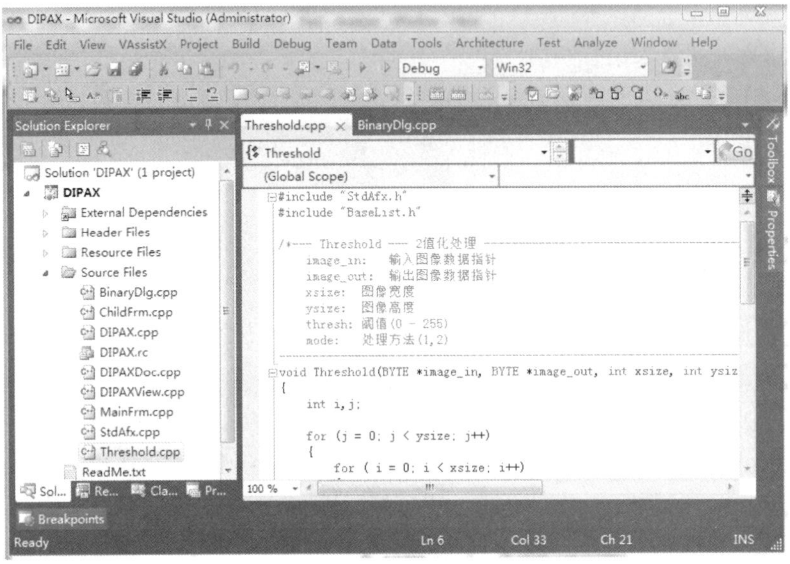

图 3.5　编辑源代码

3.3.2　现有文件加入方法

① 将要加入的文件 Threshold.cpp 复制到工程文件夹：C:\DIPAX\DIPAX\。

② 如图 3.6 所示，在 DIPAX 工程窗口左侧的 Solution Explorer 窗口，右击“Source Files”，选择添加“Existing Item”，出现如图 3.7 所示的文件选择窗口，选择加入的文件 Threshold.cpp 后，点击“Add”即可添加。

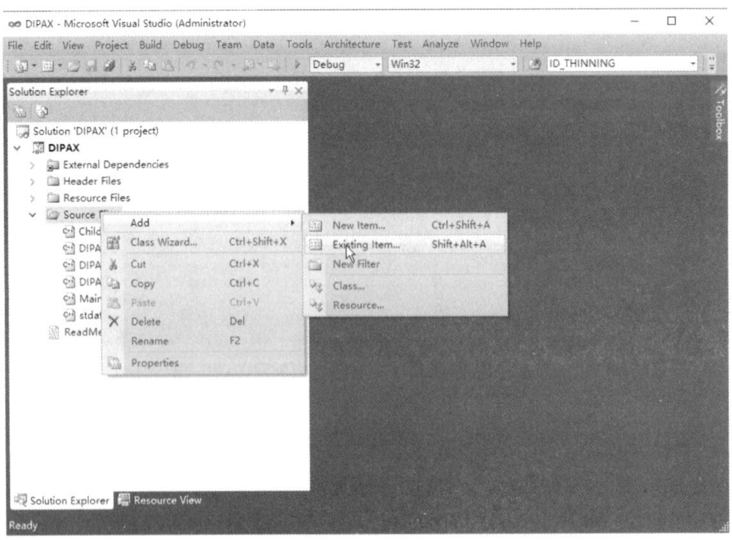

图 3.6　添加已有文件

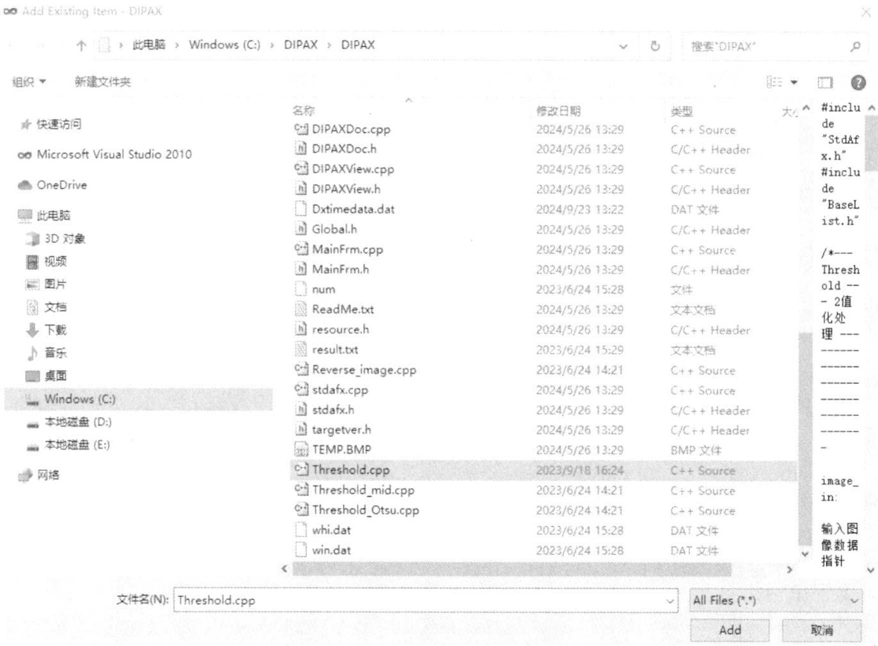

图 3.7　选择要添加的文件

3.4　配套函数的说明

（1）图像处理源程序

List 3.1 是本书中图像处理源程序的列表（BaseList.h），各个函数中参数的含义可以参看各章该函数前面的说明。读者可以在学习了各章节的内容之后，参考 3.3 节的例子，将各章的图像处理函数加入 DIPAX 系统里。如图 3.5 右侧窗口所示，图像处理源代码文件的前面需要加上 #include " BaseList.h "，图中另一个头文件#include "StdAfx.h "是必须添加的 VC++底层头文件。

List 3.1　BaseList.h

```
#ifndef     __IMGCHEADERFILE__
#define     __IMGCHEADERFILE__

#define      OK   0
#define      NG  -1
#define HIGH      255                 // 白像素
#define LOW          0                //黑像素
#define     L_BASE    100             //连接成分的基数值
#define BIAS     128                  //直方图图像的基数值
#define     PI          (float)3.14159265
#define     ROOT2     (float)1.41421356
#define     THRESHOLD     0.0      //判断有无彩度的阈值
#define     NONE               0.0      //无彩度时的代入值
#define   B_VAL    128                //图像区域以外时的像素值
```

```
#define     BYTESIZE       8            //一个字节的位数
#define     LEN             4            //可变单位（2或4位）
#define ANGLE_MAX      180              //一般Hough变换的最大角度
#define TABLE_NUM       10              //过已知点Hough变换的投票区间数
#define TABLE_LEFT      -2              //过已知点Hough变换的投票范围的左值
#define TABLE_WIDTH 6                   //过已知点Hough变换的投票范围宽度
#define MAXTIME        15               //过已知点Hough变换的最多投票次数
#define THRESHOLD_HT 0.05               //过已知点Hough变换的直线检测精度
#define MAXVECTDIM       20             //模式识别最大维数
#define MAXPATTERN      256             //模式识别最大模式数
#define MAXCLUSTER        10            //模式识别最大分类数

using namespace std;

struct XYW {
       int   x, y, w;                   //像素位置(x,y)及周边像素的亮度和(weight)
};

// 模式识别结构体
struct aCluster {
    double          Center[MAXVECTDIM];
    int             Member[MAXPATTERN];   //Index of Vectors belonging to this cluster
    int             NumMembers;
};

struct aVector {
    double          Center[MAXVECTDIM];
    int             Size;
};

/*-------------------------灰度图像二值化处理----------------------------*/
//一般二值化处理
void Threshold(BYTE *image_in, BYTE *image_out, int xsize, int ysize, int thresh, int mode);

// 双阈值二值化处理
void Threshold_mid(BYTE *image_in, BYTE *image_out, int xsize, int ysize, int thresh_low, int thresh_high);

// 大津法二值化处理
void Threshold_Otsu(BYTE *image_in, BYTE *image_out, int xsize, int ysize, int &thresh);

//反转图像
void Reverse_image(BYTE *image_in, BYTE *image_out, int xsize, int ysize);

/*-------------------------直方图处理----------------------------*/

//像素分布直方图
void Histgram(BYTE *image, int xsize, int ysize, float hist[256]);

//计算直方图百分比
void CalHistPercent(float hist[], float hist_radio[], float &max_percent);
```

```
//直方图图像化（图像宽度大于等于 64）
void Hist_to_image(float hist[256], BYTE* image_hist, int xsize, int ysize);

//直方图平滑化
void Hist_smooth(float hist_in[256], float hist_out[256]);

//亮度 n 倍
void Brightness_amplify(BYTE *image_in, BYTE *image_out, int xsize, int ysize, float n);

//求亮度范围
void Brightness_range(BYTE *image_in, int xsize, int ysize, int *fmax, int *fmin);

//灰度值拉伸
void Brightness_expand(BYTE *image_in, BYTE *image_out, int xsize, int ysize,
                                        int fmax, int fmin);

//直方图均衡化
void Hist_plane(BYTE *image_in, BYTE *image_out, int xsize, int ysize, float hist[256]);



/*--------------------------提取轮廓-----------------------------*/

//一阶微分边缘检出（梯度算子）
void Differential(BYTE *image_in, BYTE *image_out, int xsize, int ysize, float amp);

//二阶微分边缘检出（拉普拉斯算子）
void Differential2(BYTE *image_in, BYTE *image_out, int xsize, int ysize, float amp);

//Prewitt 法边缘检出
void Prewitt(BYTE *image_in, BYTE *image_out, int xsize, int ysize, float amp);

//二值图像的细线化处理
void Thinning(BYTE *image_in, BYTE *image_out, int xsize, int ysize);

/*--------------------------去噪声处理-----------------------------*/

//移动平均
void Image_smooth(BYTE *image_in, BYTE *image_out, int xsize, int ysize);

//中值滤波
void Median(BYTE *image_in, BYTE *image_out, int xsize, int ysize);

//腐蚀处理
void Erodible(BYTE *image_in, BYTE *image_out, int xsize, int ysize);

//膨胀处理
void Dilation(BYTE *image_in, BYTE *image_out, int xsize, int ysize);

/*--------------------------特征提取-----------------------------*/
```

```
//区域标记
int Labeling(BYTE *image_in, BYTE *image_out, int xsize, int ysize, int *cnt);

//测算特征数据
void Features(BYTE *image_label_in, BYTE *image_label_out, int xsize, int ysize,
        int cnt, float size[], float length[], float ratio[], int center_x[], int center_y[]);

//根据圆形度抽出物体
void Ratio_extract(BYTE *image_label_in, BYTE *image_label_out, int xsize, int ysize,
        int cnt, float ratio[], float ratio_min, float ratio_max);

//根据面积提取对象物
void Size_extract(BYTE *image_label_in, BYTE *image_label_out, int xsize, int ysize,
        int cnt, float size[], float size_min, float size_max);

//复制掩模领域的原始图像
void Mask_copy(BYTE *image_in, BYTE *image_out, BYTE *image_mask, int xsize, int ysize);

/*-------------------------颜色变换----------------------------*/

//由 RGB 值变换亮度、色差
void Rgb_to_yc(BYTE *image_r, BYTE *image_g, BYTE *image_b,
        int *y, int *c1, int *c2, int xsize, int ysize);

//将亮度或者色差数据变为图像数据
void Yc_to_image(int *data, BYTE *image, int xsize, int ysize);

//由亮度、色差变换 RGB 值
void Yc_to_rgb(int *y, int *c1, int *c2, BYTE *image_r, BYTE *image_g,
        BYTE *image_b, int xsize, int ysize);

//由色差变换色调 H、饱和度 S
void C_to_SH(int *c1, int *c2, int *sat, int *hue, int xsize, int ysize);

//由彩度和色相计算色差信号
void SH_to_C(int *sat, int *hue, int *c1, int *c2, int xsize, int ysize);

//色调、饱和度的图像化
int Sat_to_image(int *sat, BYTE *image_out, int xsize, int ysize);

//由某点的 RGB 值计算彩度和色相
void Rgb_to_SH(BYTE r, BYTE g, BYTE b, double *sat, double *hue);

//由色相数据变换灰度图像
void Hue_to_image(int *sat, int *hue, double stdhue,
                        BYTE *image_out, int xsize, int ysize);

//亮度、色调、饱和度的调整
void Change_YSH(int *in_y, int *in_sat,     int *in_hue, int *out_y,
        int *out_sat, int *out_hue,    float ym, float sm, float hd, int xsize, int ysize);
```

```
/*------------------------彩色分割----------------------*/

//二维直方图
void Hist2_image(BYTE *image_in1, BYTE *image_in2, BYTE *image_hist, int xsize, int ysize);

//基于 RGB 值的阈值处理
void Thresh_color(BYTE *image_in_r, BYTE *image_in_g, BYTE *image_in_b,
        BYTE *image_out_r, BYTE *image_out_g, BYTE *image_out_b,
        int thdrl, int thdrm, int thdgl, int thdgm, int thdbl, int thdbm,
        int xsize, int ysize);

/*------------------------图像合成----------------------*/

//硬键信号生成
void Hard_key(BYTE *image_in_r,     BYTE *image_in_g, BYTE *image_in_b,
        BYTE *image_key, int xsize, int ysize, int thresh);

//软键信号生成
void Soft_key(BYTE *image_in_r, BYTE *image_in_g, BYTE *image_in_b,
        BYTE *image_key, int xsize, int ysize, int thdh, int thdl);

// 图像硬合成
void Synth(BYTE *image_in1_r, BYTE *image_in1_g, BYTE *image_in1_b, BYTE *image_in2_r,
            BYTE *image_in2_g, BYTE *image_in2_b, BYTE *image_out_r, BYTE *image_out_g,
            BYTE *image_out_b, BYTE *image_key, int xsize, int ysize);

//图像合成（消除境界线）
void S_synth(BYTE *image_in1_r, BYTE *image_in1_g, BYTE *image_in1_b,
            BYTE *image_in2_r, BYTE *image_in2_g, BYTE *image_in2_b,
            BYTE *image_out_r, BYTE *image_out_g, BYTE *image_out_b,
            BYTE *image_key, int xsize, int ysize);

/*--------------------------几何变换-----------------------------*/

//放大缩小（不正确的做法）
void Scale_NG(BYTE *image_in, BYTE *image_out, int xsize, int ysize, float zx, float zy);

//放大缩小（最近邻点法）
void Scale_near(BYTE *image_in, BYTE *image_out, int xsize, int ysize, float zx, float zy);

//放大缩小（双线性内插法）
void Scale(BYTE *image_in, BYTE *image_out, int xsize, int ysize, float zx, float zy);

//平移（双线性内插法）
void Shift(BYTE *image_in, BYTE *image_out, int xsize, int ysize, float px, float py);

//旋转（双线性内插法）
void Rotation(BYTE *image_in, BYTE *image_out, int xsize, int ysize, float deg);

//仿射变换（移动、旋转、放大缩小）（双线性内插法）
void Affine(BYTE *image_in,     BYTE *image_out, int xsize, int ysize, float deg,
```

```
                    float zx, float zy, float px, float py);

//透视变换（双线性内插法）
void Perspective(BYTE *image_in, BYTE *image_out, int xsize, int ysize, float ax, float ay,
        float px, float py, float pz, float rz,
        float rx, float ry, float v, float s);

/*-------------------Hough 变换---------------------------------*/
//一般 Hough 变换
void Hough_general(BYTE *image_in, BYTE *image_out, int xsize, int ysize);

//过已知点 Hough 变换
void Hough_based_point(BYTE *image_in, BYTE *image_out, int xsize, int ysize, int px, int py);

/*---------------傅里叶变换程序---------------------------------*/
//一维 FFT
int FFT1(float a_rl[], float a_im[], int ex, int inv);

//一维 FFT 的主计算部分
void fft1core(float a_rl[], float a_im[], int length,
        int ex, float sin_tbl[], float cos_tbl[], float buf[]);

//二维 FFT
int FFT2 (float *a_rl, float *a_im, int inv, int xsize, int ysize);

//二维 FFT 结果图像化
int FFTImage(BYTE *image_in, BYTE *image_out, int xsize, int ysize);

//基于二维 FFT 的滤波处理
int FFTFilter(BYTE *image_in, BYTE *image_out, int xsize, int ysize, int a, int b);

//基于二维 FFT 的滤波处理、逆傅里叶变换
int FFTFilterImage(BYTE *image_in, BYTE *image_out, int xsize, int ysize, int a, int b);


/*------------------ 离散小波变换程序---------------------------------*/
//一维小波变换
void Wavelet1d (double *s0,int s_len,    double *p, double *q,
                        int sup, double *s1, double *w1);

//一维逆小波变换
void Iwavelet1d (double *s1, double *w1, int s_len, double *p,
                        double *q, int sup, double *s0);

//二维小波变换
void Wavelet2d (BYTE *image_in, int xsize, int ysize, double *s1, double *w1v,
                        double *w1h, double *w1d);

//二维逆小波变换
void Iwavelet2d (double *s1, double *w1v, double *w1h, double *w1d,
                        BYTE *image_out, int xsize, int ysize );
```

```
//二维小波信号图像化
void Wavelet2d_image (double *s1, double *w1v, double *w1h, double *w1d,
                      BYTE *image_out, int xsize, int ysize);


/*--------------------模式识别--------------------------------*/

//K-邻近法模式识别
void KMeans(double *Pattern, int NumPatterns, int SizeVector, int NumClusters, aCluster *Cluster);

#endif
```

（2）图像表示、存取函数

List 3.2 是图像表示、存取等函数的列表（Global.h），这些函数是以库函数的方式提供的，在使用这些函数时，需要在调用这些函数的文件前面加上 #include "Global.h"。

List 3.2　Global.h

```
class CDib;

#ifdef   __EXPORT
#define   EXIMPORT extern "C" __declspec( dllexport)
#else
#define   EXIMPORT extern "C" __declspec( dllimport)
#endif

//建立图像表示用 Dib
//pDC 图像表示装置指针
// xsize 表示图像的宽度
// ysize 表示图像的高度
EXIMPORT int CreateDispDib(CDC* pDC, int xsize, int ysize);

//消除 Dib
EXIMPORT void DeleteDispDib( );

//建立参考窗口读入图像
EXIMPORT int Load_imagefile_bmp( );

//直接输入文件名读入图像
    // filename 读入文件的名称（包括路径）
EXIMPORT int Load_original_image(CString filename);

//读灰度图像数据到设定内存
    // image 存储图像数据的指针（要事先分配内存）
EXIMPORT int ReadImageData(BYTE *image);

//读彩色图像数据到设定内存
    // imageR 存储图像 R 分量数据的指针（要事先分配内存）
    // imageG 存储图像 G 分量数据的指针（要事先分配内存）
    // imageB 存储图像 B 分量数据的指针（要事先分配内存）
```

```
EXIMPORT int ReadImageDataRGB(BYTE *imageR, BYTE *imageG, BYTE *imageB);

//图像保存
EXIMPORT BOOL Save_imagefile_bmp();

//图像另存为
EXIMPORT BOOL SaveAs_imagefile_bmp();

//获得图像横向大小
EXIMPORT int GetXSize();

//获得图像纵向大小
EXIMPORT int GetYSize();

//获得图像数据指针
EXIMPORT LPBYTE GetImage();

//获得图像类型（8 = 灰度、24 = 彩色）
EXIMPORT int GetImageType();

//表示内存内的灰度图像
    // image 要表示的灰度图像数据指针
EXIMPORT void Disp_image(BYTE *image);

//表示内存内的彩色图像
    // imageR 要表示的彩色图像的 R 分量数据指针
    // imageG 要表示的彩色图像的 G 分量数据指针
    // imageB 要表示的彩色图像的 B 分量数据指针
EXIMPORT void Disp_imageRGB( BYTE *imageR, BYTE *imageG, BYTE *imageB);

//获得表示图像的名称
    // cFileName 目前表示的图像的名字（包括路径）
EXIMPORT void GetImageFileName(char *cFileName);

//设定表示图像的名称
    // fn 目前表示的图像的名字（包括路径）
EXIMPORT void PutImageFileName(CString fn);

//获得表示的 Dib
EXIMPORT CDib* GetDib( );

//设定表示的 Dib
EXIMPORT void PutDib(CDib *pDib);

//彩色图像变灰度图像
EXIMPORT int Color_to_mono();
```

3.5　界面功能说明

（1）主界面

① 图像显示区域：用于显示打开的图像文件，自动适应打开图像的大小。

② 菜单栏：提供文件操作（如打开、保存、另存为）、图像处理（如彩色转灰度、阈值处理、Hough 变换等）、图像分析（如 FFT、小波变换、模式识别等），以及其他辅助功能（如打印预览、打印设置）的菜单选项。

（2）文件操作

① 打开文件：通过文件对话框选择并加载图像文件，只支持 BMP 图像格式。

② 保存文件：将当前显示的图像保存为 BMP 格式文件。

③ 另存为：将当前显示的图像保存为指定路径和名称的 BMP 格式文件。

（3）图像处理

① 彩色转灰度：将彩色图像转换为灰度图像。

② 阈值处理：通过设定阈值将灰度图像转换为二值图像。

③ 哈夫变换：检测图像中的直线参数。

④ 微分处理：对图像进行边缘检测，突出图像中的边缘特征。

⑤ 噪声处理：包括移动平均法去噪、中值法去噪、二值图像膨胀和腐蚀等，用于改善图像质量。

⑥ 特征提取：用于提取图像中的几何特征参数。

（4）图像分析

① FFT（快速傅里叶变换）：对图像进行频域分析，显示图像的频谱特性。

② 小波变换：对图像进行多尺度分析，提取图像在不同尺度上的特征。

③ 模式识别：对图像中的特定模式进行识别和分类。

④ 直方图分析：生成并显示图像的灰度直方图，用于分析图像的统计特性。

（5）辅助功能

①打印预览：显示图像的打印预览效果。

②打印设置：配置打印参数，如纸张大小、打印方向等。

（6）用户交互

① 上下文菜单：在图像显示区域右键点击时弹出，提供常用的图像处理和分析命令的快捷访问。

② 对话框：在执行某些图像处理和分析命令时弹出，用于接收用户输入和显示处理结果。

（7）状态提示

① 操作反馈：在执行文件操作、图像处理和分析等命令时，通过消息框提供操作反馈和错误提示。

② 初始化消息：在程序启动且未打开图像文件时，显示程序的版权信息和开发者信息。

3.6 DIPAXView 类的源代码

上机实践添加的所有菜单函数，都将出现在 DIPAXView 类里，在此给出添加完成后的 DIPAXView.cpp 和 DIPAXView.h 文件源代码，分别见 List 3.3 和 List 3.4，以便上机时参考。

上机添加菜单函数后，在 DIPAXView.cpp 中找到函数名称，按照此文件，输入函数内容即可。

List 3.3 DIPAXView.cpp

```
// DIPAXView.cpp : CDIPAXView 类的实现

#include "stdafx.h"
#include "afxwin.h"
// SHARED_HANDLERS 可以在实现预览、缩略图和搜索筛选器句柄的
// ATL 项目中进行定义，并允许与该项目共享文档代码。
#ifndef SHARED_HANDLERS
#include "DIPA.h"
#endif

#include "DIPADoc.h"
#include "DIPAXView.h"
#include "Cdib.h"
#include "Global.h"

#include "BinaryDlg.h"
#include   "HistDlg.h"
#include "CAbstractDlg.h"
#include "ColorDlg.h"
#include "ColAbstractDlg.h"
#include "SynthDlg.h"
#include "DistortionDlg.h"
#include "HoughTransDlg.h"
#include "FftDlg.h"
#include "WaveletDlg.h"
#include "PatternRecogDlg.h"
#ifdef _DEBUG
#define new DEBUG_NEW
#endif

// CDIPAXView

IMPLEMENT_DYNCREATE(CDIPAXView, CScrollView)

BEGIN_MESSAGE_MAP(CDIPAXView, CScrollView)
	// 标准打印命令
	ON_COMMAND(ID_FILE_PRINT, &CScrollView::OnFilePrint)
```

```
    ON_COMMAND(ID_FILE_PRINT_DIRECT, &CScrollView::OnFilePrint)
    ON_COMMAND(ID_FILE_PRINT_PREVIEW, &CDIPAXView::OnFilePrintPreview)
    ON_WM_CONTEXTMENU()
    ON_WM_RBUTTONUP()
    ON_COMMAND(ID_FILE_OPEN, &CDIPAXView::OnFileOpen)
    ON_COMMAND(ID_FILE_SAVE, &CDIPAXView::OnFileSave)
    ON_COMMAND(ID_FILE_SAVE_AS, &CDIPAXView::OnFileSaveAs)
    ON_COMMAND(ID_COLOR_TO_MONO, &CDIPAXView::OnColorToMono)
    ON_COMMAND(ID_THESHOLD, &CDIPAXView::OnTheshold)
    ON_COMMAND(ID_HOUGH_TRANSFORM, &CDIPAXView::OnHoughTransform)
    ON_COMMAND(ID_DIFFERENTIAL, &CDIPAXView::OnDifferential)
    ON_COMMAND(ID_THINNING, &CDIPAXView::OnThinning)
    ON_COMMAND(ID_NOISE_SMOOTH, &CDIPAXView::OnNoiseSmooth)
    ON_COMMAND(ID_NOISE_MEDIAN, &CDIPAXView::OnNoiseMedian)
    ON_COMMAND(ID_NOISE_BINARY_DIL, &CDIPAXView::OnNoiseBinaryDil)
    ON_COMMAND(ID_NOISE_BINARY_ERO, &CDIPAXView::OnNoiseBinaryEro)
    ON_COMMAND(ID_CHARACTER_ABSTRACT, &CDIPAXView::OnCharacterAbstract)
    ON_COMMAND(ID_COLOR_TRANSFORM, &CDIPAXView::OnColorTransform)
    ON_COMMAND(ID_COLOR_ABSTRACT, &CDIPAXView::OnColorAbstract)
    ON_COMMAND(ID_COLOR_SYNTH, &CDIPAXView::OnColorSynth)
    ON_COMMAND(ID_GEO_TRANS, &CDIPAXView::OnGeoTrans)
    ON_COMMAND(ID_FFT, &CDIPAXView::OnFft)
    ON_COMMAND(ID_WAVELET, &CDIPAXView::OnWavelet)
    ON_COMMAND(ID_PATTERN_RECOG, &CDIPAXView::OnPatternRecog)
    ON_COMMAND(ID_HIST, &CDIPAXView::OnHist)
    ON_WM_LBUTTONDOWN()
END_MESSAGE_MAP()

// CDIPAXView 构造/析构

CDIPAXView::CDIPAXView()
{
    m_nXSize = 640; //初始化图像窗口的宽度
    m_nYSize = 480; //初始化图像窗口的高度
    //初始化图像数据指针
    m_pImage = NULL;
    m_pImageR = NULL;
    m_pImageG = NULL;
    m_pImageB = NULL;

    m_bFileOpen = FALSE;
    m_sFileName = "";

}

CDIPAXView::~CDIPAXView()
{
    //释放图像数据内存
    if(m_pImage != NULL)
    {
        delete m_pImage;
```

```
            m_pImage = NULL;
        }
        if(m_pImageR != NULL)
        {
            delete m_pImageR;
            m_pImageR = NULL;
        }
        if(m_pImageG != NULL)
        {
            delete m_pImageG;
            m_pImageG = NULL;
        }
        if(m_pImageB != NULL)
        {
            delete m_pImageB;
            m_pImageB = NULL;
        }

        ::DeleteDispDib();
         delete m_pDifferenDlg;
         delete m_pHoughTransDlg;
}

BOOL CDIPAXView::PreCreateWindow(CREATESTRUCT& cs)
{
        //   CREATESTRUCT cs 修改窗口类或样式

        return CScrollView::PreCreateWindow(cs);
}

// CDIPAXView 绘制

void CDIPAXView::OnDraw(CDC* pDC)
{
        CDIPADoc* pDoc = GetDocument();
        ASSERT_VALID(pDoc);
        if (!pDoc)
            return;

        if(!m_bFileOpen)
        {
            DisplayInitMessage( pDC);
            return;
        }

        CDib *pDib ;
        HGDIOBJ hOrg ;
        CPalette *pOrgPal ;

        // Get current image
        pDib = ::GetDib() ;
```

```
        //
        hOrg = ::SelectObject(m_cMemoryDC.m_hDC, m_hBitmap) ;

        // Draw image
        pDib->UsePalette(&m_cMemoryDC) ;
        pDib->Draw(&m_cMemoryDC, CPoint(0, 0), CSize(GetXSize(), GetYSize())) ;

        // set paletter
        pOrgPal = (CPalette*)pDC->SelectPalette(pDC->GetCurrentPalette(), FALSE) ;
        // view
        pDC->BitBlt(0, 0, GetXSize(), GetYSize(), &m_cMemoryDC, 0, 0, SRCCOPY);
        // recover paletter
        pDC->SelectPalette(pOrgPal, FALSE) ;
        // release DIB
        ::SelectObject(m_cMemoryDC.m_hDC, hOrg) ;

    }

    void CDIPAXView::OnInitialUpdate()
    {
        CScrollView::OnInitialUpdate();
        //设定滚动轴的大小
        SetWindowSize(m_nXSize, m_nYSize);

        CSize sizeTotal;

        //sizeTotal.cx = sizeTotal.cy = 100;
        //SetScrollSizes(MM_TEXT, sizeTotal);
        //设定滚动轴的大小
        SetWindowSize(m_nXSize, m_nYSize);

        /////// initialize
        CClientDC dc(this);

        ::CreateDispDib(&dc, m_nXSize, m_nYSize);


        CDib *pDib ;
        pDib = ::GetDib() ;

        //表示当前图像
        // made DIB bitmap
        if ((m_hBitmap = ::CreateDIBitmap(dc.m_hDC, pDib->m_lpBMIH, 0L, NULL, NULL, 0)) != 0) {
            // initialize structure data by GetDIBits()
            ::GetDIBits(dc.m_hDC, m_hBitmap, 0, m_nYSize, NULL,
(LPBITMAPINFO)(pDib->m_lpBMIH), DIB_RGB_COLORS);
            // made memory DC
            m_cMemoryDC.CreateCompatibleDC(&dc) ;
        }
        ////////////////////////////
            m_pDifferenDlg = new CDifferenDlg();
```

```
		m_pHoughTransDlg=new CHoughTransDlg();

	Invalidate();
}

// CDIPAXView 打印

void CDIPAXView::OnFilePrintPreview()
{
#ifndef SHARED_HANDLERS
	AFXPrintPreview(this);
#endif
}

BOOL CDIPAXView::OnPreparePrinting(CPrintInfo* pInfo)
{
	// 默认准备
	return DoPreparePrinting(pInfo);
}

void CDIPAXView::OnBeginPrinting(CDC* /*pDC*/, CPrintInfo* /*pInfo*/)
{
	// TODO: 添加额外的打印前进行的初始化过程
}

void CDIPAXView::OnEndPrinting(CDC* /*pDC*/, CPrintInfo* /*pInfo*/)
{
	// TODO: 添加打印后进行的清理过程
}

void CDIPAXView::OnRButtonUp(UINT /* nFlags */, CPoint point)
{
	ClientToScreen(&point);
	OnContextMenu(this, point);
}

void CDIPAXView::OnContextMenu(CWnd* /* pWnd */, CPoint point)
{
#ifndef SHARED_HANDLERS
	theApp.GetContextMenuManager()->ShowPopupMenu(IDR_POPUP_EDIT, point.x, point.y, this,
TRUE);
#endif
}

// CDIPAXView 诊断

#ifdef _DEBUG
void CDIPAXView::AssertValid() const
{
	CScrollView::AssertValid();
}
```

```
void CDIPAXView::Dump(CDumpContext& dc) const
{
	CScrollView::Dump(dc);
}

CDIPADoc* CDIPAXView::GetDocument() const // 非调试版本是内联的
{
	ASSERT(m_pDocument->IsKindOf(RUNTIME_CLASS(CDIPADoc)));
	return (CDIPADoc*)m_pDocument;
}
#endif //_DEBUG


// CDIPAXView 消息处理程序

void CDIPAXView::OnFileOpen()
{
	//读入位图文件
	int rnt;
	rnt = ::Load_imagefile_bmp();
	if(rnt == 0) return;

	//获得表示图像的名称
	char cFileName[MAX_PATH];
	::GetImageFileName(cFileName);

	///////////////////
	CString sFileName;
	sFileName = cFileName;
	if(sFileName.CompareNoCase(m_sFileName) == 0)
	{
		if( ::GetImageType() == 24)
		{
			//读入新图像数据
			::ReadImageDataRGB(m_pImageR, m_pImageG, m_pImageB);
		}
		else if(::GetImageType() == 8)
		{
			//读入新图像数据
			::ReadImageData(m_pImage);
		}

		m_bFileOpen = TRUE;

		//更新画面
		Invalidate();

		return;
	}
	//////
```

```
	m_sFileName = sFileName;

	m_nXSize = ::GetXSize();
	m_nYSize = ::GetYSize();
		//设定图像窗口大小
	SetWindowSize(m_nXSize, m_nYSize);
		//重新创建图像表示资源
	////////////////////////////////
	::DeleteDispDib();
	// initialize
	CClientDC dc(this);

	::CreateDispDib(&dc, m_nXSize, m_nYSize);

	CDib *pDib ;
	pDib = ::GetDib() ;

	//表示当前图像
	// made DIB bitmap
	if ((m_hBitmap = ::CreateDIBitmap(dc.m_hDC, pDib->m_lpBMIH, 0L, NULL, NULL, 0)) != 0) {
		// initialize structure data by GetDIBits()
		::GetDIBits(dc.m_hDC, m_hBitmap, 0, m_nYSize, NULL,
(LPBITMAPINFO)(pDib->m_lpBMIH), DIB_RGB_COLORS);
		// made memory DC
		m_cMemoryDC.DeleteDC();
		m_cMemoryDC.CreateCompatibleDC(&dc) ;
	}
	//读入图像
	CString sFilePath = cFileName;
	::Load_original_image(sFilePath);
	::PutImageFileName(sFilePath);
	////////////////////////////////////
	//更新画面
	Invalidate();

	//判断图像格式
	if( ::GetImageType() == 24)
	{
		//消除老图像数据
		if(m_pImageR != NULL)
		{
			delete[] m_pImageR;
			m_pImageR = NULL;
		}
		if(m_pImageG != NULL)
		{
			delete[] m_pImageG;
			m_pImageG = NULL;
		}
		if(m_pImageB != NULL)
```

```
		{
			delete[] m_pImageB;
			m_pImageB = NULL;
		}

		//为新图像分配内存
		m_pImageR = new BYTE[m_nXSize*m_nYSize];
		m_pImageG = new BYTE[m_nXSize*m_nYSize];
		m_pImageB = new BYTE[m_nXSize*m_nYSize];
		//读入新图像数据
		::ReadImageDataRGB(m_pImageR, m_pImageG, m_pImageB);
	}
	else if(::GetImageType() == 8)
	{
		//消除老图像数据
		if(m_pImage != NULL)
		{
			delete[] m_pImage;
			m_pImage = NULL;
		}

		//为新图像分配内存
		m_pImage = new BYTE[m_nXSize*m_nYSize];
		//读入新图像数据
		::ReadImageData(m_pImage);
	}

	m_bFileOpen = TRUE;

	//更新画面
	Invalidate();
}

void CDIPAXView::OnFileSave()
{
	if(!m_bFileOpen)//没有读入图像
		return;
	::Save_imagefile_bmp();
}

void CDIPAXView::OnFileSaveAs()
{
	if(!m_bFileOpen)//没有读入图像
		return;

	::SaveAs_imagefile_bmp();
}
void CDIPAXView::SetWindowSize(int xsize, int ysize)
{
	//设定滚动轴的大小
	SetScrollSizes(MM_TEXT, CSize(xsize-1, ysize-1));
```

```
        /////////初始化表示帧的大小
        CRect cRect ;
        CMDIChildWnd* pChildFrm = (CMDIChildWnd*)GetParentFrame();
        // 改变表示的大小
        cRect.SetRect(0, 0, xsize, ysize) ;
        CalcWindowRect((LPRECT)cRect, CWnd::adjustOutside) ;
        SetWindowPos(&wndTopMost, cRect.left, cRect.top, cRect.Width(), cRect.Height(),
SWP_NOZORDER|SWP_NOMOVE) ;

        // 改变帧的大小
        pChildFrm->CalcWindowRect((LPRECT)cRect) ;
        pChildFrm->SetWindowPos(NULL, cRect.left, cRect.top, cRect.Width(), cRect.Height(),
SWP_NOZORDER|SWP_NOMOVE) ;
        ////////////////////////////////////////////
    }

    void CDIPAXView::OnColorToMono()
    {
        if(!m_bFileOpen)//没有读入图像
        {
            AfxMessageBox(_T("请预先读入彩色图像。"));
            return;
        }

        if(::GetImageType() != 24)//非彩色图像
            return;

        //彩色图像转灰度图像
        ::Color_to_mono();

        m_nXSize = ::GetXSize();
        m_nYSize = ::GetYSize();
        //分配内存
        if(m_pImage != NULL)
        {
            delete [] m_pImage;
            m_pImage = NULL;
        }
        m_pImage = new BYTE[m_nXSize*m_nYSize];

        //读入灰度图像数据
        ::ReadImageData(m_pImage);

        //更新画面
        Invalidate();
    }

    void CDIPAXView::OnTheshold()
    {
        if(!m_bFileOpen)//没有读入图像
```

```
	{
		AfxMessageBox("请读入灰度图像。");
		return;
	}

	int type = ::GetImageType();

	if(type != 8)//非灰度图像
	{
		AfxMessageBox("该命令只能处理灰度图像。");
		return;
	}
	CBinaryDlg dlg(this);
	dlg.DoModal();
}

void CDIPAXView::OnHoughTransform()
{
	if(!m_bFileOpen)//没有读入图像
	{
		AfxMessageBox("请读入灰度图像。");
		return;
	}

	int type = ::GetImageType();

	if(type != 8)//非灰度图像
	{
		AfxMessageBox(_T("该命令只能处理灰度图像。"));
		return;
	}
	 m_pHoughTransDlg->Create(this);
}

void CDIPAXView::OnDifferential()
{
	if(!m_bFileOpen)//没有读入图像
		return;

	int type = ::GetImageType();

	if(type != 8)//非灰度图像
	{
		AfxMessageBox(_T("该命令只能处理灰度图像。"));
		return;
	}

	m_pDifferenDlg->Create(this);
}

void CDIPAXView::OnThinning()
```

```
{
    if(!m_bFileOpen)//没有读入图像
        return;
    int type = ::GetImageType();

    if(type != 8)//非灰度图像
    {
        AfxMessageBox("该命令只能处理灰度图像。");
        return;
    }

    BYTE *image_thin;
    //分配内存
    image_thin = new BYTE[m_nXSize*m_nYSize];

    //读入表示的图像数据
    ::ReadImageData(m_pImage);

    //细线化处理
    ::Thinning(m_pImage, image_thin, m_nXSize, m_nYSize);

    //表示处理结果
    ::Disp_image(image_thin);

    //释放内存
    delete image_thin;

    //更新画面
    Invalidate();
}

void CDIPAXView::OnNoiseSmooth()
{
    if(!m_bFileOpen)//没有读入图像
        return;

    int type = ::GetImageType();

    if(type != 8)//非灰度图像
    {
        AfxMessageBox("该命令只能处理灰度图像。");
        return;
    }

    BYTE *image_smooth;
    //分配内存
    image_smooth = new BYTE[m_nXSize*m_nYSize];

    //读入表示的图像数据
    ::ReadImageData(m_pImage);
```

```
    //移动平均法去噪声
    ::Image_smooth(m_pImage, image_smooth, m_nXSize, m_nYSize);

    //表示处理结果
    ::Disp_image(image_smooth);

    //释放内存
    delete image_smooth;

    //更新画面
    Invalidate();
}

void CDIPAXView::OnNoiseMedian()
{
    if(!m_bFileOpen)//没有读入图像
        return;

    int type = ::GetImageType();

    if(type != 8)//非灰度图像
    {
        AfxMessageBox("该命令只能处理灰度图像。");
        return;
    }

    BYTE *image_median;
    //分配内存
    image_median = new BYTE[m_nXSize*m_nYSize];

    //读入表示的图像数据
    ::ReadImageData(m_pImage);

    //中值法去噪声
    ::Median(m_pImage, image_median, m_nXSize, m_nYSize);

    //表示处理结果
    ::Disp_image(image_median);

    //释放内存
    delete image_median;

    //更新画面
    Invalidate();
}

void CDIPAXView::OnNoiseBinaryDil()
{
    if(!m_bFileOpen)//没有读入图像
        return;
    int type = ::GetImageType();
```

```
    if(type != 8)//非灰度图像
    {
        AfxMessageBox("该命令只能处理灰度图像。");
        return;
    }

    BYTE *image_ero;
    //分配内存
    image_ero = new BYTE[m_nXSize*m_nYSize];

    //读入表示的图像数据
    ::ReadImageData(m_pImage);

    //二值图像膨胀
    ::Dilation(m_pImage, image_ero, m_nXSize, m_nYSize);

    //表示处理结果
    ::Disp_image(image_ero);

    //释放内存
    delete image_ero;

    //更新画面
    Invalidate();
}

void CDIPAXView::OnNoiseBinaryEro()
{
    if(!m_bFileOpen)//没有读入图像
        return;

    if(::GetImageType() != 8)//非灰度图像
    {
        AfxMessageBox("该命令只能处理灰度图像。");
        return;
    }

    BYTE *image;
    //分配内存
    image = new BYTE[m_nXSize*m_nYSize];

    //读入表示的图像数据
    ::ReadImageData(m_pImage);


    //二值图像腐蚀
    ::Erodible(m_pImage, image, m_nXSize, m_nYSize);

    //表示处理结果
    ::Disp_image(image);
```

```
        //释放内存
        delete image;

        //更新画面
        Invalidate();
}

void CDIPAXView::OnCharacterAbstract()
{
        if(!m_bFileOpen)//没有读入图像
                return;

        if(::GetImageType() != 8)//非灰度图像
        {
                AfxMessageBox("该命令只能处理灰度图像。");
                return;
        }
        CCAbstractDlg dlg(this);
        dlg.DoModal();
}

void CDIPAXView::OnColorTransform()
{
        if(!m_bFileOpen)//没有读入图像
        {
                AfxMessageBox("请预先读入彩色图像。");
                return;
        }

        if(::GetImageType() != 24)//非彩色图像
        {
                AfxMessageBox("请读入一幅彩色图像。");
                return;
        }

        CColorDlg dlg(this);
        dlg.DoModal();
}

void CDIPAXView::OnColorAbstract()
{
        if(!m_bFileOpen)//没有读入图像
        {
                AfxMessageBox("请预先读入彩色图像。");
                return;
        }

        if(::GetImageType() != 24)//非彩色图像
        {
                AfxMessageBox("请读入一幅彩色图像。");
```

```
			return;
		}

		CColAbstractDlg dlg(this);
		dlg.DoModal();
	}

	void CDIPAXView::OnColorSynth()
	{
		m_bFileOpen = TRUE;
		CSynthDlg dlg(this);
		dlg.DoModal();
	}

	void CDIPAXView::OnGeoTrans()
	{
		if(!m_bFileOpen)//没有读入图像
		{
			AfxMessageBox("请预先读入灰度图像。");
			return;
		}

		if(::GetImageType() != 8)//非灰度图像
		{
			AfxMessageBox("请读入一幅灰度图像。");
			return;
		}
		CDistortionDlg dlg(this);
		dlg.DoModal();
	}

	void CDIPAXView::OnFft()
	{
		if(!m_bFileOpen)//没有读入图像
		{
			AfxMessageBox("请预先读入灰度图像。");
			return;
		}

		if(::GetImageType() != 8)//非灰度图像
		{
			AfxMessageBox("请读入一幅灰度图像。");
			return;
		}

		AfxMessageBox("注意：图像的长和宽必须是 2 的次方。");

		CFftDlg dlg(this);
		dlg.DoModal();
	}
```

```
void CDIPAXView::OnWavelet()
{
	if(!m_bFileOpen)//没有读入图像
	{
		AfxMessageBox("请预先读入灰度图像。");
		return;
	}

	if(::GetImageType() != 8)//非灰度图像
	{
		AfxMessageBox("请读入一幅灰度图像。");
		return;
	}

	//获取图像尺寸
	int xsize = ::GetXSize();
	int ysize = ::GetYSize();
	if(xsize != ysize)
	{
		AfxMessageBox("请读入一幅长和宽相等的灰度图像。");
		return;
	}
	CWaveletDlg dlg(this);
	dlg.DoModal();
}

void CDIPAXView::OnPatternRecog()
{
	if(!m_bFileOpen)//没有读入图像
		return;

	if(::GetImageType() != 8)//非灰度图像
	{
		AfxMessageBox("该命令只能处理灰度图像。");
		return;
	}
	CPatternRecogDlg dlg(this);
	dlg.DoModal();
}

void CDIPAXView::OnHist()
{
	if(!m_bFileOpen)//没有读入图像
	{
		AfxMessageBox("请读入灰度图像。");
		return;
	}

	int type = ::GetImageType();

	if(type != 8)//非灰度图像
```

```
    {
        AfxMessageBox("该命令只能处理灰度图像。");
        return;
    }

    CHistDlg dlg(this);
    dlg.DoModal();
}

void CDIPAXView::OnLButtonDown(UINT nFlags, CPoint point)
{
    if (m_pHoughTransDlg->m_hWnd != NULL) {
        m_pHoughTransDlg->OnDisplayLButtonDown(nFlags, point) ;
    }
    CScrollView::OnLButtonDown(nFlags, point);
}

void   CDIPAXView::DisplayInitMessage(CDC* pDC)
{
    CRect Rect;
    GetClientRect(&Rect);
//BUGFIX
    CPoint cScroll ;
    cScroll = GetScrollPosition() ;
    Rect.OffsetRect(cScroll) ;
//BUGFIX
    pDC->FillSolidRect( &Rect, RGB(0,0,255) );
    COLORREF OldColor = pDC->SetTextColor( RGB(255,255,0) );
    CFont font;
    int nPointSize = 256;
    font.CreatePointFont(nPointSize, "Times New Roman", pDC );
    CFont* pOldFont = (CFont*)pDC->SelectObject(&font);

    pDC->TextOut(50, 100, "《实用数字图像处理与分析》配套");
    pDC->TextOut(130, 140, "源代码软件 DIPA");

    pDC->TextOut(50, 250, "北京现代富博科技有限公司");
    pDC->TextOut(150, 290, "（富博科技）");

    pDC->TextOut(90, 350, "http://www.fubo-tech.com");
    pDC->SelectObject(pOldFont);
    pDC->SetTextColor(OldColor);

    return;
}
```

List 3.4 DIPAXView.h

```
// DIPAXView.h : CDIPAXView 类的接口
#pragma once

#include "BaseList.h"
```

```
#include "DifferenDlg.h"
#include "HoughTransDlg.h"
class CDIPAXView : public CScrollView
{
protected: // 仅从序列化创建
	CDIPAXView();
	DECLARE_DYNCREATE(CDIPAXView)

// 特性
public:
	CDIPADoc* GetDocument() const;

	void DisplayInitMessage(CDC* pDC);

// 操作
public:
	int m_nXSize; //图像窗口的宽度
	int m_nYSize; //图像窗口的高度
	BYTE *m_pImage; //图像数据(灰度)

	BYTE *m_pImageR; //图像数据(R)
	BYTE *m_pImageG; //图像数据(G)
	BYTE *m_pImageB; //图像数据(B)

	BOOL m_bFileOpen;

	HBITMAP m_hBitmap;
	CDC m_cMemoryDC ;
	void SetWindowSize(int xsize, int ysize);

	CDifferenDlg *m_pDifferenDlg;
	CHoughTransDlg *m_pHoughTransDlg;
	CString m_sFileName;
// 重写
public:
	virtual void OnDraw(CDC* pDC);   // 重写以绘制该视图
	virtual BOOL PreCreateWindow(CREATESTRUCT& cs);
protected:
	virtual void OnInitialUpdate(); // 构造后第一次调用
	virtual BOOL OnPreparePrinting(CPrintInfo* pInfo);
	virtual void OnBeginPrinting(CDC* pDC, CPrintInfo* pInfo);
	virtual void OnEndPrinting(CDC* pDC, CPrintInfo* pInfo);

// 实现
public:
	virtual ~CDIPAXView();
#ifdef _DEBUG
	virtual void AssertValid() const;
	virtual void Dump(CDumpContext& dc) const;
#endif
```

```
protected:

// 生成的消息映射函数
protected:
	afx_msg void OnFilePrintPreview();
	afx_msg void OnRButtonUp(UINT nFlags, CPoint point);
	afx_msg void OnContextMenu(CWnd* pWnd, CPoint point);
	DECLARE_MESSAGE_MAP()
public:
	afx_msg void OnFileOpen();
	afx_msg void OnFileSave();
	afx_msg void OnFileSaveAs();
	afx_msg void OnColorToMono();
	afx_msg void OnTheshold();
	afx_msg void OnHoughTransform();
	afx_msg void OnDifferential();

	afx_msg void OnThinning();
	afx_msg void OnNoiseSmooth();
	afx_msg void OnNoiseMedian();
	afx_msg void OnNoiseBinaryDil();
	afx_msg void OnNoiseBinaryEro();
	afx_msg void OnCharacterAbstract();
	afx_msg void OnColorTransform();
	afx_msg void OnColorAbstract();
	afx_msg void OnColorSynth();
	afx_msg void OnGeoTrans();
	afx_msg void OnFft();
	afx_msg void OnWavelet();
	afx_msg void OnPatternRecog();
	afx_msg void OnHist();
	afx_msg void OnLButtonDown(UINT nFlags, CPoint point);
};

#ifndef _DEBUG  // DIPAXView.cpp 中的调试版本
inline CDIPADoc* CDIPAXView::GetDocument() const
   { return reinterpret_cast<CDIPADoc*>(m_pDocument); }
#endif
```

第 **4** 章

灰度图像二值化处理

4.1　二值化处理原理

二值化处理的详细理论，可以参考其他相关书籍，以下只做简要说明。

4.1.1　一般二值化处理

对于灰度图像，最简单的二值化方法就是被称为阈值处理（thresholding）的方法。

阈值处理是对输入图像灰度值在某定值（称为阈值，threshold）以上或以下的各像素，赋予对应的输出图像的像素为白色（HIGH = 255）或黑色（LOW = 0），可用式(4.1)或式(4.2)表示。

$$g(x,y)=\begin{cases}\text{HIGH} & f(x,y)\geqslant t\\ \text{LOW} & f(x,y)<t\end{cases} \tag{4.1}$$

$$g(x,y)=\begin{cases}\text{HIGH} & f(x,y)\leqslant t\\ \text{LOW} & f(x,y)>t\end{cases} \tag{4.2}$$

式中，$f(x,y)$、$g(x,y)$分别是处理前和处理后的图像在(x,y)处像素的灰度值；t是阈值。由于通过上述的阈值处理得到只有两个灰度值的二值图像（binary image），所以也被称作一般二值化处理（binarization），处理程序表示在 List 4.1 中，其中，当 mode=0 时选择式（4.1），当 mode 为其他值时选择式（4.2）。

4.1.2　双阈值二值化处理

另一种方法是提取两个阈值之间的部分，如式（4.3）所示。

$$g(x,y)=\begin{cases}\text{HIGH} & t_1\leqslant f(x,y)\leqslant t_2\\ \text{LOW} & 其他\end{cases} \tag{4.3}$$

式（4.3）的处理程序表示在 List 4.2 中，这种方法被称为双阈值二值化处理。

4.1.3　大津法自动二值化处理

大津法也叫最大类间方差法，是由日本学者大津于 1979 年提出的。它是按图像的灰度特性，将图像分成背景和目标两部分。背景和目标之间的类间方差越大，说明构成图像的两部分的差别越大。因此，使类间方差最大的分割意味着错分概率最小。以最大方差决定阈值，不需要人为地设定其他参数，是一种自动选择阈值的方法。处理程序表示在 List 4.3 中。

根据需要可以对图像像素值进行反转处理，反转程序表示在 List 4.4 中。

4.2 对话框功能说明

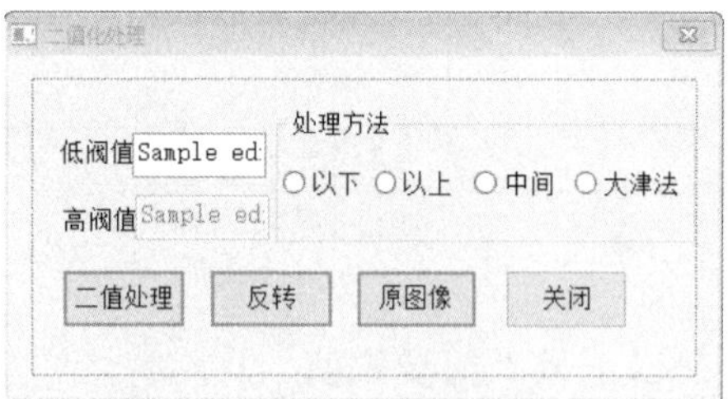

图 4.1　二值化处理对话框

图 4.1 是二值化处理的对话框。

（1）基本功能概述

灰度图像二值化处理对话框通过提供一系列功能按钮，允许用户设置不同的二值化处理方法（包括低阈值、高阈值、双阈值和大津法），执行二值化处理操作，查看处理结果，并进行像素值反转和显示原始图像，为用户提供了灵活且易用的灰度图像二值化处理工具。

（2）按钮功能介绍

① 低阈值。

功能：静态文字标签，提示用户输入低阈值。

② 低阈值设置（编辑框）。

功能：设置二值化处理中的低阈值。

操作：用户输入灰度图像二值化处理中的低阈值。

③ 高阈值。

功能：静态文字标签，提示用户输入高阈值（在双阈值处理中使用）。

④ 高阈值设置（编辑框）。

功能：设置二值化处理中的高阈值（仅在双阈值处理中使用）。

操作：用户输入灰度图像二值化处理中的高阈值。

⑤ 处理方法。

功能：组框标签，包含不同的二值化处理方法选项。

⑥ 以下。

功能：选择低阈值以下的像素设为白色（二值化）。

操作：当选中此单选按钮时，仅低阈值以下的像素会被设置为白色。

⑦ 以上。

功能：选择高阈值以上的像素设为白色（二值化）。

操作：当选中此单选按钮时，仅高阈值以上的像素会被设置为白色（通常与高阈值编辑框配合使用）。

⑧ 中间。

功能：选择介于低阈值和高阈值之间的像素设为白色（双阈值二值化）。

操作：当选中此单选按钮时，介于低阈值和高阈值之间的像素会被设置为白色。

⑨ 大津法。

功能：选择使用大津法自动计算最佳阈值进行二值化。

操作：当选中此单选按钮时，程序会自动使用大津法计算最佳阈值进行二值化处理。

⑩ 二值处理。

功能：执行二值化处理操作。

操作：根据当前选中的二值化处理方法（低阈值、高阈值、中间、大津法）对图像进行二值化处理，并显示结果。

⑪ 反转。

功能：对显示的图像进行像素值反转处理。

⑫ 原图像。

功能：显示未经二值化处理的原始灰度图像。

⑬ 关闭。

功能：关闭对话框，取消当前操作。

（3）使用流程

① 读入灰度原图像。

② 打开二值化处理对话框。

③ 选择不同二值化处理方法，设定低阈值和高阈值。

④ 点击“二值处理”，利用选择的二值化方法进行二值化处理，并显示处理结果图像。

⑤ 点击“反转”，对显示的图像进行像素值反转处理。

⑥ 点击“原图像”，查看原图像。

⑦ 完成处理后，点击“关闭”，关闭对话框。

4.3 对话框功能实现

在 DIPAX 工程上依次进行以下各步操作。

① 添加菜单二值化(B)，ID_THESHOLD。参考 2.1.3 添加菜单。

② 添加菜单函数 void OnTheshold()。参考 2.1.4 添加菜单函数。

③ 添加对话框 IDD_BINARY_DLG。参考 2.1.5 添加对话框。

④ 添加对话框类 CBinaryDlg。参考 2.1.6 添加对话框类。

⑤ 菜单与对话框连接。参考 2.1.7 菜单与对话框连接（模式）。步骤如下所述。

a. 在 DIPAXView.cpp 文件的上方添加二值化处理对话框头文件：#include "BinaryDlg.h"。

b. 编辑菜单函数，在 List 3.3 DIPAXView.cpp 中找到 void CDIPAXView::OnTheshold() 函数，输入函数内容即可。

⑥ 添加对话框功能。表 4.1 给出了图 4.1 二值化处理对话框功能界面的名称、ID、参数、函数及功能（属性）说明。没有名称的序号，在括号内说明了其性质。序号 6～9 的单选按钮，需要设定首个序号 6 的属性 Group 为 True，其他序号的为 Flase，然后用“Tab Order”排序。序号 4 的属性 Disable 设定为 True，默认为灰色（不可用）。可以参考 2.1.8 小节、2.1.9 小节和 2.1.10 小节，完成这些内容的添加。

⑦ 添加初始化函数 OnInitDialog()。参考 2.1.10 小节。

表 4.1 对话框功能内容

序号	名称	ID	参数、函数、功能（属性）
1	低阈值	IDC_STATIC	静态文字
2	（编辑框）	IDC_THRESHOLD	int m_nThresh
3	高阈值	IDC_STATIC	静态文字
4	（编辑框）	IDC_THRESHOLD_HIGH	int m_nThreshH
5	处理方法	IDC_STATIC	组框
6	以下	IDC_THRESHOLD_RADIO1	int m_nDown;　Group：True void OnBnClickedThresholdRadio1()
7	以上	IDC_THRESHOLD_RADIO2	Group：False void OnBnClickedThresholdRadio2()
8	中间	IDC_THRESHOLD_RADIO3	Group：False void OnBnClickedThresholdRadio3()
9	大津法	IDC_THRESHOLD_RADIO4	Group：False void OnBnClickedThresholdRadio4()
10	二值处理	ID_BINARY	void OnClickedBinary()
11	反转	IDC_BINARY_REVERSE	void OnClickedBinaryReverse()
12	原图像	IDC_ORIGINAL_IMAGE	void OnClickedOriginalImage
13	关闭	IDCANCEL	没有添加函数，默认执行 OnCancel()

⑧ 添加关闭函数 OnCancel()。与 OnInitDialog()添加方法相似，参考 2.1.10 小节。在执行对话框右上角关闭“×”和键盘 ESC 键时，执行该函数。有时为了使对话框右上角关闭“×”和键盘 ESC 键失效，可以添加该函数后，屏蔽其中的 CDialog::OnCancel()，使其为空函数。

二值化处理对话框类的源代码显示在 List 4.5 和 List 4.6 中，完成上述添加后，参考 List 4.5 和 List 4.6 完成各个函数内容的填写，然后编译运行，结果如图 4.2 所示。

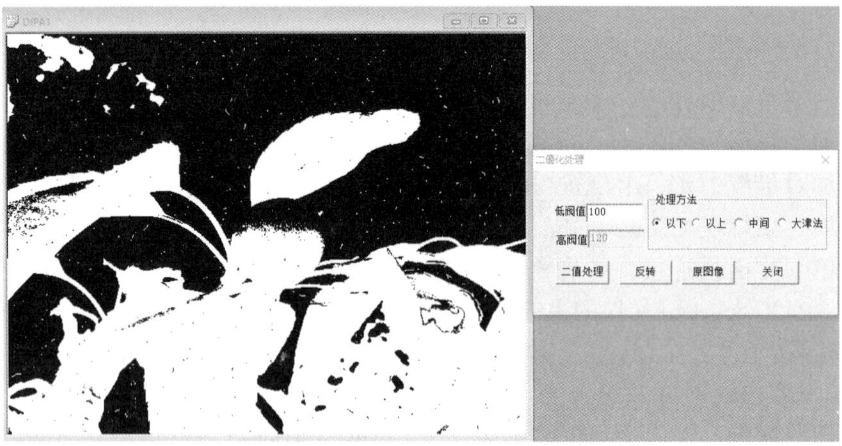

图 4.2 二值化处理编译运行结果

4.4 C 语言函数源代码

本节包含有以下 C 语言函数源代码：List 4.1 一般二值化处理、List 4.2 双阈值二值化处理、List 4.3 大津法自动二值化处理、List 4.4 图像反转。完成本章处理内容，需要将这些函数输入（导入）DIPAX 工程（参考 3.3 节）。

List 4.1　一般二值化处理

```
#include "StdAfx.h"
#include "BaseList.h"
/*--- Threshold ---二值化处理 ----------------------------------------
	image_in:  输入图像数据指针
	image_out: 输出图像数据指针
	xsize:     图像宽度
	ysize:     图像高度
	thresh:    阈值(0~ 255)
	mode:      处理方法(1,2)
--------------------------------------------------------------------------*/
void Threshold(BYTE *image_in, BYTE *image_out, int xsize, int ysize, int thresh, int mode)
{
	int	i,j;

	for (j = 0; j < ysize; j++)
	{
		for ( i = 0; i < xsize; i++)
		{
			switch (mode)
			{
				case 0:
					if (*(image_in +j*xsize + i) >= thresh)
							*(image_out +j*xsize + i) = HIGH;
					else	*(image_out +j*xsize + i) =	LOW;
					break;
				default:
					if (*(image_in +j*xsize + i) <= thresh)
							*(image_out +j*xsize + i) = HIGH;
					else	*(image_out +j*xsize + i) =	LOW;
					break;
			}
		}
	}
}
```

List 4.2　双阈值二值化处理

```
#include "StdAfx.h"
#include "BaseList.h"
/*--- Threshold_mid --- 双阈值二值化处理 ----------------------------------------
	image_in:    输入图像数据指针
	image_out:   输出图像数据指针
	xsize:       图像宽度
	ysize:       图像高度
	thresh_low:  低阈值(0~ 255)
	thresh_high: 高阈值(0~ 255)
```

```
-------------------------------------------------------------------------*/
void Threshold_mid(BYTE *image_in, BYTE *image_out, int xsize,
                    int ysize, int thresh_low, int thresh_high)
{
    int    i,j;

    for (j = 0; j < ysize; j++)
    {
        for ( i = 0; i < xsize; i++)
        {
            if (*(image_in +j*xsize + i) >= thresh_low &&
                *(image_in +j*xsize + i) <= thresh_high)
                *(image_out +j*xsize + i) = HIGH;
            else      *(image_out +j*xsize + i) =   LOW;

        }
    }
}
```

List 4.3　大津法自动二值化处理

```
#include "StdAfx.h"
#include "BaseList.h"
/*--- Threshold_Otsu ---大津法二值化处理 --------------------------------------
    image_in:  输入图像数据指针
    image_out: 输出图像数据指针
    xsize:     图像宽度
    ysize:     图像高度
    thresh:    输出计算的阈值
  -------------------------------------------------------------------------*/
void Threshold_Otsu(BYTE *image_in, BYTE *image_out, int xsize, int ysize, int &thresh)
{
    int    i,j,p;

    double m0,m1,M0,M1,u,v,w[256],max;
    int *pHist;
    pHist = new int[256];

    //计算直方图
    for(i = 0 ; i < 256 ; i++ )
        pHist[i] = 0;
   for(j = 0;j < ysize;j++)
    {
        for(i = 0;i < xsize;i++)
        {
            pHist[*(image_in + j * xsize +i)]++;
        }
    }

    //计算阈值
   M0=M1=0;
   for (i=0;i<256;i++)
```

```
        {
            M0+=pHist[i];
            M1+=pHist[i]*i;
        }
        for (j = 0;j < 256;j++)
        {
            m0 = m1 = 0;
            for (i = 0; i <= j; i++)
             {
                 m0 += pHist[i];
                  m1 += pHist[i]*i;
            }
            if (m0)
                  u = m1 / m0;
            else
                  u = 0;
            if (M0 - m0)
                  v = (M1 - m1) / (M0 - m0);
            else
                  v=0;
            w[j] = m0 * (M0-m0) * (u-v)*(u-v);
        }

        delete [] pHist;
        double   max;
        int        p;
         p=128;
         max=w[128];
        for (i=0;i<256;i++) {
           if (w[i]>max) {
              max=w[i];
               p=i;
           }
        }
        thresh = p;

         //二值化处理
         for (j = 0; j < ysize; j++)
         {
                for ( i = 0; i < xsize; i++)
                {
                       if (*(image_in +j*xsize + i) >= thresh)
                                    *(image_out +j*xsize + i) = HIGH;
                       else        *(image_out +j*xsize + i) =    LOW;
                }
         }
}
```

List 4.4　图像反转

```
#include "StdAfx.h"
#include "BaseList.h"
```

```
/*--- Reverse_image --- 反转图像数据 ----------------------------------------
      image_in:        输入图像数据指针
      image_out:       输出图像数据指针
      xsize:           图像宽度
      ysize:           图像高度

---------------------------------------------------------------------------*/
void Reverse_image(BYTE *image_in, BYTE *image_out, int xsize, int ysize)
{
      int    i,j;

      for (j = 0; j < ysize; j++)
      {
            for ( i = 0; i < xsize; i++)
            {
                  *(image_out +j*xsize + i) = HIGH - *(image_in +j*xsize + i);
            }
      }
}
```

4.5 对话框类源代码

List 4.5 和 List 4.6 分别列出了二值化对话框类的源文件 BinaryDlg.cpp 和头文件 BinaryDlg.h。

List 4.5　BinaryDlg.cpp

```
#include "stdafx.h"
#include "DIPAX.h"
#include "BinaryDlg.h"
#include "afxdialogex.h"
//////////////////////
#include "Global.h"
#include "BaseList.h"
////////////////////

// CBinaryDlg dialog

IMPLEMENT_DYNAMIC(CBinaryDlg, CDialog)

CBinaryDlg::CBinaryDlg(CWnd* pParent /*=NULL*/)
      : CDialog(CBinaryDlg::IDD, pParent)
{
      m_nThresh = 100;
      m_nThreshH = 120;
      m_nDown = 0;

      //指针初始化
      m_pImageO = NULL;
      m_pImageB = NULL;
```

```
    m_pImageR = NULL;

    //保存画面表示指针
    m_pParent = pParent;
}

CBinaryDlg::~CBinaryDlg()
{
    //释放内存
    delete[] m_pImageO;
    delete[] m_pImageB;
    delete[] m_pImageR;
}

void CBinaryDlg::DoDataExchange(CDataExchange* pDX)
{
    CDialog::DoDataExchange(pDX);
    DDX_Text(pDX, IDC_THRESHOLD, m_nThresh);
    DDX_Text(pDX, IDC_THRESHOLD_HIGH, m_nThreshH);
    DDX_Radio(pDX, IDC_THRESHOLD_RADIO1, m_nDown);
}

BEGIN_MESSAGE_MAP(CBinaryDlg, CDialog)
    ON_BN_CLICKED(ID_BINARY, &CBinaryDlg::OnClickedBinary)
    ON_BN_CLICKED(IDC_BINARY_REVERSE, &CBinaryDlg::OnClickedBinaryReverse)
    ON_BN_CLICKED(IDC_ORIGINAL_IMAGE, &CBinaryDlg::OnClickedOriginalImage)
    ON_BN_CLICKED(IDC_THRESHOLD_RADIO3, &CBinaryDlg::OnBnClickedThresholdRadio3)
    ON_BN_CLICKED(IDC_THRESHOLD_RADIO2, &CBinaryDlg::OnBnClickedThresholdRadio2)
    ON_BN_CLICKED(IDC_THRESHOLD_RADIO4, &CBinaryDlg::OnBnClickedThresholdRadio4)
    ON_BN_CLICKED(IDC_THRESHOLD_RADIO1, &CBinaryDlg::OnBnClickedThresholdRadio1)
    ON_BN_CLICKED(IDC_THRESHOLD_RADIO2, &CBinaryDlg::OnBnClickedThresholdRadio2)
    ON_BN_CLICKED(IDC_THRESHOLD_RADIO3, &CBinaryDlg::OnBnClickedThresholdRadio3)
END_MESSAGE_MAP()

// CBinaryDlg message handlers

BOOL CBinaryDlg::OnInitDialog()
{
    CDialog::OnInitDialog();

    //获得图像大小
    m_xsize = ::GetXSize();
    m_ysize = ::GetYSize();

    //分配内存
    m_pImageO = new BYTE[m_xsize*m_ysize];
    m_pImageB = new BYTE[m_xsize*m_ysize];
    m_pImageR = new BYTE[m_xsize*m_ysize];

    //读入图像数据
    ::ReadImageData(m_pImageO);
```

```
        return TRUE;   // return TRUE unless you set the focus to a control
        // EXCEPTION: OCX Property Pages should return FALSE
}


void CBinaryDlg::OnCancel()
{
        CDialog::OnCancel();
}

void CBinaryDlg::OnClickedBinary()
{
        UpdateData(TRUE);

        if(m_nDown == 2)//双阈值二值化处理
        {
                if(m_nThreshH < m_nThresh) m_nThreshH = m_nThresh;
                UpdateData(FALSE);
                ::Threshold_mid(m_pImageO, m_pImageB, m_xsize, m_ysize, m_nThresh, m_nThreshH);
        }
        else if(m_nDown == 3)//大津法二值化处理
        {
                ::Threshold_Otsu(m_pImageO, m_pImageB, m_xsize, m_ysize, m_nThresh);
        }
        else   //一般二值化处理
                ::Threshold(m_pImageO, m_pImageB, m_xsize, m_ysize, m_nThresh, m_nDown);

        //表示处理结果二值图像
        ::Disp_image(m_pImageB);
        //更新画面
        m_pParent->Invalidate();
}

void CBinaryDlg::OnClickedBinaryReverse()
{
        //定义临时图像指针
        BYTE* image;

        //分配内存
        image = new BYTE[m_xsize*m_ysize];

        //读入当前表示的图像数据
        ::ReadImageData(image);

        //反转数据
        ::Reverse_image(image, m_pImageR, m_xsize, m_ysize);

        //表示反转后图像
        ::Disp_image(m_pImageR);
```

```
	//更新画面
	m_pParent->Invalidate();

	//释放临时图像内存
	delete [] image;
}

void CBinaryDlg::OnClickedOriginalImage()
{
	//表示原图像
	::Disp_image(m_pImageO);
	//更新画面
	m_pParent->Invalidate();
}

void CBinaryDlg::OnBnClickedThresholdRadio4()
{
	//高阈值编辑窗口无效
	GetDlgItem(IDC_THRESHOLD_HIGH)->EnableWindow(FALSE);
	//低阈值编辑窗口无效
	GetDlgItem(IDC_THRESHOLD)->EnableWindow(FALSE);
}

void CBinaryDlg::OnBnClickedThresholdRadio1()
{
	//高阈值编辑窗口无效
	GetDlgItem(IDC_THRESHOLD_HIGH)->EnableWindow(FALSE);
	//低阈值编辑窗口有效
	GetDlgItem(IDC_THRESHOLD)->EnableWindow(TRUE);
}

void CBinaryDlg::OnBnClickedThresholdRadio2()
{
	//高阈值编辑窗口有效
	GetDlgItem(IDC_THRESHOLD_HIGH)->EnableWindow(FALSE);
	//低阈值编辑窗口有效
	GetDlgItem(IDC_THRESHOLD)->EnableWindow(TRUE);
}

void CBinaryDlg::OnBnClickedThresholdRadio3()
{
	//高阈值编辑窗口有效
	GetDlgItem(IDC_THRESHOLD_HIGH)->EnableWindow(TRUE);
	//低阈值编辑窗口有效
	GetDlgItem(IDC_THRESHOLD)->EnableWindow(TRUE);
}
```

List 4.6　BinaryDlg.h

```
#pragma once
// CBinaryDlg dialog
```

```
class CBinaryDlg : public CDialog
{
	DECLARE_DYNAMIC(CBinaryDlg)

public:
	CBinaryDlg(CWnd* pParent = NULL);	// standard constructor
	virtual ~CBinaryDlg();

// Dialog Data
	enum { IDD = IDD_BINARY_DLG };

protected:
	virtual void DoDataExchange(CDataExchange* pDX);	// DDX/DDV support

	DECLARE_MESSAGE_MAP()
public:
	int m_nThresh;
	int m_nThreshH;
	int m_nDown;
	//主窗口指针
	CWnd* m_pParent;

	//图像尺寸大小
	int m_xsize;
	int m_ysize;

	//原图像数据指针
	BYTE *m_pImageO;

	//二值图像数据指针
	BYTE *m_pImageB;

	//反转图像数据指针
	BYTE *m_pImageR;

//添加的函数
	virtual BOOL OnInitDialog();
	virtual void OnCancel();
	afx_msg void OnClickedBinary();
	afx_msg void OnClickedBinaryReverse();
	afx_msg void OnClickedOriginalImage();
	afx_msg void OnBnClickedThresholdRadio4();
	afx_msg void OnBnClickedThresholdRadio1();
	afx_msg void OnBnClickedThresholdRadio2();
	afx_msg void OnBnClickedThresholdRadio3();
};
```

第 5 章

直方图处理

5.1 直方图概念

直方图（histogram）是指图像中像素值的分布图，可以由 List 5.1 所示的程序来求得。

直方图的横坐标表示 0～255 的像素值，纵坐标表示各个像素值的个数（像素数）或占总像素比例，List 5.2 是将像素数转换为占总像素比例的函数。

对于 Visual C++不太熟练的初学者来说，实现 VC++界面的直方图表示，不是一件容易的事。为此，本书附了一个直方图图像表示的程序 List 5.3，读者可以输入该程序，简单地实现直方图的图像表示。

原始图像的直方图一般凹凸激烈，为了比较容易地发现波谷，经常采取在直方图上对邻域点平均化，以减少直方图的凹凸不平。List 5.4 列出了采用邻域 5 点对直方图进行平滑处理的程序。

5.2 直方图处理

5.2.1 对比度增强

画面的明亮部分与阴暗部分的灰度的比值称为对比度。对比度高的图像中被照物体的轮廓分明可见，为清晰图像，相反，对比度低的图像中物体轮廓模糊，为不清晰图像。对比度增强的一种处理方法是把图像中像素的灰度值都扩大 n 倍，即：

$$g(x,y) = n \times f(x,y) \tag{5.1}$$

在原始图像的位置(x,y)处的图像灰度值 $f(x,y)$被乘以 n，处理后的图像在(x,y)的灰度值就变为 $g(x,y)$。这个处理的程序被列在 List 5.5 中。因为图像数据范围是 0～255，所以如果计算的结果超过 255，将其设定为 255，即把 255 作为限定的最大值。

图 5.1 是一个原始图像及其直方图。图 5.2 是对于图 5.1 的图像改变 n 值的处理结果图像及其直方图。对这个图像来说，可以看出 n=3 时图像最为清晰，其灰度直方图分布几乎遍布 0～255 的整个区域，图像的明暗分明，增强了其对比度。

（a）原始图像

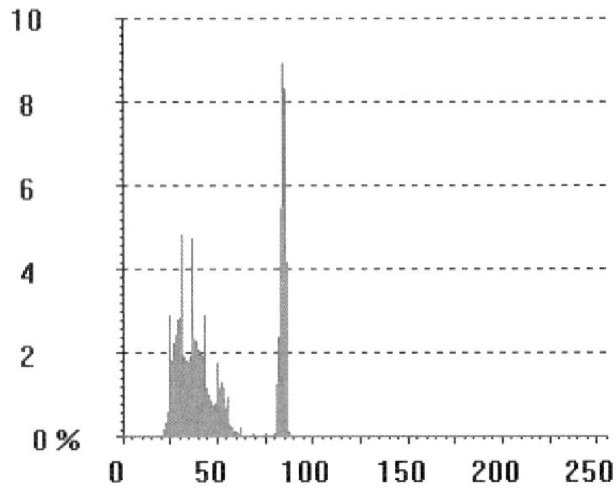

（b）灰度直方图

图 5.1　原始图像及其直方图

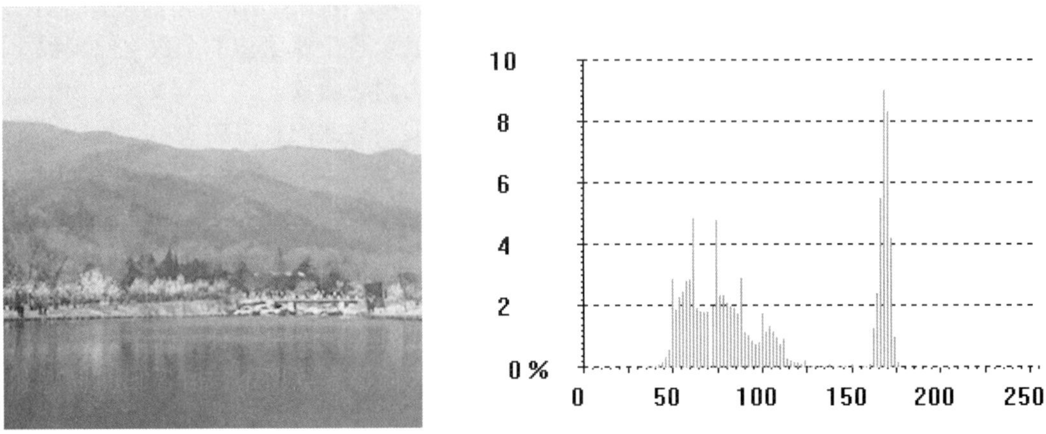

（a）n=2 的灰度图像及其直方图

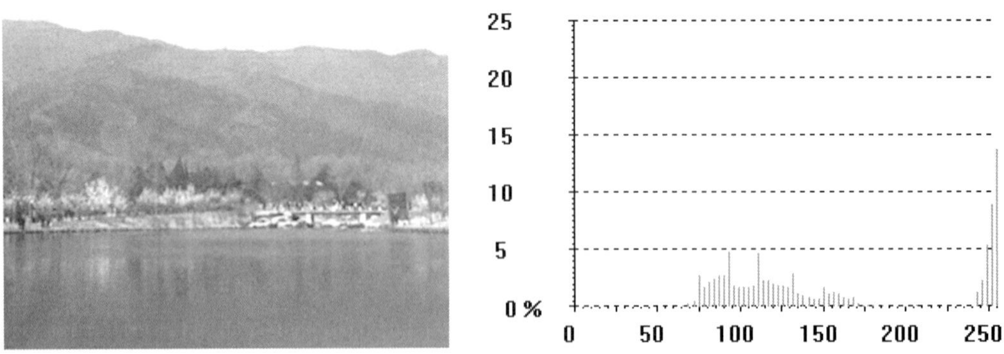

（b）n=3 的灰度图像及其直方图

图 5.2　不同 n 值的图像及其直方图

5.2.2　自动扩展亮度范围

从上一小节所得的结果可知，原始图像的灰度范围能够充满所允许的整个灰度范围的话，就可自动得到清晰图像。

对于灰度直方图，可以用式（5.2）将其范围从图 5.3 左侧所示的$[a,b]$变换到右侧所示的$[a',b']$。

$$z' = \frac{(b'-a')}{(b-a)} \times (z-a) + a' \tag{5.2}$$

变换前的图像灰度的最小值 a 和最大值 b 分别被变换为 a'和 b'，任意值 z 被变换为 z'。如果式（5.2）中的变量 a 和 b 是原始图像的灰度值的最小值和最大值，变量 a'和 b' 分别为内存所处理的灰度的最小值（0）和最大值（255），那么将自动得到从原始图像到对比度增强的图像。List 5.6 是求原始图像的灰度的最小值和最大值的程序，List 5.7 是通过式（5.2）进行变换的程序。

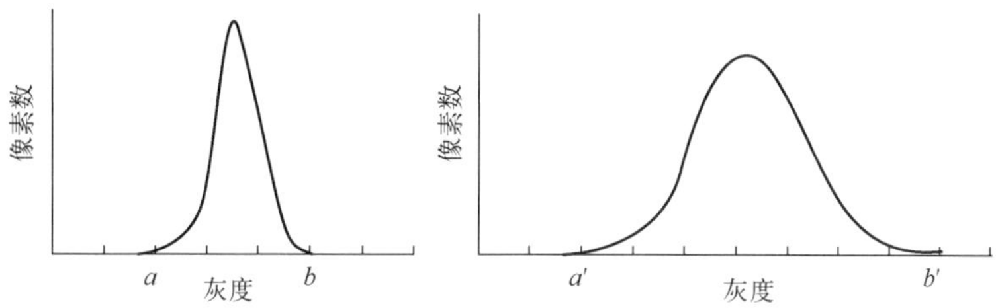

图 5.3　灰度直方图的拉伸

5.2.3　直方图均衡化

在图 5.4 的灰度直方图上，虽然中间的大部分区域像素点很少，但是它的低端和高端分别存在着像素数相当多的灰度级，这样灰度直方图无法拉伸。对于这类图像，可以通过直方图均衡化处理，来增强图像的对比度。

图 5.4　原图像及其直方图灰度变换结果

直方图均衡化（histogram equalization）是采取压缩原始图像中像素数较少的部分，拉伸像素数较多的部分的处理。如果在某一灰度范围内像素比较集中，因为被拉伸的部分的像素相对于被压缩的部分要多，从而使整个图像的对比度获得增强，图像变得清晰。

List 5.8 给出了直方图均衡化程序，图 5.5 是利用这个程序对图 5.4 进行直方图均衡化处理的结果。可见，直方图均衡化对改善对比度是相当有效的。

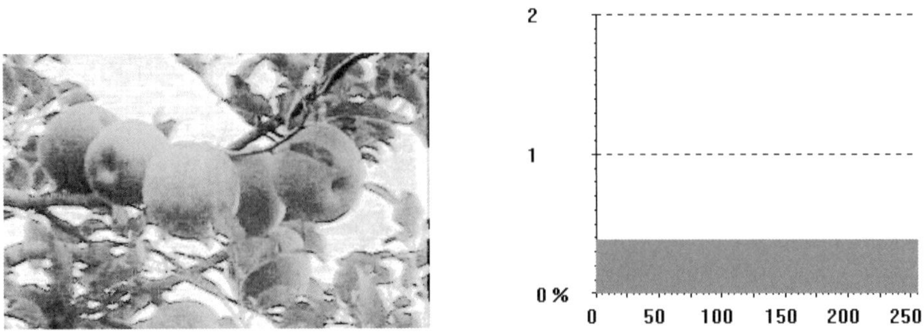

图 5.5　图 5.4 的灰度直方图均衡化结果

5.3　对话框功能说明

图 5.6 显示了直方图对话框。

（1）基本功能概述

直方图处理对话框提供了一系列功能按钮，允许用户对图像的直方图进行查看和处理。用户可以通过选择不同的按钮来显示原始直方图、进行平滑处理、调整亮度、扩展亮度范围、进行直方图均衡化，以及将直方图数据转换为图像显示。此外，对话框还提供了操作提示和状态信息显示区域，以及关闭按钮以退出对话框。

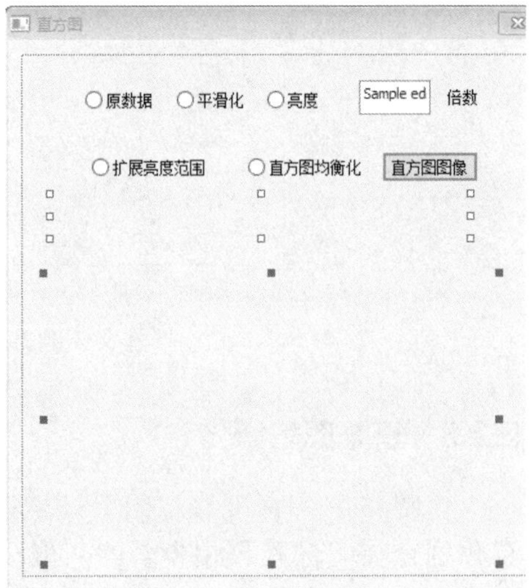

图 5.6　直方图对话框

（2）按钮功能介绍

① 原数据。

功能：选择显示原始图像的直方图。

操作：点击此按钮后，对话框将显示输入图像的原始直方图。

② 平滑化。

功能：对直方图进行平滑处理，以减少噪声和突出主要特征。

操作：点击此按钮后，对话框将应用平滑算法处理原图像的直方图，并更新显示。

③ 亮度。

功能：调整图像的亮度。

操作：点击此按钮后，用户可以输入一个倍数（在“倍数”旁边的编辑框中），然后对话框将根据该倍数调整图像的亮度，并更新直方图显示。

④ 倍数（编辑控件）。

功能：设置亮度调整的倍数。

操作：用户在此编辑框中输入一个浮点数，表示亮度调整的倍数。当点击“亮度”按钮时，该倍数将应用于图像亮度的调整。

⑤ 扩展亮度范围。

功能：扩展图像的亮度范围，以增强对比度。

操作：点击此按钮后，对话框将自动计算并扩展当前图像的亮度范围，然后更新图像和直方图显示。

⑥ 直方图均衡化。

功能：对图像进行直方图均衡化处理，以改善图像的对比度。

操作：点击此按钮后，对话框将对当前图像应用直方图均衡化算法，然后更新图像和直方图显示。注意，此操作可能需要一些时间。

⑦ 直方图图像。

功能：将直方图数据转换为图像显示。

操作：点击此按钮后，对话框将根据当前显示的直方图数据生成一个图像，并在对话框中显示该图像。

⑧ 静态文本（显示提示语）。

功能：提供操作提示或状态信息。

操作：此区域用于显示对话框的操作提示、状态信息或错误消息。例如，在直方图均衡化过程中，可能会显示“处理时间较长，请稍等候!!”的提示。

⑨ 静态文本（显示直方图）。

功能：显示直方图图像。

操作：此区域用于显示直方图图像。对话框会根据用户的选择和操作更新此区域中显示的直方图。

⑩ 右上角“×”。

功能：关闭对话框。

（3）使用流程

① 读入灰度原图像。

② 打开直方图处理对话框。

③ 选择不同直方图处理方法，直方图显示在对话框下方，除了“平滑化”之外，图像也相应变化。“平滑化”只对原图像直方图进行平滑处理，不对原图像进行处理。

④ 完成处理后，点击右上角“×”，关闭对话框。

5.4　对话框功能实现

在 DIPAX 工程上依次进行以下各步操作。

① 添加菜单：直方图(S)，ID_HIST。参考 2.1.3 添加菜单。

② 添加菜单函数：void OnHist()。参考 2.1.4 添加菜单函数。

③ 添加对话框：IDD_HIST_DIALOG。参考 2.1.5 添加对话框。

④ 添加对话框类：CHistDlg。参考 2.1.6 添加对话框类。

⑤ 菜单与对话框连接。参考 2.1.7 菜单与对话框连接（模式）。操作步骤如下所述。

a. 在 DIPAXView.cpp 文件的上方添加直方图对话框头文件：#include "HistDlg.h"。

b. 编辑菜单函数，在 List 3.3 DIPAXView.cpp 中找到 void CDIPAXView:: OnHist()函数，输入函数内容即可。

⑥ 添加对话框功能。

表 5.1 给出了图 5.6 所示直方图功能界面的名称、ID、参数、函数及功能（属性）说

明。可以参考 2.1.8 小节和 2.1.9 小节，完成这些内容的添加。

表 5.1 中的序号是从左到右、从上到下排序。没有名称的序号，在括号内说明了其性质。单选按钮，需要设定“原数据”ID 的属性 Group 为 True，其他 ID 为 Flase，然后用“Tab Order”排序。

表 5.1　对话框功能内容

序号	名称（属性）	ID	参数、函数、功能（属性）
1	原数据	IDC_HIST_ORIGINAL	int m_nHistType void OnBnClickedHistOriginal()
2	平滑化	IDC_HIST_SMOOTH	void OnBnClickedHistSmooth()
3	亮度	IDC_HIST_AMPLIFY	void OnBnClickedHistAmplify()
4	（编辑控件）	IDC_HIST_N_EDIT	float m_fn
5	倍数	IDC_STATIC	静态文字
6	扩展亮度范围	IDC_HIST_EXPAND	void OnBnClickedHistExpand()
7	直方图均衡化	IDC_HIST_PLAN	void OnBnClickedHistPlan()
8	直方图图像	IDC_HIST_IMAGE	void OnBnClickedHistImage()
9	(静态文本)	IDC_HIST_INFO	显示提示语
10	(静态文本)	IDC_HIST_STATIC	显示直方图

⑦ 添加初始化函数 OnInitDialog()。参考 2.1.10 小节。

⑧ 添加对话框关闭的后处理函数 PostNcDestroy()。一般在此函数里删除分配的内存，添加方法与初始化函数 OnInitDialog()相同，参考 2.1.10 小节。也可以在类的析构函数（~CHistDlg()）里删除内存。

⑨ 添加绘画函数 OnPaint()：WM_PAINT 消息的响应函数，对话框有变动时执行该函数，直方图绘画在该函数里执行。添加方法与初始化函数 OnInitDialog()类似，在类向导的 Messages 一栏中选择该函数。

⑩ 添加直方图在对话框上的绘画函数。这些是自定义函数，比较复杂，在此不做说明，按照 List 5.9 和 List 5.10 输入即可。

直方图对话框类的源代码显示在 List 5.9 和 List 5.10 中，完成上述添加后，参考 List 5.9 和 List 5.10 完成各个函数内容的填写，然后编译运行，结果如图 5.7 所示。

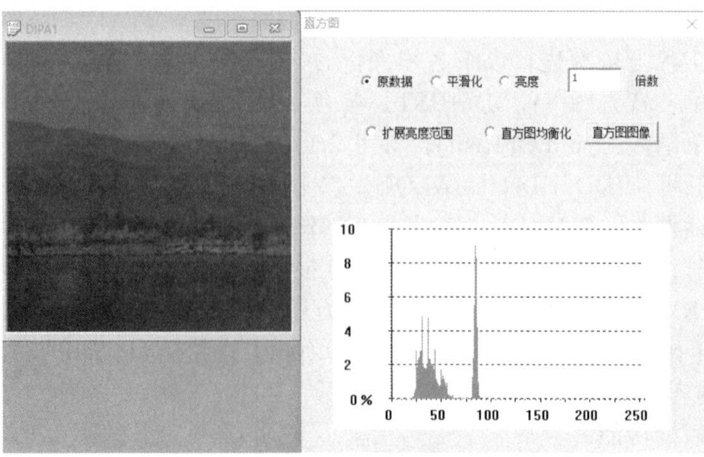

图 5.7　直方图对话框编译运行结果

5.5　C 语言函数源代码

本节包含以下 C 语言函数源代码：List 5.1 直方图、List 5.2 计算直方图百分比、List 5.3 直方图图像化、List 5.4 直方图平滑化、List 5.5 灰度值 *n* 倍、List 5.6 求取灰度范围、List 5.7 灰度拉伸、List 5.8 直方图均衡化。完成本章处理内容，需要将这些函数输入（导入）DIPAX 工程（参考 3.3 节）。

List 5.1　直方图

```
#include "StdAfx.h"
#include "BaseList.h"
/*--- Histgram --- 灰度分布直方图 ----------------------------------
        image:    图像数据指针
        xsize:    图像宽度
        ysize:    图像高度
        hist:     直方图配列
---------------------------------------------------------------------------*/
void Histgram(BYTE *image, int xsize, int ysize, long hist[256])
{
        int    i,j,n;

        for (n = 0; n < 256; n++) hist[n] = 0;
        for (j = 0; j < ysize; j++) {
                for ( i = 0; i < xsize; i++) {
                        n = *(image +j*xsize + i);
                        hist[n]++;
                }
        }
}
```

List 5.2　计算直方图百分比

```
#include "StdAfx.h"
#include "BaseList.h"

/*--- CalHistPercent --- 计算直方图百分比 ----------------------------------
        hist:            输入直方图数列
        hist_radio:      输出百分比直方图数列
        max_percent:  输出直方图最大百分比
---------------------------------------------------------------------------*/

void CalHistPercent(long hist[], float hist_radio[], float &max_percent)
{
        float max_value;
        short i;
        //初始化
float total = (float)0;
max_value = 0;
```

```
        //计算总像素数
        for( i=0 ; i<=255 ; i++ )
                total = total + (float)hist[i];

        for( i=0 ; i<=255 ; i++ ){
                //计算比例
                if(total > 0)
                hist_radio[i] = ((hist[i]/total)*(float)100);
                //求最大像素数
                if( max_value < hist[i] )
                        max_value = (float)hist[i];
        }

        //求最大比例值
        max_percent = ((max_value/total)*(float)100);
}
```

List 5.3　直方图图像化

```
#include "StdAfx.h"
#include "BaseList.h"
/*--- Hist_to_image --- 直方图图像化（xsize 大于等于 64）----
        hist:           直方图数据
        image_hist: 直方图图像
        xsize:          图像宽度
        ysize:          图像高度
---------------------------------------------------------------------------*/
void Hist_to_image(long hist[256], BYTE* image_hist, int xsize, int ysize)
{
        int     i, j, k, max, range;
        long    n;
        float d;

        if(xsize < 64) return;

        range = ysize - 5;
        for (j = 0; j < ysize; j++) {
                for (i = 0; i < xsize; i++) {
                        *(image_hist + j*xsize +i) = LOW;
                }
        }
        if (xsize >= 256) {
                max = 0;
                for (i = 0; i < 256; i++) {
                        n = hist[i];
                        if (n > max) max = n;
                }
                for (i = 0; i < 256; i++) {
                        d = (float)hist[i];
                        n = (long)(d / (float)max * (float)range);
                        for (j = 0; j <= n; j++) *(image_hist + (range -j)*xsize + i) = HIGH;
                }
                for (i= 0; i<= 4; i++) {
```

```
                k = 64 * i;
                if (k >= xsize) k = xsize - 1;
                for (j= range; j< ysize; j++) *(image_hist + j*xsize + k) = HIGH;
            }
        }
        else if (xsize >= 128) {
            max = 0;
            for (i = 0; i < 128; i++) {
                n = hist[2*i] + hist[2*i+1];
                if (n > max) max = n;
            }
            for (i = 0; i < 128; i++) {
                d = (float)(hist[2*i]+hist[2*i+1]);
                n = (long)(d / (float)max * (float)range);
                for (j = 0; j <= n; j++) *(image_hist + (range-j)*xsize + i) = HIGH;
            }
            for (i= 0; i<= 4; i++) {
                k = 32 * i;
                if (k >= xsize) k = xsize - 1;
                for (j= range; j< ysize; j++) *(image_hist + j*xsize +k) = HIGH;
            }
        }
        else if (xsize >= 64) {
            max = 0;
            for (i = 0; i < 64; i++) {
                n = hist[4*i] + hist[4*i+1] + hist[4*i+2] + hist[4*i+3];
                if (n > max) max = n;
            }
            for (i = 0; i < 64; i++) {
                d = (float)(hist[4*i] + hist[4*i+1] + hist[4*i+2] + hist[4*i+3]);
                n = (long)(d / (float)max * (float)range);
                for (j = 0; j <= n; j++) *(image_hist + (range-j)*xsize + i) = HIGH;
            }
            for (i= 0; i<= 4; i++) {
                k = 16 * i;
                if (k >= xsize) k = xsize - 1;
                for (j= range; j< ysize; j++) *(image_hist + j*xsize + k) = HIGH;
            }
        }
    }
```

List 5.4　直方图平滑化

```
#include "StdAfx.h"
#include "BaseList.h"
/*--- Histsmooth --- 直方图平滑化 --------------------------------
    hist_in:    输入直方图配列
    hist_out:   输出直方图配列
--------------------------------------------------------------------------*/
void Hist_smooth(long hist_in[256],long hist_out[256])
{
    int   m, n, i;
```

```
	long sum;

	for (n = 0; n < 256; n++) {
		sum = 0;
		for (m = -2; m <= 2; m++) {
			i = n + m;
			if (i <     0) i =     0;
			if (i > 255) i = 255;
			sum = sum + hist_in[i];
		}
		hist_out[n] = (long)((float)sum / 5.0 + 0.5);
	}
}
```

List 5.5 灰度值 *n* 倍

```
#include "StdAfx.h"
#include "BaseList.h"
/*--- Brightness_amplify --- 灰度 n 倍 ------------------------------------
	image_in:  输入图像数据指针
	image_out: 输出图像数据指针
	xsize:     图像宽度
	ysize:     图像高度
	n:         倍数
--------------------------------------------------------------------------*/
void Brightness_amplify(BYTE *image_in, BYTE *image_out, int xsize, int ysize, float n)
{
	int i, j, nf;

	for (j = 0; j < ysize; j++){
	for (i = 0; i < xsize; i++){
			nf = (int)(*(image_in + j*xsize + i) * n);
			if (nf > 255) nf = 255;
			*(image_out + j*xsize + i) = (BYTE)nf;
		}
	}
}
```

List 5.6 求取灰度范围

```
#include "StdAfx.h"
#include "BaseList.h"
/*--- Brightness_range --- 求取灰度范围 -----------------------------------
	image_in:  输入图像数据指针
	xsize:     图像宽度
	ysize:     图像高度
	fmax:      求得的亮度最大值
	fmin:      求得的亮度最小值
--------------------------------------------------------------------------*/
void Brightness_range(BYTE *image_in, int xsize, int ysize, int *fmax, int *fmin)
{
	int i, j, nf;
```

```
        *fmax = 0;
        *fmin = 255;
        for (j = 0; j < ysize; j++){
                for (i = 0; i < xsize; i++){
                        nf =(int)(*(image_in + j*xsize + i));
                        if (nf > *fmax) *fmax = nf;
                        if (nf < *fmin) *fmin = nf;
                }
        }
}
```

List 5.7　灰度拉伸

```
#include "StdAfx.h"
#include "BaseList.h"
/*--- Brightness_expand --- 灰度范围拉伸 --------------------------
        image_in:  输入图像数据指针
        image_out: 输出图像数据指针
       xsize:      图像宽度
       ysize:      图像高度
        fmax:      输入图像亮度最大值
        fmin:      输入图像亮度最小值
-------------------------------------------------------------------------*/
void Brightness_expand(BYTE *image_in, BYTE *image_out, int xsize, int ysize,
                                int fmax, int fmin)
{
        int i, j;
        float d;

        for (j = 0; j < ysize; j++) {
                for (i = 0; i < xsize; i++) {
                        d = (float)255 / (float)(fmax - fmin)
                                * ((int)(*(image_in + j*xsize + i)) - fmin);
                        if (d > 255)
                                *(image_out + j*xsize + i) = 255;
                        else if (d < 0)
                                *(image_out + j*xsize + i) = 0;
                        else
                                *(image_out + j*xsize + i) = (BYTE)d;
                }
        }
}
```

List 5.8　直方图均衡化

```
#include "StdAfx.h"
#include <math.h>
#include "BaseList.h"
void sort(BYTE *image_in, int xsize, int ysize, struct XYW *data,
        int level);
void weight(BYTE *image_in, int xsize, int ysize, int i, int j,int *wt);
```

```
/*--- Hist_plane --- 直方图均衡化 ---------------------------------
        image_in:  输入图像数据指针
        image_out: 输出图像数据指针
       xsize:      图像宽度
       ysize:      图像高度
        hist:      亮度直方图配列
-------------------------------- -----------------------------------------*/
void Hist_plane(BYTE *image_in, BYTE *image_out, int xsize, int ysize, long hist[256])
{
        int i, j, jy, ix, sum;
        int delt;                    //根据周围像素值选择的像素数
        int low, high;               //处理灰度范围
        int av;                      //均衡化后的亮度值
        BYTE *image_buf;             //作业图像数据指针
        int max_number;
        XYW *buf;                    //像素位置(x,y)及周边像素的亮度和(weight)

        if( (image_buf = new BYTE[xsize*ysize]) == NULL ) return;

        max_number = 0;
        for(i=0; i<256; i++) max_number = max(hist[i], max_number);

        if( (buf = new XYW[max_number]) == NULL ) return;

        av = (int)((ysize) * (xsize) / 256);
        high = 255;
        low = 255;
        for (j = 0; j < ysize; j++){
                for (i = 0; i < xsize; i++){
                        *(image_out + j*xsize + i) = 0;
                        *(image_buf + j*xsize + i) = *(image_in + j*xsize + i);
                }
        }

        for (i = 255; i > 0; i--){
                for (sum = 0; sum < av; low--) sum = sum + hist[low];
                low++;
                delt = hist[low] - (sum - av);
                sort(image_buf, xsize, ysize, buf, low);
                if (low < high){
                        for (jy = 0; jy < ysize; jy++){
                                for (ix = 0; ix < xsize; ix++){
                                        if (((int)(*(image_buf + jy*xsize + ix)) >= low + 1 ) &&
                                                ((int)(*(image_buf + jy*xsize + ix)) <= high))
                                        *(image_out + jy*xsize + ix) = (BYTE)i;
                                }
                        }
                }
                for (j = 0; j < delt; j++){
                        *(image_out + buf[j].y*xsize + buf[j].x) =(BYTE)i;
```

```
                *(image_buf + buf[j].y*xsize + buf[j].x) =(BYTE)0;
            }
            hist[low] = hist[low] - delt;
            high = low;
        }

    delete image_buf;
    delete buf;
}

/*--- sort --- 将周围像素按灰度由高到低排列 --------------------------
    image_in:  输入图像数据指针
    xsize:     图像宽度
    ysize:     图像高度
    data:      位置及周围像素灰度和配列
    level:     排序像素的灰度
--------------------------------------------------------------------------*/
void sort(BYTE *image_in, int xsize, int ysize, struct XYW *data, int level)
{
    int i, j, inum, wt;
    struct XYW temp;

    inum = 0;
    for (j = 0; j < ysize; j++ ){
        for (i = 0; i < xsize; i++ ){
            if ((int)(*(image_in + j*xsize + i)) == level){
                weight(image_in, xsize, ysize, i, j, &wt);      //计算周围像素的亮度和
                data[inum].y = j;
                data[inum].x = i;
                data[inum].w = wt;
                inum++;
            }
        }
    }

    for (j = 0; j < inum - 1; j++ ){                //排序
        for (i = j + 1; i < inum; i++){
            if (data[j].w <= data[i].w){
                temp.y = data[j].y;
                temp.x = data[j].x;
                temp.w = data[j].w;
                data[j].y = data[i].y;
                data[j].x = data[i].x;
                data[j].w = data[i].w;
                data[i].y = temp.y;
                data[i].x = temp.x;
                data[i].w = temp.w;
            }
        }
    }
}
```

```
/*--- weight --- 计算周围像素的灰度和 --------------------------------
       image_in:  输入图像数据指针
       xsize:     图像宽度
      ysize:      图像高度
       i, j:      像素位置
       wt:        灰度和
---------------------------------------------------------------------------*/
void weight(BYTE *image_in, int xsize, int ysize, int i, int j, int *wt)
{
       int dim, djm;
       int dip, djp;
       int k, d[8];

       dim = i - 1;
       djm = j - 1;
       dip = i + 1;
       djp = j + 1;
       if (dim < 0) dim = i;
       if (djm < 0) djm = j;
       if (dip > xsize-1) dip = i;
       if (djp > ysize-1) djp = j;

       d[0] = (int)(*(image_in + djm*xsize + dim));
       d[1] = (int)(*(image_in + djm*xsize + i));
       d[2] = (int)(*(image_in + djm*xsize + dip));
       d[3] = (int)(*(image_in + j*xsize + dim));
       d[4] = (int)(*(image_in + j*xsize + dip));
       d[5] = (int)(*(image_in + djp*xsize + dim));
       d[6] = (int)(*(image_in + djp*xsize + i));
       d[7] = (int)(*(image_in + djp*xsize + dip));

       *wt = 0;
       for (k = 0; k < 8; k++) *wt = *wt + d[i];
}
```

5.6 对话框类源代码

List 5.9 和 List 5.10 分别列出了直方图对话框类的源文件 HistDlg.cpp 和头文件 HistDlg.h。

List 5.9 HistDlg.cpp

```
#include "stdafx.h"
#include "DIPAX.h"
#include "HistDlg.h"
#include "afxdialogex.h"
#include "Global.h"
#include "BaseList.h"
```

```
IMPLEMENT_DYNAMIC(CHistDlg, CDialog)

CHistDlg::CHistDlg(CWnd* pParent /*=NULL*/)
	: CDialog(CHistDlg::IDD, pParent)
{
	m_fn = 1.0f;
	m_nHistType = 0;
	//保存表示画面具柄
	m_pParent = pParent;
}

CHistDlg::~CHistDlg()
{
}

void CHistDlg::DoDataExchange(CDataExchange* pDX)
{
	CDialog::DoDataExchange(pDX);
	DDX_Text(pDX, IDC_HIST_N_EDIT, m_fn);
	DDX_Radio(pDX, IDC_HIST_ORIGINAL, m_nHistType);
}


BEGIN_MESSAGE_MAP(CHistDlg, CDialog)
	ON_BN_CLICKED(IDC_HIST_ORIGINAL, &CHistDlg::OnBnClickedHistOriginal)
	ON_BN_CLICKED(IDC_HIST_SMOOTH, &CHistDlg::OnBnClickedHistSmooth)
	ON_BN_CLICKED(IDC_HIST_AMPLIFY, &CHistDlg::OnBnClickedHistAmplify)
	ON_BN_CLICKED(IDC_HIST_EXPAND, &CHistDlg::OnBnClickedHistExpand)
	ON_BN_CLICKED(IDC_HIST_PLAN, &CHistDlg::OnBnClickedHistPlan)
	ON_BN_CLICKED(IDC_HIST_IMAGE, &CHistDlg::OnBnClickedHistImage)
	ON_WM_PAINT()
END_MESSAGE_MAP()


// CHistDlg message handlers

void CHistDlg::OnBnClickedHistOriginal()
{
	// TODO: Add your control notification handler code here
	//表示原图像
	::Disp_image(m_pImage_in);

	//计算直方图数列
	::Histgram(m_pImage_in, m_xsize, m_ysize, m_hist);

	//图像表示更新
	m_pParent->Invalidate();

	//直方图的全体描画
	DispHistogram();
```

```
}

void CHistDlg::OnBnClickedHistSmooth()
{
    // TODO: Add your control notification handler code here
    //平滑直方图数列
    ::Hist_smooth(m_hist, m_histSmooth);

    //直方图的全体描画
    DispHistogram();
}

void CHistDlg::OnBnClickedHistAmplify()
{
    // TODO: Add your control notification handler code here
    UpdateData(TRUE);
    //亮度 n 倍
    ::Brightness_amplify(m_pImage_in, m_pImage_out, m_xsize, m_ysize, m_fn);

    //表示变换后图像
    ::Disp_image(m_pImage_out);

    //图像表示更新
    m_pParent->Invalidate();

    //计算直方图数列
    ::Histgram(m_pImage_out, m_xsize, m_ysize, m_hist);

    //直方图的全体描画
    DispHistogram();
}

void CHistDlg::OnBnClickedHistExpand()
{
    // TODO: Add your control notification handler code here
    int fmax, fmin;//亮度最大、最小值

    //计算原图像亮度的最大、最小值
    ::Brightness_range(m_pImage_in, m_xsize, m_ysize, &fmax, &fmin);

    //亮度范围扩张
    ::Brightness_expand(m_pImage_in, m_pImage_out, m_xsize, m_ysize, fmax, fmin);

    //表示变换后图像
    ::Disp_image(m_pImage_out);

    //图像表示更新
    m_pParent->Invalidate();

    //计算直方图数列
    ::Histgram(m_pImage_out, m_xsize, m_ysize, m_hist);
```

```
    //直方图的全体描画
    DispHistogram();
}

void CHistDlg::OnBnClickedHistPlan()
{
    // TODO: Add your control notification handler code here
    //因为处理时间较长，请等候
    SetDlgItemText(IDC_HIST_INFO,_T( "处理时间较长，请稍等候！！"));

    //计算直方图数列
    ::Histgram(m_pImage_in, m_xsize, m_ysize, m_hist);

    //直方图均衡化
    ::Hist_plane(m_pImage_in, m_pImage_out, m_xsize, m_ysize, m_hist);

    //表示变换后图像
    ::Disp_image(m_pImage_out);

    //图像表示更新
    m_pParent->Invalidate();

    //计算直方图数列
    ::Histgram(m_pImage_out, m_xsize, m_ysize, m_hist);

    //直方图的全体描画
    DispHistogram();

    SetDlgItemText(IDC_HIST_INFO,_T( ""));
}

void CHistDlg::OnBnClickedHistImage()
{
    // TODO: Add your control notification handler code here
     UpdateData(TRUE);

   //图像化直方图
   if(m_nHistType == 1)
        ::Hist_to_image(m_histSmooth, m_pImage_hist, m_xsize, m_ysize);
   else
        ::Hist_to_image(m_hist, m_pImage_hist, m_xsize, m_ysize);

   //表示直方图图像
   ::Disp_image(m_pImage_hist);

   //更新图像画面
   m_pParent->Invalidate();
}

BOOL CHistDlg::OnInitDialog()
```

```
{
    CDialog::OnInitDialog();

    m_shift_val = 30; //描画移动量

    m_left = 0;         //左
    m_top = 0;          //上
    m_right = 200;      //右
    m_bottom = 100;  //下

    m_bAxisText = TRUE; //轴的数据表示
    //获得图像尺寸
    m_xsize = ::GetXSize();
    m_ysize = ::GetYSize();

    //分配内存
    m_pImage_in = new BYTE[m_xsize*m_ysize];
    m_pImage_out = new BYTE[m_xsize*m_ysize];
    m_pImage_hist = new BYTE[m_xsize*m_ysize];

    //读入图像数据
    ::ReadImageData(m_pImage_in);

    //计算直方图数列
    ::Histgram(m_pImage_in, m_xsize, m_ysize, m_hist);

    m_create = 1;
    return TRUE;   // return TRUE unless you set the focus to a control
    // EXCEPTION: OCX Property Pages should return FALSE
}

void CHistDlg::PostNcDestroy()
{
    //释放内存
    delete[] m_pImage_in;
    delete[] m_pImage_out;
    delete[] m_pImage_hist;
    CDialog::PostNcDestroy();
}

void CHistDlg::OnPaint()
{
    CPaintDC dc(this); // device context for painting
    // 获取绘制坐标的文本框
    CWnd* pWnd = GetDlgItem(IDC_HIST_STATIC);

    // 画面更新
    pWnd->Invalidate();
    pWnd->UpdateWindow();

    UpdateData(TRUE);
```

```
    //直方图的全体描画
    DispHistogram();

    // Do not call CDialog::OnPaint() for painting messages
}
void CHistDlg::DispHistogram()
{
    CDC* pDC;
    CRect rect;
    CWnd* pWnd = GetDlgItem(IDC_HIST_STATIC);
    pWnd->GetClientRect( &rect );
    m_left = rect.left + 2;        //左
    m_top = rect.top + 8;          //上
    m_right = rect.right - 2;      //右
    m_bottom = rect.bottom - 2;//下

    m_shift_val = 30;

    pDC = pWnd->GetDC();//获得装置的关系

    //确定窗口参数
    UpdateData(TRUE);

    if(m_nHistType == 1)//用平滑后数据计算百分比
        ::CalHistPercent(m_histSmooth, m_disp_array, m_max_percent);
    else //用原数据计算百分比
        ::CalHistPercent(m_hist, m_disp_array, m_max_percent);

    //设定 y 轴最大值
    m_max_value_y = (int)(m_max_percent+1);

    //范围定为 0~100
    if( m_max_value_y >= 100 ) m_max_value_y = 100;
    if( m_max_value_y <= 0 )    m_max_value_y =    0;

    short ret = DrawHistArea(pDC);       //参数、描画区域设定
    if( ret == OK ){
        DrawAxisLine(pDC);             //x、y 轴的描画
        DrawAxisText(pDC);             //x、y 文字的表示
        DrawGrayValueMono(pDC);  //亮度值的表示
    }

    pWnd->ReleaseDC(pDC);//装置关系的释放
}

short CHistDlg::DrawHistArea(CDC* pDC)
{
    int i, max_value, min_value;

    //x 轴
    //内部放大率
```

```
m_inzoom_x       =   (float)1;       //n 倍表示基准幅
m_small_x         =   (float)5;      //x 轴的小刻度
m_large_x         =   (float)25;     //x 轴的大刻度
m_text_delta_x   =   25;             //x 轴文字表示刻度的变化量
m_max_value_x =   255;               //x 轴的最大值

//y 轴
// 5, 10, 25, 50, 100
max_value = 100;
min_value = 100/2;
for( i=0 ; i<5 ; i++ ){//求最大比例
        if( (min_value < m_max_value_y)&&( m_max_value_y <= max_value ) ){
              break;
        }
        else{
              max_value = min_value;
              if( min_value < 5 ){ min_value = 2; break; }
              if( min_value == 25 ) min_value = 10;
              else                              min_value = min_value/2;
        }
}
m_max_value_y = max_value;

m_text_delta_y = m_max_value_y / 5;//1/5
if(m_text_delta_y == 0) m_text_delta_y = 1;
m_large_y = (float)m_text_delta_y; //==
m_small_y = m_large_y / (float)10;//1/10

//设定内部扩大率
if( m_max_value_y == 0 ) m_inzoom_y = (float)1;
else m_inzoom_y =   100 / (float)m_max_value_y ;//内部扩大率

//
//右上领域的宽度、高度   m_resize_x, m_resize_y
m_resize_x = (float)(m_right - m_left);
m_resize_y = (float)(m_bottom - m_top);

if( m_resize_x < 200 ) return(NG);//x 界限
if( m_shift_val < 30 ) return(NG);
if( m_resize_y < 100 ) return(NG);//y 界限
m_zoom_x = ( m_resize_x - (float)60 ) / (float)280;//基准长 x

m_zoom_y =   m_resize_y   / (float) 120;//基准长 y

//矩形区域描画
CPen   Pen(PS_SOLID, 1, RGB(255,255,255) );
CPen* pOldPen = pDC->SelectObject(&Pen);
pDC->Rectangle( m_left, m_bottom+1,
                       m_left+(int)m_resize_x+1,
                       m_bottom-(int)m_resize_y );
pDC->SelectObject(pOldPen);
```

```
    return(OK);
}

void CHistDlg::DrawAxisText( CDC* pDC )   //x、y 的刻度文字表示
{
    int i;
    float old_posi_y, new_posi_y;
    float old_posi_x, new_posi_x;

    CString str_x, str_y;

    pDC->SetTextAlign( TA_LEFT | TA_BOTTOM );
    pDC->SetTextColor( RGB(0,0,0) );

    //文字拥挤时拉开距离表示
    if( m_text_delta_y != 0 )
    {
        old_posi_y = (float)(m_bottom-20);
        str_y.Format(_T("%3s"), _T("0 %") );//y 的刻度文字表示
        //“0%” 文字的微调整  17
        pDC->TextOut( m_left+17, (int)old_posi_y, str_y, 3 );

        for( i=1; i<(int)(m_max_value_y/m_text_delta_y+1) ; i++ ){
            new_posi_y = (float)m_bottom-(float)20-(m_text_delta_y*(float)i*m_zoom_y*m_inzoom_y);

            //y 轴数字间的宽度
            //m_text_interval_y=16
            if( (old_posi_y - (float)16) > new_posi_y ){
                str_y.Format(_T("%3d"), m_text_delta_y*i );//y 轴刻度数字
                pDC->TextOut( m_left+3,    (int)new_posi_y, str_y, 3 );
                old_posi_y = new_posi_y;
            }
        }
    }

    if( m_text_delta_x != 0 ){
        old_posi_x = (float)(m_left+m_shift_val*2 - 15);
        str_x.Format(_T("%3d"), m_text_delta_x*0 );//x 轴刻度数字
        pDC->TextOut( (int)old_posi_x, m_bottom-5, str_x, 3 );

        for( i=1; i<(int)(m_max_value_x/m_text_delta_x+1) ; i++ ){
            new_posi_x = (float)m_left+(float)m_shift_val*2
                         +(m_text_delta_x*(float)i*m_zoom_x*m_inzoom_x)-(float)15;
            //x 轴文字间隔  28
            if(    (new_posi_x - old_posi_x) > (float)28){
                str_x.Format(_T("%3d"), m_text_delta_x*i );//x  轴刻度数字
                pDC->TextOut( (int)new_posi_x, m_bottom-5, str_x, 3 );
                old_posi_x = new_posi_x;
            }
        }
```

```
        }
    }

    void CHistDlg::DrawAxisLine(CDC* pDC)
    {
        DrawAxisXLine(pDC);//x 轴描画
        DrawAxisYLine(pDC);//y 轴描画
        DrawSubLine(pDC);    //辅助线描画
    }

    //x 轴描画
    void CHistDlg::DrawAxisXLine(CDC* pDC)
    {
        int i;
        CString str_x;

        //线的幅宽              1
        CPen    Pen(PS_SOLID, 1, RGB(0,0,0) );
        CPen* pOldPen = pDC->SelectObject(&Pen);

        //x 坐标
        pDC->MoveTo(m_left+m_shift_val*2, m_bottom-m_shift_val);//x 轴
        pDC->LineTo(m_left+m_shift_val*2+(int)(m_max_value_x*m_zoom_x*m_inzoom_x),
                    m_bottom-m_shift_val);

        for( i=0 ; i<(int)(m_max_value_x/m_small_x+1); i++ ){//小刻度
            pDC->MoveTo(m_left+m_shift_val*2+(int)(m_small_x*(float)i*m_zoom_x*m_inzoom_x),
                        m_bottom-m_shift_val);//x 轴刻度
            pDC->LineTo(m_left+m_shift_val*2+(int)(m_small_x*(float)i*m_zoom_x*m_inzoom_x),
                        m_bottom-m_shift_val+2);
        }

        for( i=0 ; i<(int)(m_max_value_x/m_large_x+1); i++ ){//大刻度
            pDC->MoveTo(m_left+m_shift_val*2+(int)(m_large_x*(float)i*m_zoom_x*m_inzoom_x),
                        m_bottom-m_shift_val);//x 轴刻度
            pDC->LineTo(m_left+m_shift_val*2+(int)(m_large_x*(float)i*m_zoom_x*m_inzoom_x),
                        m_bottom-m_shift_val+4);
        }

        pDC->SelectObject(pOldPen);
    }

    //y 轴描画
    void CHistDlg::DrawAxisYLine(CDC* pDC)
    {
        int i;
        CString str_y;
        //线的幅宽              1
        CPen    Pen(PS_SOLID, 1, RGB(0,0,0) );
        CPen* pOldPen = pDC->SelectObject(&Pen);
```

```
        //y 坐标
        pDC->MoveTo(m_left+m_shift_val*2,
                    m_bottom-m_shift_val);//y 轴左
        pDC->LineTo(m_left+m_shift_val*2,
                     m_bottom-m_shift_val-(int)((float)m_max_value_y*m_zoom_y*m_inzoom_y));

        for( i=0 ; i<(int)(m_max_value_y/m_small_y+1) ; i++ ){//小刻度
            pDC->MoveTo(m_left+m_shift_val*2    ,
                        m_bottom-m_shift_val-(int)(m_small_y*(float)i*m_zoom_y*m_inzoom_y));//y
轴刻度
            pDC->LineTo(m_left+m_shift_val*2-2,
                        m_bottom-m_shift_val-(int)(m_small_y*(float)i*m_zoom_y*m_inzoom_y));
        }

        for( i=0 ; i<(int)(m_max_value_y/m_large_y+1) ; i++ ){//大刻度
            pDC->MoveTo(m_left+m_shift_val*2    ,
                        m_bottom-m_shift_val-(int)(m_large_y*(float)i*m_zoom_y*m_inzoom_y));//y
轴刻度
            pDC->LineTo(m_left+m_shift_val*2-4,
                        m_bottom-m_shift_val-(int)(m_large_y*(float)i*m_zoom_y*m_inzoom_y));
        }

        pDC->SelectObject(pOldPen);
    }

    //辅助线描画
    void CHistDlg::DrawSubLine(CDC* pDC)
    {
        int st_x, st_y, end_x, end_y, i;

        //线的幅宽        1
        CPen    Pen(PS_DOT, 1, RGB(0,0,0) );
        CPen* pOldPen = pDC->SelectObject(&Pen);
        pDC->MoveTo(m_left+m_shift_val*2, m_bottom-m_shift_val);//x 轴
        pDC->LineTo(m_left+m_shift_val*2+(int)(m_max_value_x*m_zoom_x*m_inzoom_x),
                    m_bottom-m_shift_val);
        for( i=1 ; i<6 ; i++ ){
            st_x = m_left+m_shift_val*2;
            st_y = m_bottom-m_shift_val-(int)(m_large_y*(float)i*m_zoom_y*m_inzoom_y);
            end_x = m_left+m_shift_val*2+(int)(m_max_value_x*m_zoom_x*m_inzoom_x);
            end_y = m_bottom-m_shift_val-(int)(m_large_y*(float)i*m_zoom_y*m_inzoom_y);
            pDC->MoveTo( st_x,    st_y);
            pDC->LineTo(end_x, end_y);
        }
        pDC->SelectObject(pOldPen);
    }

    //直方图描画
    void CHistDlg::DrawGrayValueMono( CDC* pDC )
    {
        int i, st_x, st_gray;
```

```
        CPen    PenD(PS_SOLID, 1, RGB(255,0,0) );
        CPen* pOldPen = pDC->SelectObject(&PenD);

        UpdateData(TRUE);

        for( i=0 ; i<=255 ; i++ ){
                pDC->SelectObject(&PenD) ;
                st_x = m_left+m_shift_val*2+(int)((float)i*m_zoom_x*m_inzoom_x);
                st_gray = (int)(m_disp_array[i]*m_zoom_y*m_inzoom_y);
                pDC->MoveTo(st_x, m_bottom-m_shift_val) ;
                pDC->LineTo(st_x, m_bottom-m_shift_val - st_gray) ;
        }
        PenD.DeleteObject() ;
        pDC->SelectObject(pOldPen);
}
```

List 5.10　HistDlg.h

```
#pragma once

class CHistDlg : public CDialog
{
        DECLARE_DYNAMIC(CHistDlg)

public:
        CHistDlg(CWnd* pParent = NULL);     // standard constructor
        virtual ~CHistDlg();

// Dialog Data
        enum { IDD = IDD_HIST_DIALOG };

protected:
        virtual void DoDataExchange(CDataExchange* pDX);     // DDX/DDV support
        DECLARE_MESSAGE_MAP()
public:
        float m_fn;
        int m_nHistType;

        CWnd    *m_pParent;        //亲窗口具柄
        BYTE    *m_pImage_in;      //输入图像指针
        BYTE    *m_pImage_out;     //输出图像指针
        BYTE    *m_pImage_hist;    //直方图图像指针

        int         m_xsize;       //图像宽度
        int         m_ysize;       //图像高度

        int         m_left;        //直方图的区域 左
        int         m_bottom;      //下
        int         m_right;       //右
        int         m_top;         //上

        int         m_shift_val;   //描画移动量    30
```

```
    int         m_max_value_x; //x 轴刻度的最大值
    int         m_max_value_y; //y 轴刻度的最大值

    int         m_text_delta_x;  //x 轴文字刻度的变化量
    int         m_text_delta_y;  //y 轴文字刻度的变化量

    float m_small_x;    //x 轴小刻度的印记
    float m_large_x;    //x 轴大刻度的印记
    float m_small_y;    //y 轴小刻度的印记
    float m_large_y;    //y 轴大刻度的印记


    long     m_hist[256];              //直方图配列
    long     m_histSmooth[256];        //平滑后直方图配列
    float m_disp_array[256];           //百分比表示直方图配列
    float m_max_percent;               //最大百分比

    float    m_resize_x;               //窗口领域宽度
    float    m_resize_y;               //窗口领域高度

    float    m_zoom_x;     //扩大率
    float    m_zoom_y;     //扩大率
    float    m_inzoom_y;   //内部扩大率，以基准高度的 n 倍表示
    float    m_inzoom_x;   //以基准宽度的 n 倍表示
    BOOL  m_bAxisText;  //轴上文字的表示、非表示
    BOOL     m_create;
    void DispHistogram();  //直方图的全体描画
    short DrawHistArea(CDC* pDC);    //参数、描画区域设定
    void DrawAxisText(CDC* pDC);     //x、y 文字的表示
    void DrawAxisLine(CDC* pDC);     //x、y 轴描画
    void DrawAxisXLine(CDC* pDC);  //x 轴描画
    void DrawAxisYLine(CDC* pDC);  //y 轴描画
    void DrawSubLine(CDC* pDC);      //辅助线描画
    void DrawGrayValueMono( CDC* pDC ); //直方图描画

    afx_msg void OnBnClickedHistOriginal();
    afx_msg void OnBnClickedHistSmooth();
    afx_msg void OnBnClickedHistAmplify();
    afx_msg void OnBnClickedHistExpand();
    afx_msg void OnBnClickedHistPlan();
    afx_msg void OnBnClickedHistImage();
    virtual BOOL OnInitDialog();
    virtual void PostNcDestroy();
    afx_msg void OnPaint();
};
```

第 6 章

微分与细线化处理

6.1 基本概念

6.1.1 一阶微分

作为坐标点(x, y)处的灰度倾斜度的一阶微分值（也称为梯度运算），可以用具有大小和方向的向量 $\boldsymbol{G}(x, y)=(f_x, f_y)$来表示。其中，$f_x$ 为 x 方向的微分，f_y 为 y 方向的微分。f_x、f_y 在数字图像中是用式(6.1)计算的。处理函数如 List 6.1 所示。

$$\begin{aligned} &x\text{方向的微分} \qquad f_x = f(x+1, y) - f(x, y) \\ &y\text{方向的微分} \qquad f_y = f(x, y+1) - f(x, y) \end{aligned} \tag{6.1}$$

6.1.2 二阶微分

二阶微分 $L(x, y)$（被称为拉普拉斯运算）是对梯度再进行一次微分，只用于检测边缘的强度（不求方向），在数字图像中用式（6.2）表示。处理函数如 List 6.2 所示。

$$L(x, y) = 4f(x, y) - |f(x, y-1) + f(x, y+1) + f(x-1, y) + f(x+1, y)| \tag{6.2}$$

6.1.3 模板匹配（Prewitt）

模板匹配（template matching）就是研究图像与模板（template）的一致性（匹配程度）。为此，准备了几个表示边缘的标准模式，与图像的一部分进行比较，选取最相似的部分作为结果图像。

表 6.1 是 Prewitt 算子 8 个边缘方向的 8 种掩模（mask）。与微分运算相同，目标像素及其周围像素分别乘以对应掩模的系数值，然后对各个积求和。对 8 个掩模分别进行计算，其中计算结果中最大的掩模的方向即为边缘的方向，其计算结果即为边缘的强度。基于 Prewitt 算子的边缘检测与提取的程序表示在 List 6.3。输出结果是对应边缘强度的灰度图像。

6.1.4 细线化处理

对使用上述方法所得到的边缘，再增加处理可以获得清晰的边缘图像。在此对边缘精细化方法中的细线化（thinning）作简单介绍。

表 6.1　用于模板匹配的各个掩模模式（Prewitt 算子）

	(1)	(2)	(3)	(4)	(5)	(6)	(7)	(8)
掩模 模式	1 1 1 1 -2 1 -1 -1 -1	1 1 1 1 -2 -1 1 -1 -1	1 1 -1 1 -2 -1 1 1 -1	1 -1 -1 1 -2 -1 1 1 1	-1 -1 -1 1 -2 1 1 1 1	-1 -1 1 -1 -2 1 1 1 1	-1 1 1 -1 -2 1 -1 1 1	1 1 1 -1 -2 1 -1 -1 1
所对应 的边缘	明 暗	明 暗	明 暗	暗 明	暗 明	暗 明	暗 明	明 暗

细线化是把线宽不均匀的边缘线整理成同一线宽（一般为一像素宽）的处理，在阈值处理后的二值图像上进行。

细线化处理，如图 6.1 那样，将粗边缘线从外侧开始一层一层地削去各个像素，直到成为一像素的宽度为止。根据像素的削去规则不同而有不同的方法，其中 Hilditch 算法表示在 List 6.4。

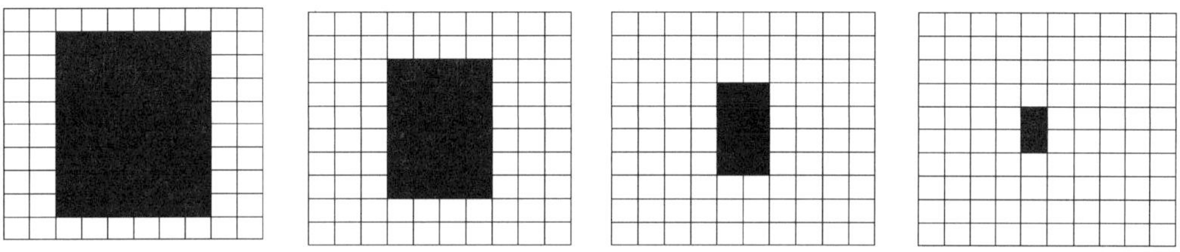

（a）原始图像　（b）一次处理　（c）二次处理　（d）最终结果

图 6.1　细线化过程

图 6.2 显示了一个细线化处理过程的示例图像。其中，图 6.2（a）是对原图像进行 Prewitt 模板匹配的结果图像，图 6.2（b）是对图 6.2（a）进行阈值 50 以上为白色的二值化处理结果图像，图 6.2（c）对图 6.2（b）进行细线化处理得到的线宽为一个像素的细线图像。

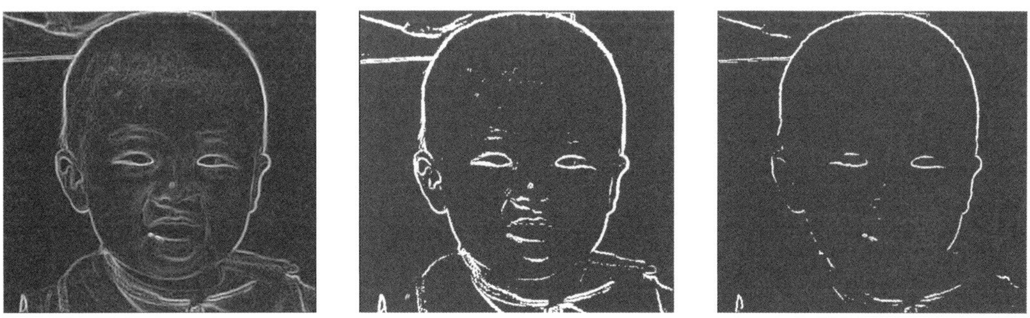

（a）Prewitt 模板匹配　（b）二值化图像　（c）细线图像

图 6.2　细线化处理过程图像

6.2　功能说明

图 6.3 显示了微分处理（变换）的对话框。

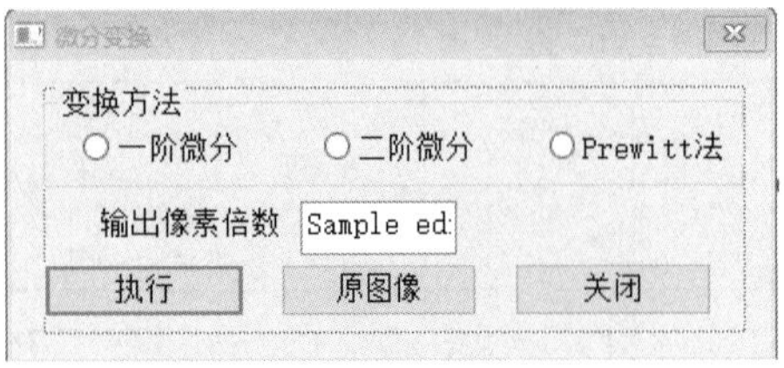

图 6.3　微分处理对话框

（1）基本功能概述

微分处理对话框提供了选择微分处理方法、设置输出像素倍数、执行微分处理，以及显示原图像和处理结果的功能。用户可以通过点击不同的按钮来选择合适的微分处理方法，设置输出图像的像素倍数，执行微分处理，并对比处理前后的图像效果。最后，用户可以通过点击关闭按钮来退出对话框。

（2）按钮功能介绍

① 变换方法。

功能：静态文本，用于标识接下来的单选按钮是用于选择微分变换方法的。

② 一阶微分。

功能：选择一阶微分作为边缘检测的方法。

操作：点击此按钮后，将选定一阶微分作为后续的图像微分处理方法。

③ 二阶微分。

功能：选择二阶微分作为边缘检测的方法。

操作：点击此按钮后，将选定二阶微分作为后续的图像微分处理方法。

④ Prewitt 法。

功能：选择 Prewitt 算子作为边缘检测的方法。

操作：点击此按钮后，将选定 Prewitt 算子作为后续的图像微分处理方法。

⑤ 输出像素倍数。

功能：静态文本，用于标识接下来的编辑控件是用于设置输出图像的像素倍数。

⑥（编辑控件）。

功能：用于输入输出图像的像素倍数。

操作：用户在此编辑框中输入一个浮点数，表示输出图像的像素倍数。

⑦ 执行。

功能：执行选定的微分处理方法。

操作：点击此按钮后，对话框将根据用户选定的微分处理方法和设置的像素倍数对图像进行处理，并显示处理结果。

⑧ 原图像。

功能：显示原始图像。

操作：点击此按钮后，对话框将显示原始图像。

⑨ 关闭。

功能：关闭微分处理对话框。

（3）使用流程

① 读入灰度原图像。

② 打开微分处理对话框。

③ 选择微分处理方法。

④ 设定输出亮度的倍数。

⑤ 点击“执行”进行微分处理，显示处理结果图像。
⑥ 点击“原图像”，查看原图像。
⑦ 完成处理后，点击“关闭”，关闭对话框。

（4）细线化处理

细线化处理不需要输入参数，因此不需要对话框，采用了菜单函数方式。

6.3　功能实现

6.3.1　微分处理对话框

在 DIPAX 工程上依次进行以下各步操作：
① 添加菜单：微分处理(E)，ID_DIFFERENTIAL。参考 2.1.3 添加菜单。
② 添加菜单函数：void OnDifferential()。参考 2.1.4 添加菜单函数。
③ 添加对话框：IDD_DIFFERENTIAL_DLG。参考 2.1.5 添加对话框。
④ 添加对话框类：CDifferenDlg。参考 2.1.6 添加对话框类。
⑤ 菜单与对话框连接。在此采用非模式窗口，具体操作步骤见 6.3.2 小节。
⑥ 添加对话框功能。

表 6.2 给出了图 6.3 所示微分处理功能界面的名称、ID、参数、函数及功能（属性）说明。可以参考 2.1.8 小节和 2.1.9 小节，完成这些内容的添加。

表 6.2 中的序号是从左到右、从上到下排序.没有名称的序号，在括号内说明了其性质。单选按钮，需要设定“一阶微分”ID 的属性 Group 为 True，其他 ID 为 Flase，然后用“Tab Order”排序。

表 6.2　对话框功能内容

序号	名称（属性）	ID	参数、函数、功能（属性）
1	变换方法	IDC_STATIC	静态文字
2	一阶微分	IDC_DIFFERENTIAL_RADIO	int m_nModel； Group：True
3	二阶微分	IDC_DIFFERENTIAL_RADIO2	Group：False
4	Prewitt 法	IDC_DIFFERENTIAL_RADIO3	Group：False
5	输出像素倍数	IDC_STATIC	静态文字
6	（编辑控件）	IDC_DIFFERENTIAL_EDIT	float m_fRate
7	执行	ID_DIFFERENTIAL_EXECUTE	void OnClickedDifferentialExecute()
8	原图像	IDC_DIFFERENTIAL_ORIGINAL	void OnClickedDifferentialOriginal()
9	关闭	ID_DIFFERENTIAL_CLOSE	void OnClickedDifferentialClose()

⑦ 添加初始化函数 OnInitDialog()。参考 2.1.10 小节。

微分处理对话框类的源代码显示在 List 6.5 和 List 6.6 中，完成上述添加后，参考 List 6.5 和 List 6.6，完成各个函数内容的填写，然后编译运行。

6.3.2　非模式对话框功能实现

微分处理对话框类的源代码显示在 6.4 节的 List 6.5 DifferenDlg.cpp 和 List 6.6

DifferenDlg.h 中，参考源代码，进行以下操作。

① 参照 List 6.6，在 DifferenDlg.h 中添加对话框创建函数定义：BOOL Create(CWnd* pParentWnd);。

② 参照 List 6.5，在 DifferenDlg.cpp 中添加对话框创建函数体：BOOL CDifferenDlg::Create(CWnd* pParentWnd){…}。

③ 参照 List 6.5，在关闭窗口 OnClickedDifferentialClose()函数中添加删除窗口函数：DestroyWindow();。

④ 链接菜单函数，操作步骤如下所述。

a. 在 DIPAXView.h 文件的上方添加微分对话框头文件：#include "DifferenDlg.h"。

b. 在 DIPAXView.h 文件里定义微分对话框指针：CDifferenDlg *m_pDifferenDlg;。

c. 在 DIPAXView.cpp 的初始化函数 OnInitialUpdate()里创建微分对话框指针：m_pDifferenDlg = new CDifferenDlg();。

d. 在 DIPAXView.cpp 的析构函数~CDIPAView()里删除微分对话框指针：delete m_pDifferenDlg;。

e. 编辑菜单函数，在 List 3.3 DIPAXView.cpp 中找到 void CDIPAXView:: : OnDifferential()函数，输入函数内容。

⑤ 编译后运行，结果如图 6.4 所示。

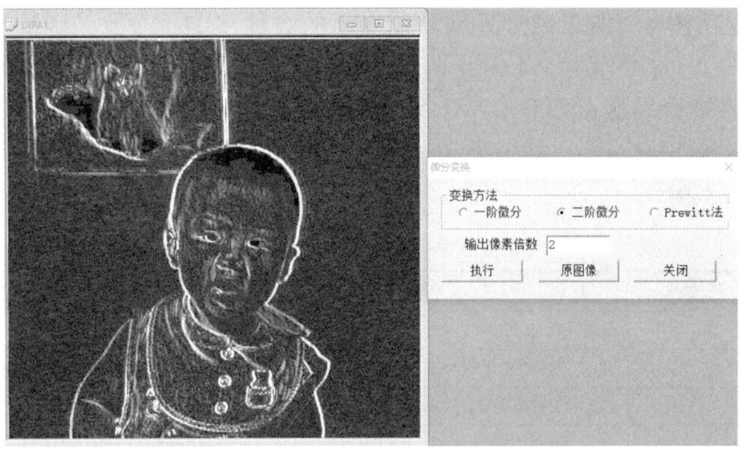

图 6.4 微分处理功能编译运行结果

6.3.3 细线化处理菜单函数

在 DIPAX 工程上依次进行以下各步操作。

① 添加菜单：细线化(T)，ID_THINNING。参考 2.1.3 添加菜单。

② 添加菜单函数：void OnThinning()。参考 2.1.4 添加菜单函数。

③ 编辑菜单函数：在 List 3.3 DIPAXView.cpp 中找到 void CDIPAXView:: : OnThinning()函数，输入函数内容。

完成上述添加后，编译执行。

6.4　C 语言函数源代码

本节包含以下 C 语言函数源代码：List 6.1 一阶微分边缘检测（梯度算子）、List 6.2 二阶微分边缘检测（拉普拉斯算子）、List 6.3 Prewitt 算子边缘检测、List 6.4 二值图像的细线化处理。完成本章处理内容，需要将这些函数输入（导入）DIPAX 工程（参考 3.3 节）。

List 6.1　一阶微分边缘检测（梯度算子）

```
#include "StdAfx.h"
#include "BaseList.h"
#include <math.h>

/*--- Differential --- 一阶微分边缘检测 ------------------------------------
	image_in:  输入图像数据指针
	image_out: 输出图像数据指针
	xsize:     图像宽度
	ysize:     图像高度
	amp:       输出像素值倍数
----------------------------------------------------------------------------*/
void Differential(BYTE *image_in, BYTE *image_out, int xsize, int ysize, float amp)
{
	//以下算子可以自由设定
	static int cx[9] = { 0, 0, 0,	//算子 x(Roberts)
	                     0, 1, 0,
	                     0, 0,-1};
	static int cy[9] = { 0, 0, 0,	//算子 y(Roberts)
	                     0, 0, 1,
	                     0,-1, 0};
	int	d[9];
	int	i, j, dat;
	float xx, yy, zz;

	for (j = 1; j < ysize-1; j++) {
		for (i = 1; i < xsize-1; i++) {
			d[0] = *(image_in + (j-1)*xsize + i-1);
			d[1] = *(image_in + (j-1)*xsize + i);
			d[2] = *(image_in + (j-1)*xsize + i+1);
			d[3] = *(image_in + j*xsize + i-1);
			d[4] = *(image_in + j*xsize + i);
			d[5] = *(image_in + j*xsize + i+1);
			d[6] = *(image_in + (j+1)*xsize + i-1);
			d[7] = *(image_in + (j+1)*xsize + i);
			d[8] = *(image_in + (j+1)*xsize + i+1);
			xx = (float)(cx[0]*d[0] + cx[1]*d[1] + cx[2]*d[2]
			           + cx[3]*d[3] + cx[4]*d[4] + cx[5]*d[5]
			           + cx[6]*d[6] + cx[7]*d[7] + cx[8]*d[8]);
			yy = (float)(cy[0]*d[0] + cy[1]*d[1] + cy[2]*d[2]
			           + cy[3]*d[3] + cy[4]*d[4] + cy[5]*d[5]
```

```
                        + cy[6]*d[6] + cy[7]*d[7] + cy[8]*d[8]);
            zz = (float)(amp*sqrt(xx*xx+yy*yy));
            dat = (int)zz;
            if(dat > 255) dat = 255;
            *(image_out + j*xsize + i) = dat;
        }
    }
}
```

List 6.2　二阶微分边缘检测（拉普拉斯算子）

```
#include "StdAfx.h"
#include "BaseList.h"
#include <math.h>

/*--- Differential --- 二阶微分边缘检测 -----------------------------------
    image_in:  输入图像数据指针
    image_out: 输出图像数据指针
    xsize:     图像宽度
    ysize:     图像高度
    amp:       输出像素值倍数
--------------------------------------------------------------------------*/
void Differential2(BYTE *image_in, BYTE *image_out, int xsize, int ysize, float amp)
{
    //以下算子可以自由设定
    static int c[9] = {-1, -1, -1   // 算子(laplacian)
                       -1, 8, -1
                       -1, -1, -1};
    int   d[9];
    int   i, j, dat;
    float z, zz;

    for (j = 1; j < ysize-1; j++) {
        for (i = 1; i < xsize-1; i++) {
            d[0] = *(image_in + (j-1)*xsize + i-1);
            d[1] = *(image_in + (j-1)*xsize + i);
            d[2] = *(image_in + (j-1)*xsize + i+1);
            d[3] = *(image_in + j*xsize + i-1);
            d[4] = *(image_in + j*xsize + i);
            d[5] = *(image_in + j*xsize + i+1);
            d[6] = *(image_in + (j+1)*xsize + i-1);
            d[7] = *(image_in + (j+1)*xsize + i);
            d[8] = *(image_in + (j+1)*xsize + i+1);
            z =  (float)(c[0]*d[0] + c[1]*d[1] + c[2]*d[2]
                       + c[3]*d[3] + c[4]*d[4] + c[5]*d[5]
                       + c[6]*d[6] + c[7]*d[7] + c[8]*d[8]);
            zz = amp*z;
            dat = (int)(zz);
            if (dat <    0) dat = -dat;
            if (dat > 255) dat =   255;
            *(image_out + j*xsize + i) = dat;
        }
```

```
        }
}
```

List 6.3　Prewitt 算子边缘检测

```
#include "StdAfx.h"
#include "BaseList.h"
#include <math.h>
/*--- Prewitt --- Prewitt 算子边缘检测 ------------------------------------
        image_in:  输入图像数据指针
        image_out: 输出图像数据指针
       xsize:      图像宽度
       ysize:      图像高度
        amp:       输出像素值倍数
--------------------------------------------------------------------------*/
void Prewitt(BYTE *image_in, BYTE *image_out, int xsize, int ysize, float amp)
{
        int         d[9];
        int         i,j,k,max,dat;
        int         m[8];
        float  zz;

        for (j = 1; j < ysize-1; j++) {
               for (i = 1; i < xsize-1; i++) {
                        d[0] = *(image_in + (j-1)*xsize + i-1);
                        d[1] = *(image_in + (j-1)*xsize + i);
                        d[2] = *(image_in + (j-1)*xsize + i+1);
                        d[3] = *(image_in + j*xsize + i-1);
                        d[4] = *(image_in + j*xsize + i);
                        d[5] = *(image_in + j*xsize + i+1);
                        d[6] = *(image_in + (j+1)*xsize + i-1);
                        d[7] = *(image_in + (j+1)*xsize + i);
                        d[8] = *(image_in + (j+1)*xsize + i+1);
                m[0] =   d[0] + d[1] + d[2] + d[3] -2*d[4] + d[5] - d[6] - d[7] - d[8];
                m[1] =   d[0] + d[1] + d[2] + d[3] -2*d[4] - d[5] + d[6] - d[7] - d[8];
                m[2] =   d[0] + d[1] - d[2] + d[3] -2*d[4] - d[5] + d[6] + d[7] - d[8];
                m[3] =   d[0] - d[1] - d[2] + d[3] -2*d[4] - d[5] + d[6] + d[7] + d[8];
                m[4] = -d[0] - d[1] - d[2] + d[3] -2*d[4] + d[5] + d[6] + d[7] + d[8];
                m[5] = -d[0] - d[1] + d[2] - d[3] -2*d[4] + d[5] + d[6] + d[7] + d[8];
                m[6] = -d[0] + d[1] + d[2] - d[3] -2*d[4] + d[5] - d[6] + d[7] + d[8];
                m[7] =   d[0] + d[1] + d[2] - d[3] -2*d[4] + d[5] - d[6] - d[7] + d[8];
                        max = 0;
                        for (k = 0; k < 8; k++) if (max < m[k]) max = m[k];
                zz = amp*(float)(max);
                        dat = (int)(zz);
                        if (dat > 255) dat = 255;
                        *(image_out + j*xsize + i) = dat;
                }
        }
}
```

List 6.4　二值图像的细线化处理

```
#include "StdAfx.h"
#include "BaseList.h"
#include <math.h>
int     cconc(int inb[9] );
/*--- Thinning --- 二值图像的细线化处理 ------------------------------------
        image_in:  输入图像数据指针
        image_out: 输出图像数据指针
        xsize:         图像宽度
        ysize:         图像高度
-------------------------------------------------------------------------*/

void Thinning(BYTE *image_in, BYTE *image_out, int xsize, int ysize)
{
        int     ia[9], ic[9], i, ix, iy, m, ir, iv, iw;

        for (iy = 0; iy < ysize; iy++)
                for (ix = 0; ix < xsize; ix++)
                        *(image_out + iy*xsize +ix) = *(image_in + iy*xsize +ix);
        m = 100;
        ir = 1 ;
        while (ir != 0) {
                ir = 0;
                for (iy = 1; iy < ysize-1; iy++)
                        for (ix = 1; ix < xsize-1; ix++) {
                                if ( *(image_out + iy*xsize + ix) != HIGH) continue;
                                ia[0] = *(image_out +iy*xsize + ix+1);
                                ia[1] = *(image_out +(iy-1)*xsize + ix+1);
                                ia[2] = *(image_out +(iy-1)*xsize + ix);
                                ia[3] = *(image_out +(iy-1)*xsize + ix-1);
                                ia[4] = *(image_out + iy*xsize + ix-1);
                                ia[5] = *(image_out + (iy+1)*xsize + ix-1);
                                ia[6] = *(image_out + (iy+1)*xsize + ix);
                                ia[7] = *(image_out + (iy+1)*xsize + ix+1);
                                for (i = 0; i < 8; i++) {
                                        if (ia[i] == m) {
                                                ia[i] = HIGH; `
                                                ic[i] = 0;
                                        }
                                        else {
                                                if (ia[i] < HIGH) ia[i] = 0;
                                                ic[i] = ia[i];
                                        }
                                }
                                ia[8] = ia[0];
                                ic[8] = ic[0];
                                if (ia[0]+ia[2]+ia[4]+ia[6] == HIGH*4) continue;
                                for (i = 0, iv = 0, iw = 0; i < 8; i++) {
                                        if (ia[i] == HIGH) iv++;
                                        if (ic[i] == HIGH) iw++;
```

```
                        }
                        if (iv <= 1) continue;
                        if (iw == 0) continue;
                        if (cconc(ia) != 1) continue;
                        if ( *(image_out + (iy-1)*xsize + ix) == m) {
                            ia[2] = 0;
                            if (cconc(ia) != 1) continue;
                            ia[2] = HIGH;
                        }
                        if ( *(image_out + iy*xsize + ix-1) == m) {
                            ia[4] = 0;
                            if (cconc(ia) != 1) continue;
                            ia[4] = HIGH;
                        }
                        *(image_out + iy*xsize + ix) = m;
                        ir++;
                    }

            m++;
        }
        for (iy = 0; iy < ysize; iy++)
            for (ix = 0; ix < xsize; ix++)
                if ( *(image_out + iy*xsize + ix) < HIGH) *(image_out + iy*xsize +ix) = 0;
}

/*--- cconc --- 计算连接数 --------------------------------------
(In) inb: 连接数
---------------------------------------------------------------------------*/
int     cconc(int inb[9])
{
        int     i, icn;
        icn = 0;

        for (i = 0; i < 8; i += 2)
            if (inb[i] == 0)
            if (inb[i+1] == HIGH || inb[i+2] == HIGH)
            icn++;
            return icn;
}
```

6.5 对话框类源代码

List 6.5 和 List 6.6 分别列出了直方图对话框类的源文件 DifferenDlg.cpp 和头文件 DifferenDlg.h。

List 6.5　DifferenDlg.cpp

```
#include "stdafx.h"
#include "DIPAX.h"
#include "DifferenDlg.h"
```

```
#include "afxdialogex.h"
#include "Global.h"
#include "BaseList.h"

// CDifferenDlg dialog

IMPLEMENT_DYNAMIC(CDifferenDlg, CDialog)

CDifferenDlg::CDifferenDlg(CWnd* pParent /*=NULL*/)
	: CDialog(CDifferenDlg::IDD, pParent)
{
	m_fRate = 1.0f;
	m_nModel = 0;
}

CDifferenDlg::~CDifferenDlg()
{
}

void CDifferenDlg::DoDataExchange(CDataExchange* pDX)
{
	CDialog::DoDataExchange(pDX);
	DDX_Text(pDX, IDC_DIFFERENTIAL_EDIT, m_fRate);
	DDX_Radio(pDX, IDC_DIFFERENTIAL_RADIO, m_nModel);
}

BEGIN_MESSAGE_MAP(CDifferenDlg, CDialog)
	ON_BN_CLICKED(ID_DIFFERENTIAL_CLOSE, &CDifferenDlg::OnClickedDifferentialClose)
	ON_BN_CLICKED(ID_DIFFERENTIAL_EXECUTE, &CDifferenDlg::
OnClickedDifferentialExecute)
	ON_BN_CLICKED(IDC_DIFFERENTIAL_ORIGINAL, &CDifferenDlg::
OnClickedDifferentialOriginal)
END_MESSAGE_MAP()

// CDifferenDlg message handlers

void CDifferenDlg::OnClickedDifferentialClose()
{
	// TODO: Add your control notification handler code here
	DestroyWindow();
}

void CDifferenDlg::OnClickedDifferentialExecute()
{
	// TODO: Add your control notification handler code here
	UpdateData(TRUE);

	if(::GetImageType() != 8)// 非灰度图像
	{
		AfxMessageBox(_T("请读入灰度图像"));
		return;
```

```
    }

    if(m_nModel == 0)//一次微分边缘检出
        ::Differential(m_pImageO, m_pImageD, m_xsize, m_ysize, m_fRate);

    else if(m_nModel == 1)//二次微分边缘检出
        ::Differential2(m_pImageO, m_pImageD, m_xsize, m_ysize, m_fRate);

    else //Prewitt 法边缘检出
        ::Prewitt(m_pImageO, m_pImageD, m_xsize, m_ysize, m_fRate);

    //表示处理结果
    ::Disp_image(m_pImageD);
    m_pParentWnd->Invalidate();
}

void CDifferenDlg::OnClickedDifferentialOriginal()
{
    // TODO: Add your control notification handler code here

    //表示原图像
    ::Disp_image(m_pImageO);
    m_pParentWnd->Invalidate();

}

BOOL CDifferenDlg::OnInitDialog()
{
    CDialog::OnInitDialog();

    // TODO:  Add extra initialization here
    //获得图像大小
    m_xsize = ::GetXSize();
    m_ysize = ::GetYSize();

    //分配内存
    m_pImageO = new BYTE[m_xsize*m_ysize];
    m_pImageD = new BYTE[m_xsize*m_ysize];

    //读入图像数据
    ReadImageData(m_pImageO);

    return TRUE;  // return TRUE unless you set the focus to a control
    // EXCEPTION: OCX Property Pages should return FALSE
}

void CDifferenDlg::PostNcDestroy()
{
    //释放内存
    delete[] m_pImageO;
    delete[] m_pImageD;
```

```
    CDialog::PostNcDestroy();
}

BOOL CDifferenDlg::Create(CWnd* pParentWnd)
{
    // 如果窗口打开，设置聚焦
    if (m_hWnd != NULL)
    {
        SetFocus() ;
        return (TRUE) ;
    }

    //保存亲窗口具柄
    m_pParentWnd = pParentWnd;

    //创建窗口
    return CDialog::Create(IDD, pParentWnd);
}
```

List 6.6 DifferenDlg.h

```
#pragma once

// CDifferenDlg dialog

class CDifferenDlg : public CDialog
{
    DECLARE_DYNAMIC(CDifferenDlg)

public:
    CDifferenDlg(CWnd* pParent = NULL);    // standard constructor
    virtual ~CDifferenDlg();

// Dialog Data
    enum { IDD = IDD_DIFFERENTIAL_DLG };
    //创建非模式窗口
     BOOL Create(CWnd* pParentWnd);

    //亲窗口具柄
    CWnd *m_pParentWnd;

    //图像尺寸
    int m_xsize;
    int m_ysize;

    //图像数据指针
    BYTE *m_pImageO;
    BYTE *m_pImageD;

protected:
    virtual void DoDataExchange(CDataExchange* pDX);    // DDX/DDV support
```

```
    DECLARE_MESSAGE_MAP()
public:
    afx_msg void OnClickedDifferentialClose();
    afx_msg void OnClickedDifferentialExecute();
    afx_msg void OnClickedDifferentialOriginal();
    float m_fRate;
    int m_nModel;
    virtual BOOL OnInitDialog();
    virtual void PostNcDestroy();
};
```

第 7 章

去噪声处理

7.1 基本概念

图像上随机噪声（random noise）的特征如下：

① 在图面的何处附加噪声是随机的。

② 噪声的形状大小是不规则的。

用摄像机在暗处拍摄的图像上会感觉像附有砂状物，那就是具有随机噪声图像的最好例子。图像的去噪声处理就是去除这种随机噪声的处理。

7.1.1 移动平均和中值滤波

移动平均只能用于灰度图像，中值滤波主要用于灰度图像，也可以用于具有椒盐噪声的二值图像。

移动平均法（moving average model，或称 averaging filter，均值滤波器）是最简单的消除噪声方法。它的原理是，通过使图像模糊，达到看不到细小噪声的目的。但是，这种方法不管噪声还是边缘都一视同仁地模糊化，结果是噪声被消除的同时，目标图像也模糊了。基于移动平均法消除噪声的程序表示在 List 7.1。

中值滤波是将目标像素及其周围 8 邻域共 9 个像素值，由大到小进行排序，取中间值作为目标像素值的处理。由于与周围像素相比噪声的灰度值极端不同，按大小排序时，它们将集中在左端或右端，作为中间值是不会被选中的，这样取中值就可以去除噪声。基于中值滤波消除噪声的程序见 List 7.2。

在移动平均法中，由于噪声成分被放入平均计算之中，所以输出受到了噪声的影响。但是在中值滤波中，由于噪声成分难以被选择上，所以几乎不会影响到输出。因此，用同样的 3 × 3 区域进行比较的话，中值滤波的去噪声能力会更胜一筹。但是，中值滤波花费的计算时间是移动平均法的许多倍。

7.1.2 膨胀与腐蚀

膨胀与腐蚀只能用于黑（0）白（255）二值图像。

以白色像素为目标：膨胀（dilation）是某像素的邻域内只要有一个像素是白像素该像素就由黑变为白，其他保持不变的处理；腐蚀（erosion）是某像素的邻域内只要有一个像素是黑像素，该像素就由白变为黑，其他保持不变的处理。

图 7.1 是有椒盐噪声的二值图像，图 7.2 是对图 7.1 进行不同顺序膨胀、腐蚀处理的结果，膨胀与腐蚀的顺序不同处理结果也不同：经过膨胀→腐蚀处理后，膨胀变粗，腐蚀变细，结果是白色像素上的黑洞被去掉了；相反，经过腐蚀→膨胀处理后，白色孤立点噪声在腐蚀时被消除了。相关程序见 List 7.3 和 List 7.4。

图 7.1　有椒盐噪声的二值图像

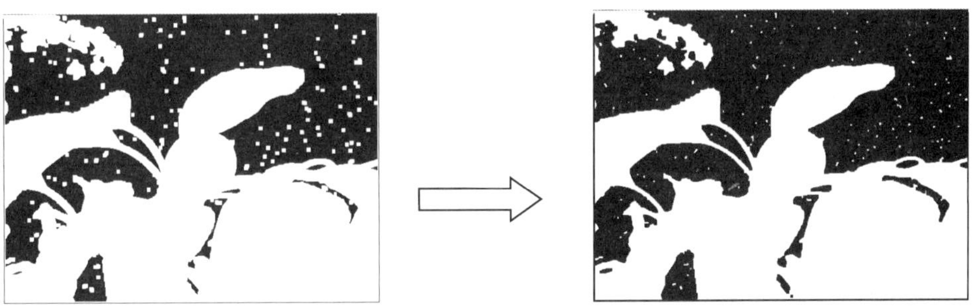

(a) 膨胀两次
(增粗了两像素，除去了黑色噪声)

(b) 腐蚀两次
(除去了黑色噪声，白色噪声还残留)

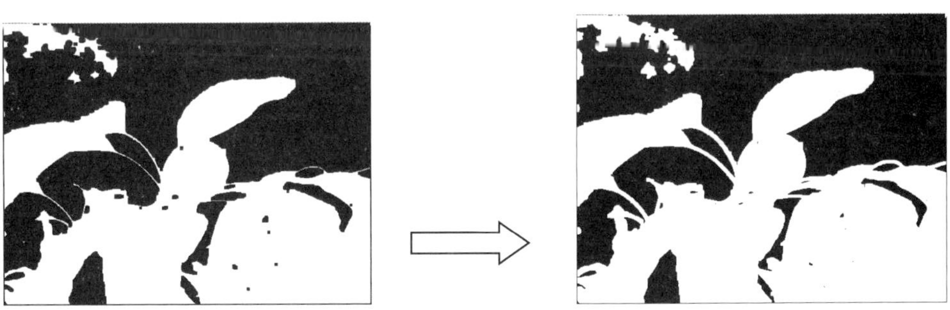

(c) 腐蚀两次
(削减了两像素，除去了白色噪声)

(d) 膨胀两次
(除去了白色噪声，黑色噪声还残留)

图 7.2　对图 7.1 进行膨胀与腐蚀处理

7.2　菜单函数功能实现

本章的去噪声处理方法都不需要输入参数，也就是不需要对话框，用菜单函数即可。如图 7.3 所示，添加“去噪声”主菜单后，添加各个子菜单及函数。

（1）添加菜单

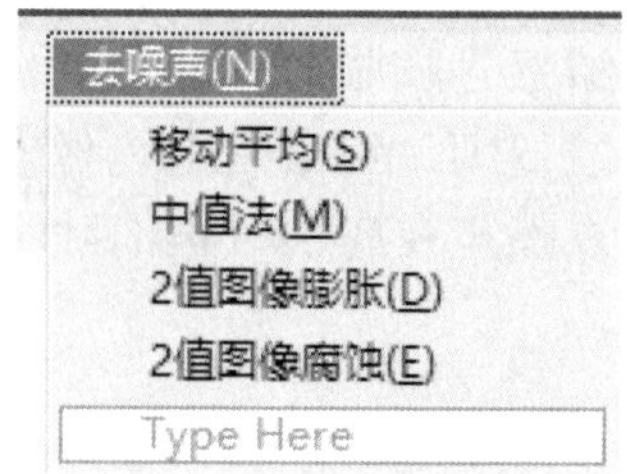

图 7.3 去噪声菜单

① 添加主菜单：去噪声(N)，参考 2.1.3 添加菜单，将属性 Popup 设为 True，可以弹出添加子菜单窗口。

② 添加子菜单：参考 2.1.3 添加菜单，完成以下子菜单添加。

a. 移动平均(S)，ID_NOISE_SMOOTH。

b. 中值法(M)，ID_NOISE_MEDIAN。

c. 二值图像膨胀(D)，ID_NOISE_BINARY_DIL。

d. 二值图像腐蚀(E)，ID_NOISE_BINARY_ERO。

（2）添加菜单函数

参考 2.1.4 添加菜单函数，完成以下菜单函数的添加。

① 移动平均，void OnNoiseSmooth()。

② 中值法，void OnNoiseMedian()。

③ 二值图像膨胀，void OnNoiseBinaryDil()。

④ 二值图像腐蚀，void OnNoiseBinaryEro()。

（3）编辑菜单函数

在 List 3.3 DIPAXView.cpp 中找到上述菜单函数，在添加的函数里输入对应函数的内容。

完成上述添加后，编译运行。

7.3 C 语言函数源代码

本节包含以下 C 语言函数源代码：List 7.1 移动平均法、List 7.2 中值滤波、List 7.3 腐蚀处理、List 7.4 膨胀处理。完成本章处理内容，需要将这些函数输入（导入）DIPAX 工程（参考 3.3 节）。

List 7.1 移动平均法

```
#include "StdAfx.h"
#include "BaseList.h"
#include <math.h>
/*--- Image_smooth --- 去噪声处理（移动平均） ------------------------------
        image_in:  输入图像数据指针
        image_out: 输出图像数据指针
       xsize:      图像宽度
       ysize:      图像高度
-----------------------------------------------------------------------------------------*/
void Image_smooth(BYTE *image_in, BYTE *image_out, int xsize, int ysize)
{
        int       i, j, buf;
```

```
	for (j = 1; j < ysize-1; j++) {
		for (i = 1; i < xsize-1; i++) {
			buf = (int)(*(image_in + (j-1)*xsize + i-1))
				+ (int)(*(image_in + (j-1)*xsize + i))
				+ (int)(*(image_in + (j-1)*xsize + i+1))
				+ (int)(*(image_in + j*xsize + i-1))
				+ (int)(*(image_in + j*xsize + i))
				+ (int)(*(image_in + j*xsize + i+1))
				+ (int)(*(image_in + (j+1)*xsize + i-1))
				+ (int)(*(image_in + (j+1)*xsize + i))
				+ (int)(*(image_in + (j+1)*xsize + i+1));
			*(image_out + j*xsize + i) = (BYTE)(buf / 9);
		}
	}
}
```

List 7.2　中值滤波

```
#include "StdAfx.h"
#include "BaseList.h"
#include <math.h>
/*--- Median --- 去噪声处理（中值） ------------------------------------
	image_in:  输入图像数据指针
	image_out: 输出图像数据指针
	xsize:     图像宽度
	ysize:     图像高度
------------------------------------------------------------------------*/
int median_value(BYTE c[9]);

void Median(BYTE *image_in, BYTE *image_out, int xsize, int ysize)
{
	int             i, j;
	unsigned char   c[9];

	for (i = 1; i < ysize-1; i++) {
		for (j = 1; j < xsize-1; j++) {
			c[0] = *(image_in + (i-1)*xsize + j-1);
			c[1] = *(image_in + (i-1)*xsize + j);
			c[2] = *(image_in + (i-1)*xsize + j+1);
			c[3] = *(image_in + i*xsize + j-1);
			c[4] = *(image_in + i*xsize + j);
			c[5] = *(image_in + i*xsize + j+1);
			c[6] = *(image_in + (i+1)*xsize + j-1);
			c[7] = *(image_in + (i+1)*xsize + j);
			c[8] = *(image_in + (i+1)*xsize + j+1);
			*(image_out + i*xsize + j) = median_value(c);
		}
	}
}

/*--- median_value ---求 9 个像素的中央值 ---------------
	c:	像素配列
```

```
-------------------------------------------------------------------------------*/
int median_value(BYTE c[9])
{
	int		i, j, buf;

	for (j = 0; j < 8; j++) {
		for (i = 0; i < 8; i++) {
			if (c[i+1] < c[i]) {
				buf = c[i+1];
				c[i+1] = c[i];
				c[i] = buf;
			}
		}
	}
	return c[4];
}
```

List 7.3 腐蚀处理

```
#include "StdAfx.h"
#include "BaseList.h"
/*--- Erodible  --- 腐蚀 ---------------------------------------------------
	image_in:	输入图像数据指针
	image_out:	输出图像数据指针
	xsize:		图像宽度
	ysize:		图像高度
-------------------------------------------------------------------------------*/
void Erodible(BYTE *image_in, BYTE *image_out, int xsize, int ysize)
{
	int	i, j;

	for (j = 1; j < ysize-1; j++) {
		for (i = 1; i < xsize-1; i++) {
			*(image_out + j*xsize + i) = *(image_in + j*xsize + i);
			if (*(image_in + (j-1)*xsize + i-1) == LOW ||
			*(image_in + (j-1)*xsize + i) == LOW ||
			*(image_in + (j-1)*xsize + i+1) == LOW ||
			*(image_in + j*xsize + i-1) == LOW ||
			*(image_in + j*xsize + i+1) == LOW ||
			*(image_in + (j+1)*xsize + i-1) == LOW ||
			*(image_in + (j+1)*xsize + i) == LOW ||
			*(image_in + (j+1)*xsize + i+1) == LOW)
				*(image_out + j*xsize + i) = LOW;
		}
	}
}
```

List 7.4 膨胀处理

```
#include "StdAfx.h"
#include "BaseList.h"
/*--- Dilation --- 膨胀 ---------------------------------------------------
```

```
    image_in:  输入图像数据指针
    image_out: 输出图像数据指针
    xsize:     图像宽度
    ysize:     图像高度
-------------------------------------------------------------------------------*/
void Dilation(BYTE *image_in, BYTE *image_out, int xsize, int ysize)
{
    int     i, j;

    for (j = 1; j < ysize-1; j++) {
        for (i = 1; i < xsize-1; i++) {
            *(image_out + j*xsize + i) = *(image_in + j*xsize + i);
            if (*(image_in + (j-1)*xsize + i-1) == HIGH ||
                *(image_in + (j-1)*xsize + i) == HIGH ||
                *(image_in + (j-1)*xsize + i+1) == HIGH ||
                *(image_in + j*xsize + i-1) == HIGH ||
                *(image_in + j*xsize + i+1) == HIGH ||
                *(image_in + (j+1)*xsize + i-1) == HIGH ||
                *(image_in + (j+1)*xsize + i) == HIGH ||
                *(image_in + (j+1)*xsize + i+1) == HIGH )
                *(image_out + j*xsize + i) = HIGH;
        }
    }
}
```

第 8 章

特征提取

本章以二值图像为对象，通过调查物体的形状、大小等特征，介绍提取所需要的物体、除去不必要的噪声的方法。

8.1　二值图像的特征参数

以下说明几个有代表性的特征参数及计算方法。表 8.1 列出了几个图形及相应的参数。

表 8.1　图形及其特征

种类	圆	正方形	正三角形
图像	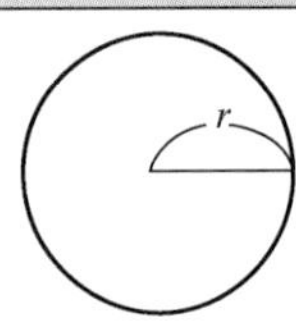	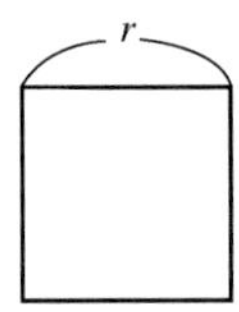	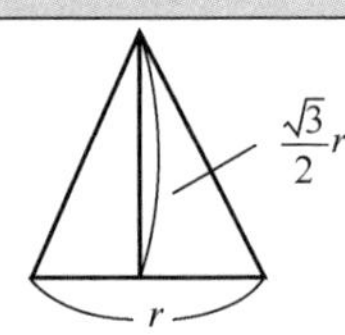
面积	πr^2	r^2	$\frac{\sqrt{3}}{4}r^2$
周长	$2\pi r$	$4r$	$3r$
圆形度	1.0	$\frac{\pi}{4}=0.79$	$\frac{\pi\sqrt{3}}{9}=0.60$

（1）面积（area）

计算物体（或区域）中包含的像素数。

（2）周长（perimeter）

物体（或区域）轮廓线的周长是指轮廓线上像素间距离之和。像素间距离有图 8.1(a)和图 8.1（b）两种情况。图 8.1（a）表示并列的像素，当然并列方式可以是上、下、左、右 4 个方向，这种并列像素间的距离是一个像素。图 8.1（b）表示的是倾斜方向连接的像素，倾斜方向也有左上角、左下角、右上角、右下角 4 个方向，这种倾斜方向像素间的距离是 $\sqrt{2}$ 像素。在进行周长测量时，需要根据像素间的连接方式分别计算距离。图 8.1（c）是一个周长的测量例。

如图 8.2 所示，提取轮廓线时，需要按以下步骤对轮廓线进行追踪。

① 扫描图像，顺序调查图像上各个像素的值，寻找没有扫描标志 a_0 的边界点。

② 如果 a_0 周围全为黑像素（0），说明 a_0 是个孤立点，停止追踪。

③ 否则，按图 8.2 的顺序寻找下一个边界点。用同样的方法，追踪一个一个的边界点。

④ 到了下一个交界点 a_0，证明已经围绕物体一周，终止扫描。

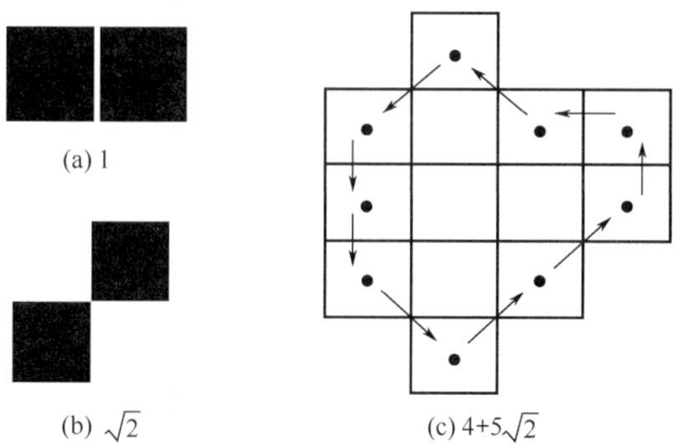

图 8.1　像素间的距离（像素）

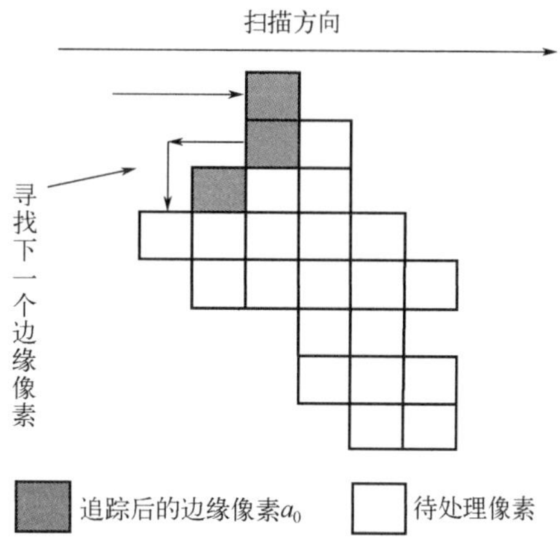

图 8.2　轮廓线的追踪

（3）圆形度（compactness）

圆形度是基于面积和周长而计算物体（或区域）的形状复杂程度的特征量。例如，可以考察一下圆和五角星。如果五角星的面积和圆的面积相等，那么它的周长一定比圆长。因此，可以考虑以下参数：

$$e = \frac{4\pi \times 面积}{(周长)^2} \tag{8.1}$$

式中，e 就是圆形度。对于半径为 r 的圆来说，面积等于 πr^2，周长等于 $2\pi r$，所以圆形度 e 等于 1。由表 8.1 可以看出，形状越接近于圆，e 越大，最大为 1；形状越复杂，e 越小，e 的值在 0 和 1 之间。

（4）重心（center of gravity 或 centroid）

重心就是求物体（或区域）中像素坐标的平均值。例如，某白色像素的坐标为(x_i, y_i)($i = 0, 1, 2, \cdots, n-1$)，其重心坐标(x_0, y_0)可由下式求得：

$$(x_0, y_0) = \left(\frac{1}{n}\sum_{i=0}^{n-1} x_i, \frac{1}{n}\sum_{i=0}^{n-1} y_i \right) \tag{8.2}$$

除了上面的参数以外，还有长度和宽度（length and breadth）、欧拉数（Euler's number），以及可查看物体的长度方向的矩（moment）等许多特征参数，这里不再一一介绍，如有兴趣，请参阅其他书籍。

图 8.3（b）是图 8.3（a）的图像经过二值化处理（阈值为 40 以上），再通过两次中值滤波去噪声后的图像。

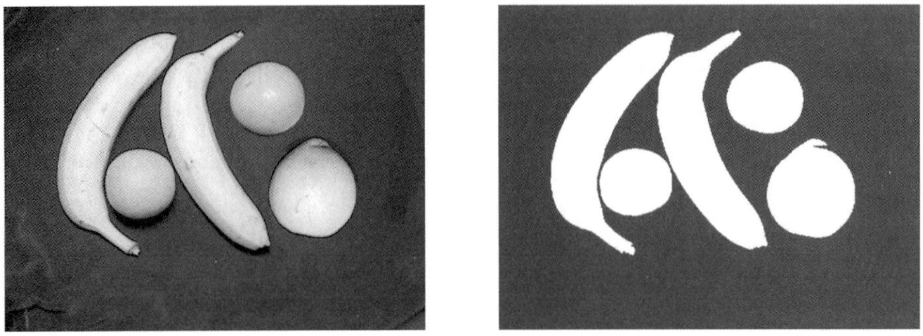

（a）灰度图像　　（b）二值图像

图 8.3　几种水果图像

8.2　区域标记

利用上述参数，还必须将每一个物体区分开来。为了区分每个物体，必须调查像素是否连接在一起，这样的处理称为区域标记（labeling）。

区域标记是指给连接在一起的像素（connected component，连接成分）附上相同的标记，不同的连接成分附上不同的标记的处理。区域标记在二值图像处理中，占有非常重要的地位。图 8.4 表示了区域标记后的图像，通过该处理将各个连接成分区分开来，然后就可以调查各个连接成分的形状特征。

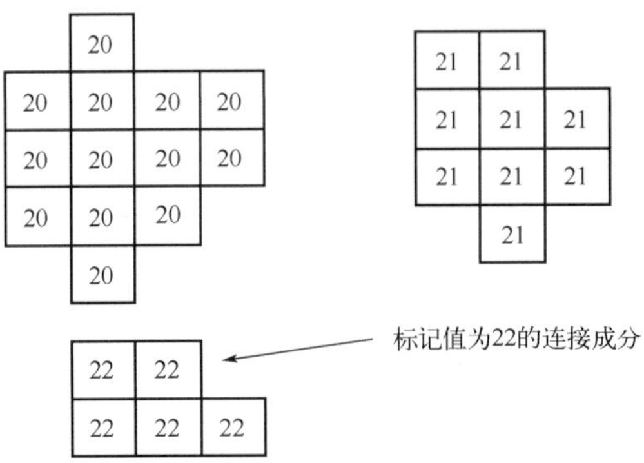

图 8.4　区域标记后图像

区域标记处理的程序被列在 List 8.1，调查物体（连接成分）特征参数的处理程序列于 List 8.2。

8.3　基于特征参数提取物体

通过以上处理，完成了从图 8.3 中提取香蕉的准备工作。调查各个物体特征的步骤如图 8.5 所示，处理结果表示在表 8.2 中。图 8.6 表示了处理后的图像，轮廓线和重心位置的像素表示得比较亮。

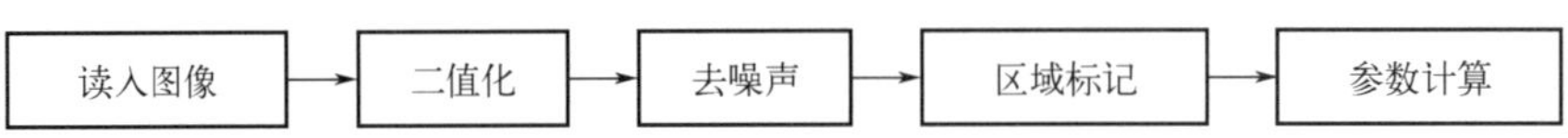

图 8.5　调查物体特征的步骤

由表 8.2 可知，圆形度小的物体有两个，可能就是香蕉。如果要提取香蕉，按照图 8.5 的步骤进行处理，然后再把具有某种圆形度的连接成分提取即可。上述处理的程序见 List 8.3，该程序中把圆形度小于最小 ratio_min 或者大于最大 ratio_max 的连接成分的像素值设置为 0。提取的连接成分的图像如图 8.7 所示。这些处理获得了一个掩模图像（mask image)，利用该掩模即可从原始图像（图 8.3）上把香蕉提取出来，提取结果如图 8.8 所示。用掩模图像进行提取的程序列在 List 8.4。

表 8.2　各个物体的特征参数（单位：像素）

物体序号	面积	周长	圆形度	重心位置
0	21718	894.63	0.3410	(307, 209)
1	22308	928.82	0.3249	(154, 188)
2	9460	367.85	0.8785	(401, 136)
3	14152	495.14	0.7454	(470, 274)
4	8570	352.98	0.8644	(206, 260)

图 8.6　表示追踪的轮廓线和重心的图像

图 8.7　图 8.6 中圆形度小于 0.5 的物体的抽出结果

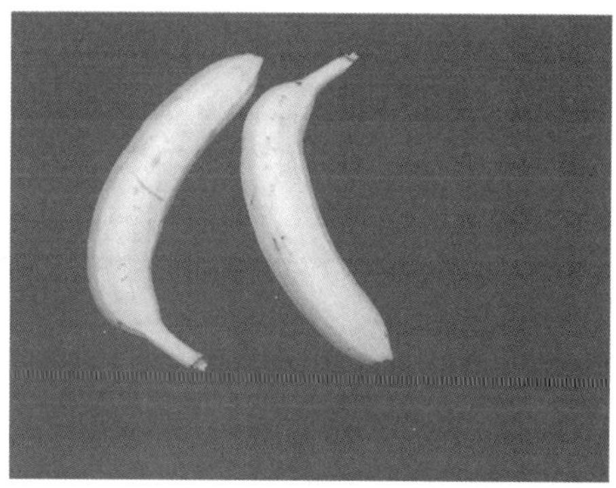

图 8.8　利用图 8.7 从图 8.3 中提取香蕉

8.4　基于特征参数消除噪声

到现在为止，都是以提取物体为目标所进行的处理，当然也可以用于除去不必要的东西。例如，可以用于消去噪声处理。关于二值图像的噪声，在第 7 章介绍了由膨胀与腐蚀连接成分来消除噪声的方法，但是利用特征参数也可以进行这个处理。也就是说，通过区域标记处理将各个连接成分区分开后，除去面积小的连接成分即可。处理流程表示在图 8.9 中，处理程序表示在 List 8.5。

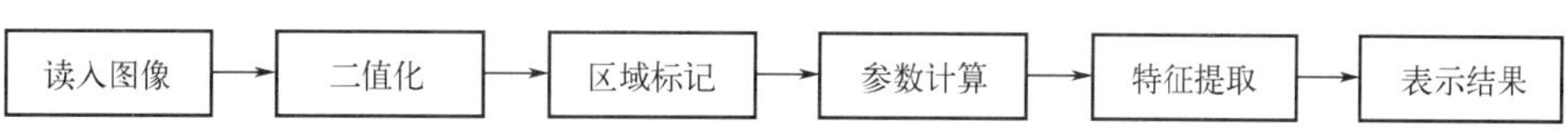

图 8.9　由特征参数消除噪声的步骤

8.5 对话框功能说明

图 8.10 显示了特征提取的对话框。

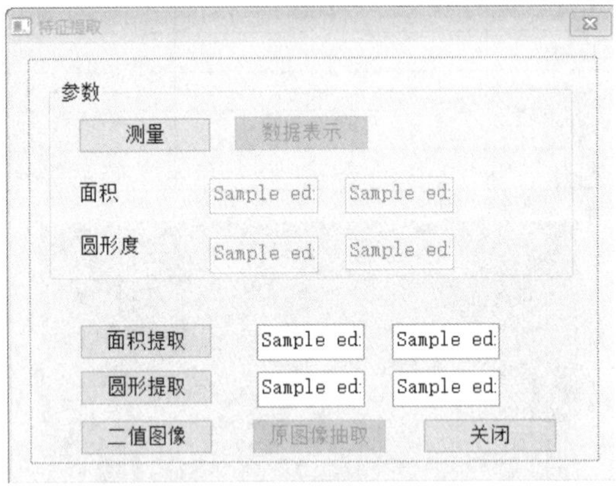

图 8.10 特征提取对话框

（1）基本功能概述

特征提取对话框通过一系列功能按钮，允许用户进行图像特征的测量、参数设置、区域提取、数据查看，以及结果图像的显示，为用户提供了便捷且全面的图像特征提取工具。

（2）按钮功能介绍

① 参数。

功能：静态文字标签，说明接下来的操作是参数设置。

② 测量。

功能：执行图像特征的测量和参数设置操作。

操作：消除原始图像边缘的像素。

对图像进行标签处理（区域划分）。

计算各区域的特征数据（面积、周长、圆形度、重心坐标）。

更新界面显示，包括最大面积、最小面积、最大圆形度、最小圆形度等参数。

使“数据表示”按钮变为可用状态。

③ 数据表示。

功能：显示所有已测算区域的特征数据。

操作：弹出消息框，显示每个区域的序号、面积、周长、圆形度和重心坐标。

④ 面积。

功能：静态文字标签，说明接下来的操作与面积相关。

⑤ 面积范围设置（编辑控件）。

功能：显示面积提取的最大值和最小值。

⑥ 圆形度。

功能：静态文字标签，说明接下来的操作与圆形度相关。

⑦ 圆形度范围设置（编辑控件）。

功能：显示测量圆形度提取的最大值和最小值。

⑧ 面积提取。

功能：根据设定的面积范围提取图像中的对象。

操作：调用面积提取函数，提取符合面积范围的对象，并显示提取结果。

⑨ 面积范围设置（编辑控件）。

功能：设置面积提取的上限和下限。

⑩ 圆形提取。

功能：根据设定的圆形度范围提取图像中的对象。

操作：调用圆形度函数，提取符合圆形度范围的对象，并显示提取结果。

⑪ 圆形度范围设置（编辑控件）。

功能：设置圆形度提取的上限和下限。

⑫ 二值图像。

功能：显示原始的二值图像。

操作：显示输入的原始二值图像。

⑬ 原图像抽取。

功能：将提取的结果叠加到原始图像上并显示。

操作：加载原始图像，调用模板复制函数，将提取结果叠加到原始图像上，并显示叠加后的图像。

⑭ 关闭。

功能：关闭对话框。

（3）使用流程

① 读入灰度原图像或者二值图像。

② 如果读入的是灰度原图像，需要打开菜单“二值化”，进行二值化处理。如果读入的是二值图像，不需要这一步。

③ 打开特征提取对话框。

④ 点击“测量”，对二值图像进行参数测量。测量的面积、圆形度的最大值和最小值，显示在对话框上。

⑤ 点击“数据表示”，弹出窗口，显示测量的全部数据。

⑥ 设定面积提取范围或圆形度提取范围，点击“面积提取”或“圆形度提取”，提取并显示设定的目标区域。

⑦ 点击“二值图像”，查看二值图像。

⑧ 点击“原图像抽取”，将面积提取或者圆形度提取的区域，叠加在读入的二值图像或者灰度原图像上。

⑨ 完成处理后，点击“关闭”，关闭对话框。

8.6　对话框功能实现

在 DIPAX 工程上依次进行以下各步操作。

① 添加菜单：特征提取(A)，ID_CHARACTER_ABSTRACT。参考 2.1.3 添加菜单。

② 添加菜单函数：void OnCharacterAbstract()。参考 2.1.4 添加菜单函数。

③ 添加对话框：IDD_CHARACTER_ABSTRACT_DLG。参考 2.1.5 添加对话框。

④ 添加对话框类：CAbstractDlg。参考 2.1.6 添加对话框类。

⑤ 菜单与对话框连接，参考 2.1.7 菜单与对话框连接（模式）。操作步骤如下所述。

a. 在 DIPAXView.cpp 文件的上方添加特征提取对话框头文件：#include "AbstractDlg.h"。

b. 编辑菜单函数，在 List 3.3 DIPAXView.cpp 中找到 void CDIPAXView::OnCharacterAbstract()函数，输入函数内容。

⑥ 添加对话框功能。

表 8.3 给出了图 8.10 所示特征提取功能界面的名称、ID、参数、函数及功能（属性）说明。可以参考 2.1.8 小节和 2.1.9 小节，完成这些内容的添加。

表 8.3 中的序号是从左到右、从上到下排序。没有名称的序号，在括号内说明了其性质。

表 8.3　对话框功能内容

序号	名称（属性）	ID	参数、函数、功能（属性）
1	参数	IDC_STATIC	静态文字
2	测量	IDC_ABSTRACT_PARAMETER	void OnClickedAbstractParameter()
3	数据表示	IDC_ABSTRACT_DATA_VIEW	Disabled：True void OnClickedAbstractDataView()
4	面积	IDC_STATIC	静态文字
5	（编辑控件）	IDC_ABSTRACT_AERA_MAX	float m_fAreaMax
6	（编辑控件）	IDC_ABSTRACT_AREA_MIN	float m_fAreaMin
7	圆形度	IDC_STATIC	静态文字
8	（编辑控件）	IDC_ABSTRACT_RADIO_MAX	float m_fRadioMax
9	（编辑控件）	IDC_ABSTRACT_RADIO_MIN	float m_fRadioMin
10	面积提取	IDC_ABSTRACT_AREA	void OnClickedAbstractArea()
11	（编辑控件）	IDC_ABSTRACT_AREA_MAX2	float m_fAreaMax2
12	（编辑控件）	IDC_ABSTRACT_AREA_MIN2	float m_fAreaMin2
13	圆形提取	IDC_ABSTRACT_RATIO	void OnClickedAbstractRatio()
14	（编辑控件）	IDC_ABSTRACT_RADIO_MAX2	float m_fRadioMax2
15	（编辑控件）	IDC_ABSTRACT_RADIO_MIN2	float m_fRadioMin2
16	二值图像	IDC_ABSTRACT_ORIGIN	void OnClickedAbstractOrigin()
17	原图像抽取	IDC_ABSTRACT_RESULT	void OnClickedAbstractResult()
18	关闭	IDCANCEL	void OnBnClickedCancel()

⑦ 添加初始化函数 OnInitDialog()。参考 2.1.10 小节。

⑧ 添加对话框关闭的后处理函数 PostNcDestroy()。添加方法与初始化函数 OnInitDialog()相同，参考 2.1.10 小节。

特征提取对话框类的源代码显示在 List 8.6 和 List 8.7 中，完成上述添加后，参考 List 8.6 和 List 8.7 完成各个函数内容的填写，然后编译运行。

8.7　C 语言函数源代码

本节包含以下 C 语言函数源代码：List 8.1 区域标记、List 8.2 计算图像特征参数、List 8.3 根据圆形度抽出物体、List 8.4 复制掩模领域的原始图像、List 8.5 根据面积提取对象物。完成本章处理内容，需要将这些函数输入（导入）DIPAX 工程（参考 3.3 节）。

List 8.1　区域标记

```
#include "StdAfx.h"
#include "BaseList.h"
#include <stdio.h>

void labelset(BYTE *image, int xsize, int ysize, int xs, int ys, int label);

/*--- Labeling --- 加标记处理 ------------------------------------
    image_in:    输入图像数据指针（二值图像）
    image_out:   输出图像数据指针（标记图像）
    xsize:       图像宽度
    ysize:       图像高度
    cnt:         标记个数
-------------------------------------------------------------------------------*/
int Labeling(BYTE *image_in, BYTE *image_out, int xsize, int ysize, int *cnt)
{
    int    i, j, label;

    for (j = 0; j < ysize; j++)
        for (i = 0; i < xsize; i++)
            *(image_out + j*xsize + i) = *(image_in + j*xsize + i);
    label = L_BASE;
    for (j = 0; j < ysize; j++)
        for (i = 0; i < xsize; i++) {
            if (*(image_out + j*xsize + i) == HIGH) {
                if (label >= HIGH) {
                    AfxMessageBox("Error! too many labels.");
                    return -1;
                }
                labelset(image_out, xsize, ysize, i, j, label);
                label++;
            }
        }
    *cnt = label-L_BASE;

    return 0;
}

/*--- labelset --- 给连接像素加标记 ---------------------
    image:       图像数据指针
    xsize:       图像宽度
    ysize:       图像高度
```

```
    xs, ys:         开始位置
    label:          标记值
-------------------------------------------------------------------------*/
void labelset(BYTE *image, int xsize, int ysize, int xs, int ys, int label)
{
    int     i, j, cnt, im, ip, jm, jp;

    *(image + ys*xsize + xs) = label;
    for (;;) {
        cnt = 0;
        for (j = 0; j < ysize; j++)
            for (i = 0; i < xsize; i++)
                if (*(image + j*xsize + i) == label) {
                    im = i-1; ip = i+1; jm = j-1; jp = j+1;
                    if (im < 0) im = 0; if (ip >= xsize) ip = xsize-1;
                    if (jm < 0) jm = 0; if (jp >= ysize) jp = ysize-1;
                    if (*(image + jm*xsize + im) == HIGH) {
                        *(image + jm*xsize + im) = label; cnt++;
                    }
                    if (*(image + jm*xsize + i ) == HIGH) {
                        *(image + jm*xsize + i ) = label; cnt++;
                    }
                    if (*(image + jm*xsize + ip) == HIGH) {
                        *(image + jm*xsize + ip) = label; cnt++;
                    }
                    if (*(image + j*xsize + im) == HIGH) {
                        *(image + j*xsize + im) = label; cnt++;
                    }
                    if (*(image + j*xsize + ip) == HIGH) {
                        *(image + j*xsize + ip) = label; cnt++;
                    }
                    if (*(image + jp*xsize + im) == HIGH) {
                        *(image + jp*xsize + im) = label; cnt++;
                    }
                    if (*(image + jp*xsize + i ) == HIGH) {
                        *(image + jp*xsize + i ) = label; cnt++;
                    }
                    if (*(image + jp*xsize + ip) == HIGH) {
                        *(image + jp*xsize + ip) = label; cnt++;
                    }
                }
        if (cnt == 0) break;
    }
}
```

List 8.2 计算图像特征参数

```
#include "StdAfx.h"
#include "BaseList.h"
#include <stdio.h>

float calc_size(BYTE *image_label, int xsize, int ysize,
```

```
      int label, int *cx, int *cy);
float calc_length(BYTE *image_label, int xsize, int ysize, int label);
float trace(BYTE *image_label, int xsize, int ysize, int xs, int ys);

/*--- Features --- 计算特征数据 ------------------------------------
      image_label_in:        输入标记图像指针
      image_label_out:       输出标记图像指针
      xsize:                 图像宽度
      ysize:                 图像高度
      cnt:                   对象物个数
      size:                  面积
      length:                周长
      ratio:                 圆形度
      center_x:              重心 x 坐标
      center_y:              重心 y 坐标

-----------------------------------------------------------------------------*/
void Features(BYTE *image_label_in, BYTE *image_label_out, int xsize, int ysize,
      int cnt, float size[], float length[], float ratio[], int center_x[], int center_y[])
{
      int          i, j, cx, cy;
      float  L;

      for (j = 0; j < ysize; j++){
            for (i = 0; i < xsize; i++){
                  *(image_label_out + j*xsize + i) = *(image_label_in + j*xsize + i);
            }
      }

      for (i = 0; i < cnt; i++) {

            size[i] = calc_size(image_label_out, xsize, ysize, i+L_BASE,
                  &cx, &cy);
            center_x[i] = cx;
            center_y[i] = cy;

            L = calc_length(image_label_out, xsize, ysize, i+L_BASE);
            length[i] = L;

            ratio[i] = 4*PI*size[i]/(L*L);
            *(image_label_out + cy*xsize + cx) = HIGH; //重心

      }
}

/*--- calc_size --- 求面积和重心位置 ------------------------------------
      image_label:     标记图像指针
      xsize:           图像宽度
      ysize:           图像高度
      label:           标记号
      cx, cy:          重心位置
```

```
-----------------------------------------------------------------------------*/
float calc_size(BYTE *image_label, int xsize, int ysize,
        int label, int *cx, int *cy)
{
        int             i, j;
        float  tx, ty, total;

        tx = 0; ty = 0; total = 0;
        for (j = 0; j < ysize; j++)
                for (i = 0; i < xsize; i++)
                        if (*(image_label + j*xsize + i) == label) {
                                tx += i; ty += j; total++;
                        }
        if (total == 0.0) return 0.0;
        *cx = (int)(tx/total); *cy = (int)(ty/total);
        return total;
}

/*--- calc_length ---  求周长 -------------------------------------------
        image_label:     标记图像指针
        xsize:           图像宽度
        ysize:           图像高度
        label:           标记号
-----------------------------------------------------------------------------*/
float calc_length(BYTE *image_label, int xsize, int ysize, int label)
{
        int             i, j;
        float leng = 1;

        for (j = 0; j < ysize; j++){
                for (i = 0; i < xsize; i++){
                        if (*(image_label + j*xsize + i) == label)
                        {
                            leng = trace(image_label, xsize, ysize, i-1, j);
                                return leng;
                        }
                }
        }
        return 0;
}

/*--- trace ---  追踪轮廓线 ---------------------------------------------
        image_label:     标记图像指针
        xsize:           图像宽度
        ysize:           图像高度
        xs, ys:          开始位置
-----------------------------------------------------------------------------*/
float trace(BYTE *image_label, int xsize, int ysize, int xs, int ys)
{
        int             x, y, no, vec;
        float  l;
```

```
    l = 0; x = xs; y = ys; no = *(image_label + y*xsize + x+1); vec = 5;
    for (;;) {
        if (x == xs && y == ys && l != 0) return l;

        *(image_label + y*xsize + x) = HIGH;

        switch (vec) {
            case 3:
                if (*(image_label + y*xsize + x+1) != no &&
                    *(image_label + (y-1)*xsize + x+1) == no)
                    {x = x+1; y = y   ; l++          ; vec = 0; continue;}
            case 4:
                if (*(image_label + (y-1)*xsize + x+1) != no &&
                    *(image_label + (y-1)*xsize + x) == no)
                    {x = x+1; y = y-1; l += ROOT2; vec = 1; continue;}
            case 5:
                if (*(image_label + (y-1)*xsize + x) != no &&
                    *(image_label + (y-1)*xsize + x-1) == no)
                    {x = x   ; y = y-1; l++          ; vec = 2; continue;}
            case 6:
                if (*(image_label + (y-1)*xsize + x-1) != no &&
                    *(image_label + y*xsize + x-1) == no)
                    {x = x-1; y = y-1; l += ROOT2; vec = 3; continue;}
            case 7:
                if (*(image_label + y*xsize + x-1) != no &&
                    *(image_label + (y+1)*xsize + x-1) == no)
                    {x = x-1; y = y   ; l++          ; vec = 4; continue;}
            case 0:
                if (*(image_label + (y+1)*xsize + x-1) != no &&
                    *(image_label + (y+1)*xsize + x) == no)
                    {x = x-1; y = y+1; l += ROOT2; vec = 5; continue;}
            case 1:
                if (*(image_label + (y+1)*xsize + x) != no &&
                    *(image_label + (y+1)*xsize + x+1) == no)
                    {x = x   ; y = y+1; l++          ; vec = 6; continue;}
            case 2:
                if (*(image_label + (y+1)*xsize + x+1) != no &&
                    *(image_label + y*xsize + x+1) == no)
                    {x = x+1; y = y+1; l += ROOT2; vec = 7; continue;}
                vec = 3;
        }
    }
}
```

List 8.3　根据圆形度抽出物体

```
#include "StdAfx.h"
#include "BaseList.h"
#include    <stdio.h>

/*--- Ratio_extract --- 抽出具有某圆形度的对象物 ------------------
```

```
        image_label_in:         输入标记图像指针
        image_label_out:        输出标记图像指针
        xsize:                  图像宽度
        ysize:                  图像高度
        cnt:                    对象物个数
        ratio:                  圆形度
        ratio_min, ratio_max:  最小值，最大值
---------------------------------------------------------------------------*/
    void Ratio_extract(BYTE *image_label_in, BYTE *image_label_out, int xsize, int ysize, int cnt, float ratio[],
float ratio_min, float ratio_max)
    {
        int     i, j, x, y;
        int     lno[256];

        for (i = 0, j = 0; i < cnt; i++)
        {
            if (ratio[i] >= ratio_min && ratio[i] <= ratio_max)
                lno[j++] = L_BASE+i;
        }
        for (y = 0 ; y < ysize; y++) {
            for (x = 0; x < xsize; x++) {
                *(image_label_out + y*xsize + x) = 0;
                for (i = 0; i < j; i++)
                {
                    if (*(image_label_in + y*xsize + x) == lno[i])
                     *(image_label_out + y*xsize + x) = *(image_label_in + y*xsize + x);
                }
            }
        }
    }
```

List 8.4 复制掩模领域的原始图像

```
    #include "StdAfx.h"
    #include "BaseList.h"
    /*---- Mask_copy --- 复制掩模领域的原始图像 ----------------------
        image_in:       输入图像指针
        image_out:      输出图像指针
        image_mask:     输入模块图像（二值图像）
        xsize:          图像宽度
        ysize:          图像高度
---------------------------------------------------------------------------*/
    void Mask_copy(BYTE *image_in, BYTE *image_out,
        BYTE *image_mask, int xsize, int ysize)
    {
        int     i, j;

        for (j = 0; j < ysize; j++) {
            for (i = 0; i < xsize; i++) {
                if (*(image_mask + j*xsize +i) != LOW)
                    *(image_out + j*xsize + i) = *(image_in + j*xsize + i);
                else *(image_out + j*xsize + i) = 0;
```

```
            }
        }
    }
```

List 8.5　根据面积提取对象物

```
    #include "StdAfx.h"
    #include "BaseList.h"
    #include    <stdio.h>

    /*--- Size_extract --- 抽出某面积范围的对象物 ---------------------
        image_label_in:         输入标记图像指针
        image_label_out:        输出标记图像指针
        xsize:                  图像宽度
        ysize:                  图像高度
        cnt:                    对象物个数
        size:                   面积
        size_min, size_max:     最小值、最大值
    --------------------------------------------------------------------------*/
    void Size_extract(BYTE *image_label_in, BYTE *image_label_out, int xsize, int ysize, int cnt, float size[],
float size_min, float size_max)
    {
        int    i, j, x, y;
        int    lno[256];

        for (i = 0, j = 0; i < cnt; i++)
            if (size[i] >= size_min && size[i] <= size_max)      lno[j++] = L_BASE+i;
        for (y = 0; y < ysize; y++) {
            for (x = 0; x < xsize; x++) {
                *(image_label_out + y*xsize + x) = 0;
                for (i=0 ; i<j ; i++)
                    if (*(image_label_in + y*xsize + x) == lno[i])
                        *(image_label_out + y*xsize + x) = *(image_label_in + y*xsize + x);
            }
        }
    }
```

8.8　对话框类源代码

List 8.6 和 List 8.7 分别列出了特征提取对话框类的源文件 CAbstractDlg.cpp 和头文件 CAbstractDlg.h。

List 8.6　CAbstractDlg.cpp

```
    #include "stdafx.h"
    #include "DIPAX.h"
    #include "CAbstractDlg.h"
    #include "afxdialogex.h"
    ///////////
    #include "Global.h"
```

```
#include "BaseList.h"
///////////

// CCAbstractDlg dialog

IMPLEMENT_DYNAMIC(CCAbstractDlg, CDialog)

CCAbstractDlg::CCAbstractDlg(CWnd* pParent /*=NULL*/)
	: CDialog(CCAbstractDlg::IDD, pParent)
{
	m_fAreaMax = 0.0f;
	m_fAreaMax2 = 100.0f;
	m_fAreaMin = 0.0f;
	m_fAreaMin2 = 1.0f;
	m_fRadioMax = 0.0f;
	m_fRadioMax2 = 1.0f;
	m_fRadioMin = 0.0f;
	m_fRadioMin2 = 0.1f;
	//保存表示画面具柄
	m_pParent = pParent;

	//初始化
	m_pimage_in = NULL;
	m_pimage_label = NULL;
	m_pimage_out = NULL;

	m_fsize = NULL;
	m_fradio = NULL;
	m_flength = NULL;

	m_ncenter_x = NULL;
	m_ncenter_y = NULL;
}

CCAbstractDlg::~CCAbstractDlg()
{
}

void CCAbstractDlg::DoDataExchange(CDataExchange* pDX)
{
	CDialog::DoDataExchange(pDX);
	DDX_Text(pDX, IDC_ABSTRACT_AERA_MAX, m_fAreaMax);
	DDX_Text(pDX, IDC_ABSTRACT_AREA_MAX2, m_fAreaMax2);
	DDX_Text(pDX, IDC_ABSTRACT_AREA_MIN, m_fAreaMin);
	DDX_Text(pDX, IDC_ABSTRACT_AREA_MIN2, m_fAreaMin2);
	DDX_Text(pDX, IDC_ABSTRACT_RADIO_MAX, m_fRadioMax);
	DDX_Text(pDX, IDC_ABSTRACT_RADIO_MAX2, m_fRadioMax2);
	DDX_Text(pDX, IDC_ABSTRACT_RADIO_MIN, m_fRadioMin);
	DDX_Text(pDX, IDC_ABSTRACT_RADIO_MIN2, m_fRadioMin2);
}
```

```
BEGIN_MESSAGE_MAP(CCAbstractDlg, CDialog)
	ON_BN_CLICKED(IDC_ABSTRACT_AREA, &CCAbstractDlg::OnClickedAbstractArea)
	ON_BN_CLICKED(IDC_ABSTRACT_DATA_VIEW,
&CCAbstractDlg::OnClickedAbstractDataView)
	ON_BN_CLICKED(IDC_ABSTRACT_ORIGIN, &CCAbstractDlg::OnClickedAbstractOrigin)
	ON_BN_CLICKED(IDC_ABSTRACT_PARAMETER,
&CCAbstractDlg::OnClickedAbstractParameter)
	ON_BN_CLICKED(IDC_ABSTRACT_RATIO, &CCAbstractDlg::OnClickedAbstractRatio)
	ON_BN_CLICKED(IDC_ABSTRACT_RESULT, &CCAbstractDlg::OnClickedAbstractResult)
	ON_BN_CLICKED(IDCANCEL, &CCAbstractDlg::OnBnClickedCancel)
END_MESSAGE_MAP()

// CCAbstractDlg message handlers

BOOL CCAbstractDlg::OnInitDialog()
{
	CDialog::OnInitDialog();

	// TODO:  Add extra initialization here
	//获取图像尺寸
	m_xsize = ::GetXSize();
	m_ysize = ::GetYSize();

	//分配内存
	m_pimage_in = new BYTE[m_xsize*m_ysize];
	m_pimage_label = new BYTE[m_xsize*m_ysize];
	m_pimage_out = new BYTE[m_xsize*m_ysize];

	//读入表示的图像数据
	::ReadImageData(m_pimage_in);

	//区域个数初始化
	m_ncnt = 0;

	return TRUE;  // return TRUE unless you set the focus to a control
	// EXCEPTION: OCX Property Pages should return FALSE
}

void CCAbstractDlg::OnClickedAbstractArea()
{
	// TODO: Add your control notification handler code here
	//获得窗口的参数
	UpdateData(TRUE);

	//没有测试对象
	if(m_ncnt <= 0) return;

	//抽出某面积范围的对象物
	::Size_extract(m_pimage_label, m_pimage_out, m_xsize, m_ysize,
				m_ncnt, m_fsize, m_fAreaMin2, m_fAreaMax2);
```

```
    //表示处理结果
    ::Disp_image(m_pimage_out);

    //更新画面
    m_pParent->Invalidate();

    //使“结果图像”键有效
    GetDlgItem(IDC_ABSTRACT_RESULT)->EnableWindow(TRUE);
}

void CCAbstractDlg::OnClickedAbstractDataView()
{
    // TODO: Add your control notification handler code here
    int i;
    CString str1, str;
    str.Format("序号      面积      周长          圆形度          重心  \n");

    for(i=0; i<m_ncnt; i++)
    {
        str1.Format("%3d    %8d    %8.4f    %8.4f    (%d, %d)\n",
            i, (int)m_fsize[i], m_flength[i], m_fradio[i], m_ncenter_x[i], m_ncenter_y[i]);
        str = str + str1;
    }

    AfxMessageBox(str);
}

void CCAbstractDlg::OnClickedAbstractOrigin()
{
    // TODO: Add your control notification handler code here
    //表示原图像
    ::Disp_image(m_pimage_in);

    //更新画面
    m_pParent->Invalidate();
}

void CCAbstractDlg::OnClickedAbstractParameter()
{
    // TODO: Add your control notification handler code here
    int i, j;
    //消除周围像素
    for( i = 0; i < m_xsize; i++)
    {
        *(m_pimage_in + i) = 0;
        *(m_pimage_in + m_xsize + i) = 0;
        *(m_pimage_in + (m_ysize-1)*m_xsize + i) = 0;
        *(m_pimage_in + (m_ysize-2)*m_xsize + i) = 0;
    }
    for( j = 0; j < m_ysize; j++)
```

```
{
        *(m_pimage_in + j*m_xsize ) = 0;
        *(m_pimage_in + j*m_xsize + 1 ) = 0;
        *(m_pimage_in + j*m_xsize + m_xsize-1) = 0;
        *(m_pimage_in + j*m_xsize + m_xsize-2) = 0;
}

//贴标签处理（区域处理）
int nRnt = Labeling(m_pimage_in, m_pimage_label, m_xsize, m_ysize, &m_ncnt);

if(nRnt == -1)//标签个数太多
{
        m_ncnt = 0;
        return;
}
if(m_ncnt == 0)//没有测试对象
        return;

//分配内存
m_fradio = new float[m_ncnt];
m_fsize = new float[m_ncnt];
m_flength = new float[m_ncnt];
m_ncenter_x = new int[m_ncnt];
m_ncenter_y = new int[m_ncnt];

//测算特征数据
::Features(m_pimage_label, m_pimage_out, m_xsize, m_ysize, m_ncnt, m_fsize,
                    m_flength, m_fradio, m_ncenter_x, m_ncenter_y);

//计算最大面积
m_fAreaMax = 0;
for(i=0; i<m_ncnt; i++)
        m_fAreaMax = max(m_fAreaMax, m_fsize[i]);

//计算最小面积
m_fAreaMin = m_fAreaMax;
for(i=0; i<m_ncnt; i++)
        m_fAreaMin = min(m_fAreaMin, m_fsize[i]);

//计算最大圆形度
m_fRadioMax = 0;
for(i=0; i<m_ncnt; i++)
        m_fRadioMax = max(m_fRadioMax, m_fradio[i]);

//计算最小圆形度
m_fRadioMin = m_fRadioMax;
for(i=0; i<m_ncnt; i++)
        m_fRadioMin = min(m_fRadioMin, m_fradio[i]);

//更新窗口参数表示
UpdateData(FALSE);
```

```
    //表示处理结果
    ::Disp_image(m_pimage_out);

    //更新画面
    m_pParent->Invalidate();

    //使数据表示键有效
    GetDlgItem(IDC_ABSTRACT_DATA_VIEW)->EnableWindow(TRUE);
}

void CCAbstractDlg::OnClickedAbstractRatio()
{
    // TODO: Add your control notification handler code here
    //获得窗口的参数
    UpdateData(TRUE);
    if(m_ncnt <= 0) return;

    //抽出具有某圆形度的对象物
    ::Ratio_extract(m_pimage_label, m_pimage_out, m_xsize, m_ysize,
    m_ncnt, m_fradio, m_fRadioMin2, m_fRadioMax2);

    //表示处理结果
    ::Disp_image(m_pimage_out);

    //更新画面
    m_pParent->Invalidate();

    //使“结果图像”键有效
    GetDlgItem(IDC_ABSTRACT_RESULT)->EnableWindow(TRUE);
}

void CCAbstractDlg::OnClickedAbstractResult()
{
    // TODO: Add your control notification handler code here
    BYTE* image_ori;
    BYTE* image_result;

    char cFileName[MAX_PATH];

    //获得处理图像名称
    ::GetImageFileName(cFileName);

    //将图像名称变形
    CString sFileName = cFileName;

    //读入原图像
    ::Load_original_image(sFileName);

    //分配内存
    image_ori = new BYTE[m_xsize*m_ysize];
```

```
    image_result = new BYTE[m_xsize*m_ysize];

    //读入原图数据
    ::ReadImageData(image_ori);

    //在原图像上抽取
    ::Mask_copy(image_ori, image_result, m_pimage_out, m_xsize, m_ysize);

    //表示处理结果
    ::Disp_image(image_result);

    //更新画面
    m_pParent->Invalidate();

    //释放内存
    delete [] image_ori;
    delete [] image_result;
}

void CCAbstractDlg::OnBnClickedCancel()
{
    // TODO: Add your control notification handler code here
    CDialog::OnCancel();
}

void CCAbstractDlg::PostNcDestroy()
{
    // TODO: Add your specialized code here and/or call the base class
    //释放内存

    if(m_pimage_in)
    {
        delete [] m_pimage_in;
        m_pimage_in = NULL;
    }
    if(m_pimage_label)
    {
        delete [] m_pimage_label;
        m_pimage_label = NULL;
    }
    if(m_pimage_out)
    {
        delete [] m_pimage_out;
        m_pimage_out = NULL;
    }

    if(m_fsize)
    {
        delete [] m_fsize;
        m_fsize = NULL;
    }
```

```
        if(m_fradio)
        {
            delete [] m_fradio;
            m_fradio = NULL;
        }

        if(m_flength)
        {
            delete [] m_flength;
            m_flength = NULL;
        }

        if(m_ncenter_x)
        {
            delete [] m_ncenter_x;
            m_ncenter_x = NULL;
        }

        if(m_ncenter_y)
        {
            delete [] m_ncenter_y;
            m_ncenter_y = NULL;
        }
        CDialog::PostNcDestroy();
    }
```

List 8.7 CAbstractDlg.h

```
    #pragma once

    // CCAbstractDlg dialog

    class CCAbstractDlg : public CDialog
    {
        DECLARE_DYNAMIC(CCAbstractDlg)

    public:
        CCAbstractDlg(CWnd* pParent = NULL);    // standard constructor
        virtual ~CCAbstractDlg();

    // Dialog Data
        enum { IDD = IDD_CHARACTER_ABSTRACT_DLG };

    protected:
        virtual void DoDataExchange(CDataExchange* pDX);    // DDX/DDV support

        DECLARE_MESSAGE_MAP()
    public:
        float m_fAreaMax;
        float m_fAreaMax2;
        float m_fAreaMin;
        float m_fAreaMin2;
```

```
    float m_fRadioMax;
    float m_fRadioMax2;
    float m_fRadioMin;
    float m_fRadioMin2;
    //亲窗口具柄
    CWnd* m_pParent;

    //输入图像指针
    BYTE *m_pimage_in;

    //输出图像指针
    BYTE *m_pimage_out;

    //区域标记图像指针
    BYTE *m_pimage_label;

    //面积数据指针
    float *m_fsize;

    //圆形度数据指针
    float *m_fradio;

    //长度数据指针
    float *m_flength;

    //重心坐标数据指针
    int *m_ncenter_x;
    int *m_ncenter_y;

    //区域个数
    int m_ncnt;

    //图像尺寸
    int m_xsize;
    int m_ysize;

    virtual BOOL OnInitDialog();
    afx_msg void OnClickedAbstractArea();
    afx_msg void OnClickedAbstractDataView();
    afx_msg void OnClickedAbstractOrigin();
    afx_msg void OnClickedAbstractParameter();
    afx_msg void OnClickedAbstractRatio();
    afx_msg void OnClickedAbstractResult();
    afx_msg void OnBnClickedCancel();
    virtual void PostNcDestroy();
};
```

第 9 章

彩色变换

9.1 基本概念

9.1.1 HSI 变换

颜色的三个基本属性如下：

① 色调或者色相（hue，H），表示颜色的种类；

② 明度（value）、亮度 Y（brightness）或强度 I（intensity），用来表现明暗程度；

③ 饱和度或彩度 S（saturation），用来表现颜色的鲜明程度。

在制作彩色电视信号时需要把 R、G、B 信号变换到亮度信号 Y 和颜色信号 C_1、C_2，其关系式如式（9.1）所示，变换程序被列在 List 9.1。将 Y、C 变成图像数据的程序列在 List 9.2。

$$\begin{aligned} Y &= 0.3R + 0.59G + 0.11B \\ C_1 &= R - Y = 0.7R - 0.59G - 0.11B \\ C_2 &= B - Y = -0.3R - 0.59G + 0.89B \end{aligned} \tag{9.1}$$

式中，亮度信号 Y 相当于灰度图像；彩色信号 C_1、C_2 是除去了亮度信号所剩下的部分，称为色差信号（chrominance）。

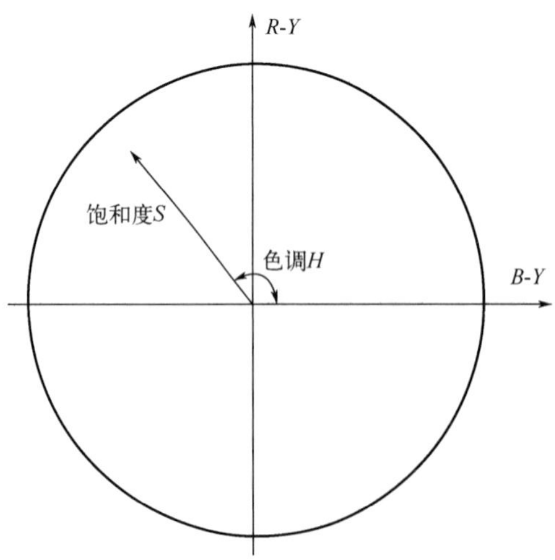

图 9.1 色差信号与色调、饱和度、亮度的关系

从亮度信号、色差信号求 R、G、B 如式（9.2）所示，变换程序被列在 List 9.3。

$$\begin{aligned} R &= Y + C_1 \\ G &= Y - \frac{0.3}{0.9}C_1 - \frac{0.11}{0.59}C_2 \\ B &= Y + C_2 \end{aligned} \tag{9.2}$$

上述的色差信号与色调、饱和度之间有如图 9.1 所示的关系。从图 9.1 可见，色调 H 表示以色差信号 $B\text{-}Y$（即 C_2）为基准的坐标轴开始旋转了多少角度，饱和度 S 表示离开原点多大的距离，与色差的关系如式（9.3）所示，程序被列在 List 9.4。

$$H = \tan^{-1}(C_1 / C_2)$$
$$S = \sqrt{C_1^2 + C_2^2} \quad (9.3)$$

为了观察 H 和 S，可以将其变换成图像数据显示出来。色调 H 的表示是从某基准颜色开始计算在 0°～180° 之间旋转多少角度，当与基准颜色相同（色调的旋转角为 0°）时为 255，相对方向的补色（色调的旋转角为 180°）时为 0，中间用 254 级的灰度表示。在色调的表示中，当饱和度为 0（即无颜色信号）时将不计算色调，常常给予 0 灰度级。饱和度 S 的图像，是将饱和度的最小值作为像素的最小值 0，将饱和度的最大值作为像素的最大值 255，依次按比例将饱和度的数据转换为图像数据。H 和 S 的图像化程序被列于 List 9.5。由某点（基准颜色）的 RGB 值计算彩度和色相的程序列在 List 9.6。

从色调 H、饱和度 S 变换到色差信号如式（9.4）所示，变换程序被列于 List 9.7。

$$C_1 = S \sin H$$
$$C_2 = S \cos H \quad (9.4)$$

9.1.2　亮度、色调、饱和度的更改

如上所述，彩色图像不是将其分解成 R、G、B 信号，而是分解成亮度信号（brightness）和色差信号（chrominance）来处理，才能更好地理解它的颜色特征。首先把彩色图像分解成亮度、色调、饱和度进行处理，然后再变换成 R、G、B 成分写入内存，就可以自由地改变彩色图像的颜色特征。更改亮度、色调、饱和度的程序见 List 9.8。在这个程序中的输入变量是通过 List 9.3 计算得到的亮度信号、色调、饱和度等数据，以及它们各自的变更量。更改亮度、色调、饱和度后，需要计算出相应的色差信号 C_1 和 C_2，再由色差信号计算出 R、G、B 三基色（three primary color）进行表示。

9.2　对话框功能说明

图 9.2 显示了彩色（颜色）变换的对话框。

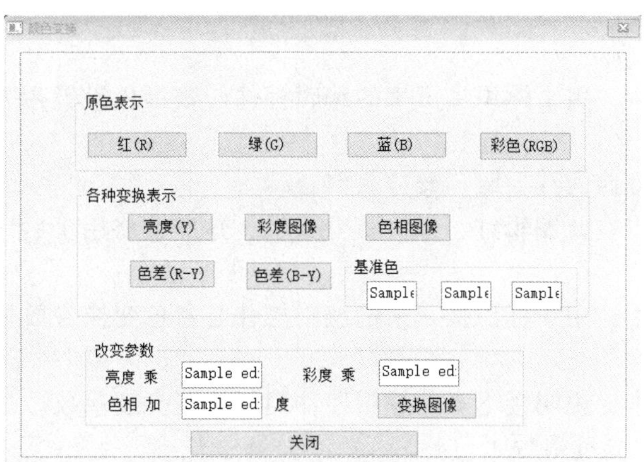

图 9.2　彩色变换对话框

（1）基本功能概述

彩色变换对话框 ColorDlg 允许用户对图像进行多种彩色变换操作，包括显示原始颜色分量、亮度、彩度和色相图像，以及调整这些属性并生成变换后的图像。

（2）按钮功能介绍

① 原色表示。

功能：静态文本，用于标识接下来的按钮与原始颜色分量相关。

② 红(R)。

功能：显示图像的红色分量。

③ 绿(G)。

功能：显示图像的绿色分量。

④ 蓝(B)。

功能：显示图像的蓝色分量。

⑤ 彩色(RGB)。

功能：显示图像的原始 RGB 彩色图像。

⑥ 各种变换表示。

功能：静态文本，用于标识接下来的按钮与各种彩色变换相关。

⑦ 亮度(Y)。

功能：显示图像的亮度分量（Y）。

⑧ 彩度图像。

功能：显示图像的彩度分量。

⑨ 色相图像。

功能：显示图像的色相分量。

⑩ 色差(R-Y)。

功能：显示图像的红色与亮度之间的色差（R-Y）。

⑪ 色差(B-Y)。

功能：显示图像的蓝色与亮度之间的色差（B-Y）。

⑫ 基准色。

功能：静态文本，用于标识接下来的编辑控件与基准色设置相关。

⑬（编辑控件：红、绿、蓝）。

功能：设置基准色的红、绿、蓝分量值。

操作：用户可以在此编辑红、绿、蓝分量值，这些值将用于后续的彩色变换计算。

⑭ 改变参数。

功能：静态文本，用于标识接下来的编辑控件与彩色变换参数相关。

⑮ 亮度 乘。

功能：静态文本，说明接下来的编辑控件用于设置亮度乘数。

⑯（编辑控件：亮度乘数）。

功能：设置亮度变换的乘数。

操作：用户可以在此编辑亮度乘数，该乘数将用于调整图像的亮度。

⑰ 彩度 乘。

功能：静态文本，说明接下来的编辑控件用于设置彩度乘数。

⑱（编辑控件：彩度乘数）。

功能：设置彩度变换的乘数。

操作：用户可以在此编辑彩度乘数，该乘数将用于调整图像的彩度。

⑲ 色相　加。

功能：静态文本，说明接下来的编辑控件用于设置色相加数。

⑳（编辑控件：色相加数）。

功能：设置色相变换的加数。

操作：用户可以在此编辑色相加数，该加数将用于调整图像的色相。

㉑ 度。

功能：静态文本，说明色相加数的单位是度。

㉒ 变换图像。

功能：根据用户设置的基准色和变换参数，生成并显示变换后的图像。

（3）使用流程

① 读入彩色图像。

② 打开彩色变换对话框。

③ 分别点击“红(R)”“绿(G)”“蓝(B)”及“彩色(RGB)”键，查看各分量和彩色原图像。

④ 分别点击“亮度(Y)”“彩度图像”“色相图像”“色差(R-Y)”及“色差(B-Y)”键，查看各个量的图像。色相图像与基准色的设定相关。

⑤ 分别设定亮度、彩度和色相的变换量后，点击“变换图像”，查看变换结果图像。

⑥ 完成处理后，点击“关闭”键，关闭对话框。

9.3　对话框功能实现

如图 9.3 所示，“彩色处理”菜单包含了“颜色变换”“彩色分割”和“图像合成”3 个子菜单。本章只添加“颜色变换”子菜单及对话框功能。在 DIPAX 工程上依次进行以下各步操作。

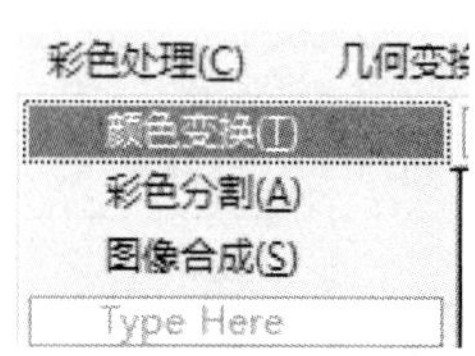

图 9.3　“彩色处理”菜单

① 添加主菜单：彩色处理(C)。参考 2.1.3 添加菜单，将属性 Popup 设为 True，可以弹出添加子菜单窗口。

② 添加子菜单：颜色变换(T)，ID_COLOR_TRANSFORM。参考 2.1.3 添加菜单。

③ 添加菜单函数：OnColorTransform()。参考 2.1.4 添加菜单函数。

④ 添加对话框：IDD_COLOR_DIALOG。参考 2.1.5 添加对话框。

⑤ 添加对话框类：CColorDlg。参考 2.1.6 添加对话框类。

⑥ 菜单与对话框连接，参考 2.1.7 菜单与对话框连接（模式）。操作步骤如下所述。

a. 在 DIPAXView.cpp 文件的上方添加直方图对话框头文件：#include "ColorDlg.h"。

b. 编辑菜单函数，在 List 3.3 DIPAXView.cpp 中找到 void CDIPAXView::OnColorTransform()函数，在添加的函数里输入函数内容。

⑦ 添加对话框功能。

表 9.1 给出了图 9.2 所示直方图功能界面的名称、ID、参数、函数及功能（属性）说明。可以参考 2.1.8 小节和 2.1.9 小节，完成这些内容的添加。

表 9.1 中的序号是从左到右、从上到下排序。没有名称的序号，在括号内说明了其性质。

表 9.1 对话框功能内容

序号	名称（属性）	ID	参数、函数、功能（属性）
1	原色表示	IDC_STATIC	静态文字
2	红(R)	IDC_COLOR_R	void OnClickedColorR()
3	绿(G)	IDC_COLOR_G	void OnClickedColorG()
4	蓝(B)	IDC_COLOR_B	void OnClickedColorB()
5	彩色(RGB)	IDC_COLOR_RGB	void OnClickedColorRgb()
6	各种变换表示	IDC_STATIC	静态文字
7	亮度(Y)	IDC_COLOR_Y_DISPLAY	void OnClickedColorYDisplay()
8	彩度图像	IDC_COLOR_SAT_DISPLAY	void OnClickedColorSatDisplay()
9	色相图像	IDC_COLOR_HUE_DISPLAY	void OnClickedColorHueDisplay()
10	色差(R-Y)	IDC_COLOR_RY_DISPLAY	void OnClickedColorRyDisplay()
11	色差(B-Y)	IDC_COLOR_BY_DISPLAY	void OnClickedColorByDisplay()
12	基准色	IDC_STATIC	静态文字
13	（编辑控件）	IDC_COLOR_BASE_R	int m_bR
14	（编辑控件）	IDC_COLOR_BASE_G	int m_bG
15	（编辑控件）	IDC_COLOR_BASE_B	int m_bB
16	改变参数	IDC_STATIC	静态文字
17	亮度 乘	IDC_STATIC	静态文字
18	（编辑控件）	IDC_COLOR_Y_PARAMETER	float m_fy
19	彩度 乘	IDC_STATIC	静态文字
20	（编辑控件）	IDC_COLOR_SAT_PARAMETER	float m_fsat
21	色相 加	IDC_STATIC	静态文字
22	（编辑控件）	IDC_COLOR_HUE_PARAMETER	float m_fhue
23	度	IDC_STATIC	静态文字
24	变换图像	IDC_COLOR_CHANG_IMAGE	void OnClickedColorChangImage()
25	关闭	IDCANCEL	void OnBnClickedCancel()

⑧ 添加初始化函数 OnInitDialog()。参考 2.1.10 小节。

⑨ 添加对话框关闭的后处理函数 PostNcDestroy()。一般在此函数里删除分配的内存，添加方法与初始化函数 OnInitDialog()相同，参考 2.1.10 小节。

颜色变换对话框类的源代码显示在 List 9.8 和 List 9.9 中，完成上述添加后，参考 List 9.8 和 List 9.9 完成各个函数内容的填写，然后编译运行，结果如图 9.4 所示。

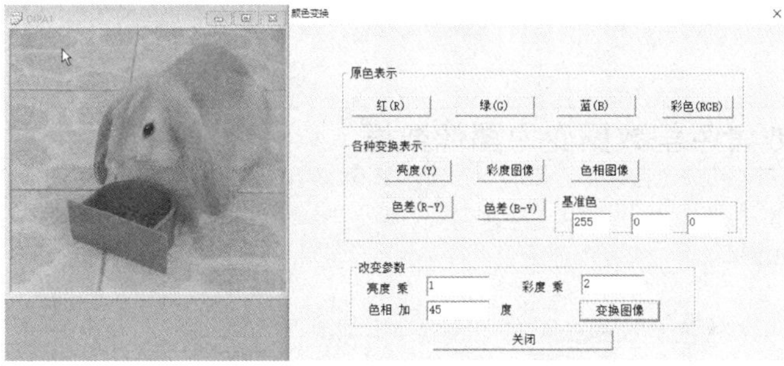

图 9.4　颜色变换编译运行结果

9.4　C 语言函数源代码

本节包含以下 C 语言函数源代码：List 9.1 由 RGB 变换亮度、色差，List 9.2 将亮度或者色差数据变为图像数据，List 9.3 由亮度、色差变换 RGB，List 9.4 由色差变换色调 H、饱和度 S，List 9.5 色调、饱和度的图像化，List 9.6 由某点的 RGB 值计算彩度和色相，List 9.7 由饱和度和色相计算色差信号，List 9.8 亮度、色调、饱和度的调整。完成本章处理内容，需要将这些函数输入（导入）DIPAX 工程（参考 3.3 节）。

List 9.1　由 RGB 变换亮度、色差

```
#include "StdAfx.h"
#include "BaseList.h"
/*--- Rgb_to_yc --- 由 R、G、B 变换为亮度、色差信号 -----------------------
	image_r:	输入图像数据 R 分量指针
	image_g:	输入图像数据 G 分量指针
	image_b:	输入图像数据 B 分量指针
	y:		输出数据指针 Y
	c1:		输出数据指针 R-Y
	c2:		输出数据指针 B-Y
	xsize:		图像宽度
	ysize:		图像高度
-----------------------------------------------------------------------------*/
void Rgb_to_yc(BYTE *image_r, BYTE *image_g, BYTE *image_b,
	int *y, int *c1, int *c2, int xsize, int ysize)
{
	int		i, j;
	float	fr, fg, fb;

	for (j = 0; j < ysize; j++) {
		for (i = 0; i < xsize; i++) {
			fr = (float)(*(image_r + j*xsize + i));
			fg = (float)(*(image_g + j*xsize + i));
			fb = (float)(*(image_b + j*xsize + i));
			*(y + j*xsize + i) = (int)(0.3 * fr + 0.59 * fg + 0.11 * fb);
			*(c1 + j*xsize + i) = (int)(0.7 * fr - 0.59 * fg - 0.11 * fb);
			*(c2 + j*xsize + i) = (int)(-0.3 * fr - 0.59 * fg + 0.89 * fb);
		}
```

```
        }
    }
```

List 9.2　将亮度或者色差数据变为图像数据

```
    #include "StdAfx.h"
    #include "BaseList.h"

    /*--- Yc_to_image --- 将色差数据变为图像数据 -------------------
        data:       输入数据(Y或者 C)指针
        image:      输出图像数据指针
        xsize:      图像宽度
        ysize:      图像高度
    -----------------------------------------------------------------------------*/
    void Yc_to_image(int *data, BYTE *image, int xsize, int ysize)
    {
        int     i, j;
        int     byte;

        for (j = 0; j < ysize; j++) {
            for (i = 0; i < xsize; i++) {
                byte = *(data + j*xsize + i);
                if (byte > 255) byte = 255;
                if (byte < 0) byte = 0;
                *(image + j*xsize + i) = (BYTE)byte;
            }
        }
    }
```

List 9.3　由亮度、色差变换 RGB

```
    #include "StdAfx.h"
    #include "BaseList.h"

    /*--- Yc_to_rgb --- 由亮度、色差变换 R、G、B 信号 -------------------
        y:              输入数据指针 Y
        c1:             输入数据指针 R-Y
        c2:             输入数据指针 B-Y
        image_r:        输出数据指针 R
        image_g:        输出数据指针 G
        image_b:        输出数据指针 B
        xsize:          图像宽度
        ysize:          图像高度
    -----------------------------------------------------------------------------*/
    void Yc_to_rgb(int *y, int *c1, int *c2, BYTE *image_r, BYTE *image_g,
        BYTE *image_b, int xsize, int ysize)
    {
        int     i, j;
        int     ir, ig, ib;

        for (j = 0; j < ysize; j++) {
            for (i = 0; i < xsize; i++) {
```

```
                ir = *(y + j*xsize + i) + *(c1 + j*xsize + i);
                if (ir > 255) ir = 255;
                if (ir < 0) ir = 0;
                ig = (int)(*(y + j*xsize + i) - 0.3 / 0.59 *
                        *(c1 + j*xsize + i) - 0.11 / 0.59 * (*(c2 + j*xsize + i)));
                if (ig > 255) ig = 255;
                if (ig < 0) ig = 0;
                ib = *(y + j*xsize + i) + *(c2 + j*xsize + i);
                if (ib > 255) ib = 255;
                if (ib < 0) ib = 0;
                *(image_r + j*xsize + i) = (BYTE)ir;
                *(image_g + j*xsize + i) = (BYTE)ig;
                *(image_b + j*xsize + i) = (BYTE)ib;
        }
    }
}
```

List 9.4　由色差变换色调 H、饱和度 S

```
#include "StdAfx.h"
#include "BaseList.h"
#include <math.h>
/*---- C_to_SH ---  由色差信号计算饱和度和色调 ---------------------------
    c1:         输入数据指针 R-Y
    c2:         输入数据指针 B-Y
    sat:        饱和度数据指针
    hue:        色调数据指针
    xsize:      数列宽度
    ysize:      数列高度
--------------------------------------------------------------------------*/
void C_to_SH(int *c1, int *c2, int *sat, int *hue, int xsize, int ysize)
{
    int         i, j;
    float  fhue, length;

    for (j = 0; j < ysize; j++) {
        for (i = 0; i < xsize; i++) {
            length =(float)(*(c1 + j*xsize + i)) * (float)(*(c1 + j*xsize + i))
                    +(float)(*(c2 + j*xsize + i)) * (float)(*(c2 + j*xsize + i));
            *(sat + j*xsize + i) = (int)(sqrt((double)length));

            if (*(sat + j*xsize + i) > THRESHOLD){
                fhue = (float)(atan2((double)(*(c1 + j*xsize + i)),
                    (double)(*(c2 + j*xsize + i))) * 180.0 / PI);
                if (fhue < 0 ) fhue = fhue + (float)360.0;
                *(hue + j*xsize + i) = (int)fhue;
                }
            else *(hue + j*xsize + i) = (int)NONE; //彩度小于阈值
        }
    }
}
```

List 9.5　色调、饱和度的图像化

```
#include "StdAfx.h"
#include "BaseList.h"
#include <math.h>
/*--- Hue_to_image --- 由色调数据变换灰度图像 ----------------------------------
        sat:            饱和度数据指针
        hue:            色调数据指针
        stdhue:         基准色相值
        image_out:      输出图像数据
        xsize:          数列宽度
        ysize:          数列高度
---------------------------------------------------------------------------*/
void Hue_to_image(int *sat, int *hue, double stdhue,
                            BYTE *image_out, int xsize, int ysize)
{
        int         i, j;
        int         ihue;
        double      delt;

        for (j = 0; j < ysize; j++){
                for (i = 0; i < xsize; i++){
                        if (*(sat + j*xsize + i) > 0){
                                delt = fabs((double)(*(hue + j*xsize + i)) - (double)stdhue);
                                if (delt > 180.0) delt = 360.0 - delt;
                                ihue = (int)(255.0 - delt * 255.0 / 180.0);
                                *(image_out + j*xsize + i) = (BYTE)ihue;
                        }
                        else *(image_out + j*xsize + i)=0;
                }
        }
}
/*--- Sat_to_image --- 由饱和度数据变换灰度图像 -----------------------------
        sat:            饱和度数据指针
        image_out:  输出图像数据指针
        xsize:          数列宽度
        ysize:          数列高度
---------------------------------------------------------------------------*/
int Sat_to_image(int *sat, BYTE *image_out, int xsize, int ysize)
{
        int i, j;
        int min, max;
        int isat;

        min = 255;
        max = 0;
        for (j = 0; j < ysize; j++){
                for (i = 0; i < xsize; i++ ){
                        if (*(sat + j*xsize + i) > max) max = *(sat + j*xsize + i);
                        if (*(sat + j*xsize + i) < min) min = *(sat + j*xsize + i);
                }
```

```
        }
        if (min == max) return -1;
        for (j = 0; j < ysize; j++){
                for (i = 0; i < xsize; i++ ){
                        isat = 255 * (*(sat + j*xsize + i) - min) / (max - min);
                        *(image_out + j*xsize + i) = (BYTE)(isat);
                }
        }
        return 0;
}
```

List 9.6　由某点的 RGB 值计算彩度和色相

```
#include "StdAfx.h"
#include "BaseList.h"
#include <math.h>

/*---- Rgb_to_SH --- 由某点的 R、G、B 值计算计算彩度和色相 ----------------------------
        r:              输入 R 值
        g:              输入 G 值
        b:              输入 B 值
        sat:            输出彩度值
        hue:            输出色相值

-----------------------------------------------------------------------------*/
void Rgb_to_SH(BYTE r, BYTE g, BYTE b, double *sat, double *hue)
{
        double Y = 0.3*r + 0.59*g + 0.11*b;
        double C1 = (double)r - Y;
        double C2 = (double)b - Y;
        *sat = sqrt(C1*C1 + C2*C2);

        if(*sat > 0.0)
                *hue = atan2(C1, C2) * 180.0 / PI;
        else *hue = 0.0;

}
```

List 9.7　由饱和度和色相计算色差信号

```
#include "StdAfx.h"
#include "BaseList.h"
#include <math.h>

/*--- SH_to_C --- 由饱和度和色调计算色差信号 -----------------------------
        c1:             输出数据指针 R-Y
        c2:             输出数据指针 B-Y
        sat:            输入饱和度数据指针
        hue:            输入色调数据指针
        xsize:          数列宽度
        ysize:          数列高度
-----------------------------------------------------------------------------*/
```

```
void SH_to_C(int *sat, int *hue, int *c1, int *c2, int xsize, int ysize)
{
	int		i, j;
	float  rad;

	for (j = 0; j < ysize; j++) {
		for (i = 0; i < xsize; i++) {
			rad = (float)(PI * (*(hue + j*xsize + i)) / 180.0);
			*(c1 + j*xsize + i) = (int)(*(sat + j*xsize + i) * sin((double)rad));
			*(c2 + j*xsize + i) = (int)(*(sat + j*xsize + i) * cos((double)rad));
		}
	}
}
```

List 9.8 亮度、色调、饱和度的调整

```
#include "StdAfx.h"
#include "BaseList.h"
/*--- Change_YSH ---亮度、饱和度、色调的调整 ------------------------------------
	in_y:		输入数据指针（亮度）
	in_sat:		输入数据指针（饱和度）
	in_hue:		输入数据指针（色调）
	out_y:		输出数据指针（亮度）
	out_sat:	输出数据指针（饱和度）
	out_hue:	输出数据指针（色调）
	ym:		亮度乘数
	sm:		彩度乘数
	hd:		色相乘数
	xsize:		数列宽度
	ysize:		数列高度
--------------------------------------------------------------------------*/
void Change_YSH(int *in_y, int *in_sat, int *in_hue, int *out_y,
	int *out_sat, int *out_hue, float ym, float sm, float hd, int xsize, int ysize)
{
	int i, j;

	for (j = 0; j < ysize; j++){
		for (i = 0; i < xsize; i++){
			*(out_y + j*xsize + i)     = (int)(*(in_y + j*xsize + i) * ym);
			*(out_sat + j*xsize + i) = (int)(*(in_sat + j*xsize + i) * sm);
			*(out_hue + j*xsize + i) = (int)(*(in_hue + j*xsize + i) + hd);
			if(*(out_hue + j*xsize + i)>360)
				*(out_hue + j*xsize + i) = *(out_hue + j*xsize + i) - 360;
			if(*(out_hue + j*xsize + i)<   0)
				*(out_hue + j*xsize + i) = *(out_hue + j*xsize + i) + 360;
		}
	}
}
```

9.5　对话框类源代码

List 9.9 和 List 9.10 分别列出了彩色变换对话框类的源文件 ColorDlg.cpp 和头文件 ColorDlg.h。

List 9.9　ColorDlg.cpp

```
#include "stdafx.h"
#include "DIPAX.h"
#include "ColorDlg.h"
#include "afxdialogex.h"
#include "Global.h"
#include "BaseList.h"

// CColorDlg dialog

IMPLEMENT_DYNAMIC(CColorDlg, CDialog)

CColorDlg::CColorDlg(CWnd* pParent /*=NULL*/)
	: CDialog(CColorDlg::IDD, pParent)
{
	m_bB = 0;
	m_bG = 0;
	m_bR = 255;
	m_fhue = 45.0f;
	m_fsat = 1.0f;
	m_fy = 1.0f;
	m_pParent = pParent;
}

CColorDlg::~CColorDlg()
{
}

void CColorDlg::DoDataExchange(CDataExchange* pDX)
{
	CDialog::DoDataExchange(pDX);
	DDX_Text(pDX, IDC_COLOR_BASE_B, m_bB);
	DDX_Text(pDX, IDC_COLOR_BASE_G, m_bG);
	DDX_Text(pDX, IDC_COLOR_BASE_R, m_bR);
	DDX_Text(pDX, IDC_COLOR_HUE_PARAMETER, m_fhue);
	DDX_Text(pDX, IDC_COLOR_SAT_PARAMETER, m_fsat);
	DDX_Text(pDX, IDC_COLOR_Y_PARAMETER, m_fy);
}

BEGIN_MESSAGE_MAP(CColorDlg, CDialog)
	ON_BN_CLICKED(IDC_COLOR_B, &CColorDlg::OnClickedColorB)
	ON_BN_CLICKED(IDC_COLOR_BY_DISPLAY, &CColorDlg::OnClickedColorByDisplay)
	ON_BN_CLICKED(IDC_COLOR_CHANG_IMAGE, &CColorDlg::OnClickedColorChangImage)
```

```
    ON_BN_CLICKED(IDC_COLOR_G, &CColorDlg::OnClickedColorG)
    ON_BN_CLICKED(IDC_COLOR_HUE_DISPLAY, &CColorDlg::OnClickedColorHueDisplay)
    ON_BN_CLICKED(IDC_COLOR_R, &CColorDlg::OnClickedColorR)
    ON_BN_CLICKED(IDC_COLOR_RY_DISPLAY, &CColorDlg::OnClickedColorRyDisplay)
    ON_BN_CLICKED(IDC_COLOR_SAT_DISPLAY, &CColorDlg::OnClickedColorSatDisplay)
    ON_BN_CLICKED(IDC_COLOR_Y_DISPLAY, &CColorDlg::OnClickedColorYDisplay)
    ON_BN_CLICKED(IDC_COLOR_RGB, &CColorDlg::OnClickedColorRgb)
    ON_BN_CLICKED(IDCANCEL, &CColorDlg::OnBnClickedCancel)
END_MESSAGE_MAP()

// CColorDlg message handlers

BOOL CColorDlg::OnInitDialog()
{
    CDialog::OnInitDialog();

    // TODO:  Add extra initialization here
    //获取图像尺寸
    m_xsize = ::GetXSize();
    m_ysize = ::GetYSize();

    //分配内存
    m_image_r = new BYTE[m_xsize*m_ysize];
    m_image_g = new BYTE[m_xsize*m_ysize];
    m_image_b = new BYTE[m_xsize*m_ysize];

    m_data_y = new int[m_xsize*m_ysize];
    m_data_ry = new int[m_xsize*m_ysize];
    m_data_by = new int[m_xsize*m_ysize];

    m_data_sat = new int[m_xsize*m_ysize];
    m_data_hue = new int[m_xsize*m_ysize];

    //读取图像数据
    ::ReadImageDataRGB(m_image_r, m_image_g, m_image_b);

    //由 RGB 亮度色差变换
    ::Rgb_to_yc(m_image_r, m_image_g, m_image_b, m_data_y,
                    m_data_ry, m_data_by, m_xsize, m_ysize);

    //由色差信号计算彩度和色相
    ::C_to_SH(m_data_ry, m_data_by, m_data_sat, m_data_hue, m_xsize, m_ysize);
    ///////////////////////

    return TRUE;   // return TRUE unless you set the focus to a control
    // EXCEPTION: OCX Property Pages should return FALSE
}

void CColorDlg::PostNcDestroy()
{
    // TODO: Add your specialized code here and/or call the base class
```

```
    //释放内存
    delete[] m_image_r;
    delete[] m_image_g;
    delete[] m_image_b;

    delete[] m_data_y;
    delete[] m_data_ry;
    delete[] m_data_by;

    delete[] m_data_sat;
    delete[] m_data_hue;

    CDialog::PostNcDestroy();
}

void CColorDlg::OnClickedColorB()
{
    // TODO: Add your control notification handler code here
    //表示蓝色分量图像
    ::Disp_image(m_image_b);

    //更新画面
    m_pParent->Invalidate();
}

void CColorDlg::OnClickedColorByDisplay()
{
    // TODO: Add your control notification handler code here
    BYTE *image;

    //分配内存
    image = new BYTE[m_xsize*m_ysize];

    //亮度信号图像化
    ::Yc_to_image(m_data_by, image, m_xsize, m_ysize);

    //表示灰度图像
    ::Disp_image(image);

    //更新画面
    m_pParent->Invalidate();

    //释放内存
    delete[] image;
}

void CColorDlg::OnClickedColorChangImage()
{
    // TODO: Add your control notification handler code here
    int *out_y;
    int *out_sat;
```

```
int *out_hue;

int *ry;
int *by;

BYTE *image_r;
BYTE *image_g;
BYTE *image_b;

//分配内存
out_y = new int[m_xsize*m_ysize];
out_sat = new int[m_xsize*m_ysize];
out_hue = new int[m_xsize*m_ysize];

ry = new int[m_xsize*m_ysize];
by = new int[m_xsize*m_ysize];

image_r = new BYTE[m_xsize*m_ysize];
image_g = new BYTE[m_xsize*m_ysize];
image_b = new BYTE[m_xsize*m_ysize];

UpdateData(TRUE);

//改变亮度、彩度和色相
::Change_YSH(m_data_y, m_data_sat, m_data_hue, out_y,
        out_sat, out_hue, m_fy, m_fsat, m_fhue, m_xsize, m_ysize);

//由彩度和色相计算色差信号
::SH_to_C(out_sat, out_hue, ry, by, m_xsize, m_ysize);

//由亮度、色差变换 R、G、B 信号
::Yc_to_rgb(out_y, ry, by, image_r, image_g,
            image_b, m_xsize, m_ysize);

//表示变换后图像
::Disp_imageRGB( image_r, image_g, image_b);

//更新画面
m_pParent->Invalidate();

//释放内存
delete[] out_y;
delete[] out_sat;
delete[] out_hue;

delete[] ry;
delete[] by;

delete[] image_r;
delete[] image_g;
delete[] image_b;
```

```
}

void CColorDlg::OnClickedColorG()
{
    // TODO: Add your control notification handler code here
    //表示绿色分量图像
    ::Disp_image(m_image_g);

    //更新画面
    m_pParent->Invalidate();
}

void CColorDlg::OnClickedColorHueDisplay()
{
    // TODO: Add your control notification handler code here
    UpdateData(TRUE);

    double stdHue, sat;
    //计算基准色色相、彩度
    ::Rgb_to_SH(m_bR, m_bG, m_bB, &sat, &stdHue);

    BYTE *image;

    //分配内存
    image = new BYTE[m_xsize*m_ysize];

    //由彩度数据变换为灰度图像
    ::Hue_to_image(m_data_sat, m_data_hue, stdHue, image, m_xsize, m_ysize);

    //表示彩度图像
    ::Disp_image(image);

    //更新画面
    m_pParent->Invalidate();

    //释放内存
    delete[] image;
}

void CColorDlg::OnClickedColorR()
{
    // TODO: Add your control notification handler code here
    //表示红色分量图像
    ::Disp_image(m_image_r);

    //更新画面
    m_pParent->Invalidate();
}
```

```
void CColorDlg::OnClickedColorRyDisplay()
{
	// TODO: Add your control notification handler code here
	BYTE *image;

	//分配内存
	image = new BYTE[m_xsize*m_ysize];

	//亮度信号图像化
	::Yc_to_image(m_data_ry, image, m_xsize, m_ysize);

	//表示灰度图像
	::Disp_image(image);

	//更新画面
	m_pParent->Invalidate();

	//释放内存
	delete[] image;
}

void CColorDlg::OnClickedColorSatDisplay()
{
	// TODO: Add your control notification handler code here
	BYTE *image;

	//分配内存
	image = new BYTE[m_xsize*m_ysize];

	//由彩度数据变换为灰度图像
	::Sat_to_image(m_data_sat, image, m_xsize, m_ysize);

	//表示彩度图像
	::Disp_image(image);

	//更新画面
	m_pParent->Invalidate();

	//释放内存
	delete[] image;
}

void CColorDlg::OnClickedColorYDisplay()
{
	// TODO: Add your control notification handler code here
	BYTE *image;

	//分配内存
	image = new BYTE[m_xsize*m_ysize];

	//亮度信号图像化
```

```
	::Yc_to_image(m_data_y, image, m_xsize, m_ysize);

	//表示灰度图像
	::Disp_image(image);

	//更新画面
	m_pParent->Invalidate();

	//释放内存
	delete[] image;
}

void CColorDlg::OnClickedColorRgb()
{
	// TODO: Add your control notification handler code here
	::Disp_imageRGB(m_image_r, m_image_g, m_image_b);

	//更新画面
	m_pParent->Invalidate();
}

void CColorDlg::OnBnClickedCancel()
{
	// TODO: Add your control notification handler code here
	CDialog::OnCancel();
}
```

List 9.10　ColorDlg.h

```
#pragma once

// CColorDlg dialog

class CColorDlg : public CDialog
{
	DECLARE_DYNAMIC(CColorDlg)

public:
	CColorDlg(CWnd* pParent = NULL);	// standard constructor
	virtual ~CColorDlg();
	CWnd* m_pParent;

// Dialog Data
	enum { IDD = IDD_COLOR_DIALOG };

protected:
	virtual void DoDataExchange(CDataExchange* pDX);	// DDX/DDV support

	DECLARE_MESSAGE_MAP()
public:
	int m_bB;
	int m_bG;
```

```
    int m_bR;
    float m_fhue;
    float m_fsat;
    ////////////////////////
    //图像数据指针
    BYTE *m_image_r;
    BYTE *m_image_g;
    BYTE *m_image_b;

    //亮度、色差数据指针
    int *m_data_y;
    int *m_data_ry;
    int *m_data_by;

    //彩度、色相数据指针
    int *m_data_sat;
    int *m_data_hue;

    //图像尺寸大小
    int m_xsize;
    int m_ysize;
    ///////////////////////////////////
    virtual BOOL OnInitDialog();
    virtual void PostNcDestroy();
    afx_msg void OnClickedColorB();
    afx_msg void OnClickedColorByDisplay();
    afx_msg void OnClickedColorChangImage();
    afx_msg void OnClickedColorG();
    afx_msg void OnClickedColorHueDisplay();
    afx_msg void OnClickedColorR();
    afx_msg void OnClickedColorRyDisplay();
    afx_msg void OnClickedColorSatDisplay();
    afx_msg void OnClickedColorYDisplay();
    afx_msg void OnClickedColorRgb();
    float m_fy;
    afx_msg void OnBnClickedCancel();
};
```

第 10 章

彩色分割

10.1 基本概念

10.1.1 颜色分布

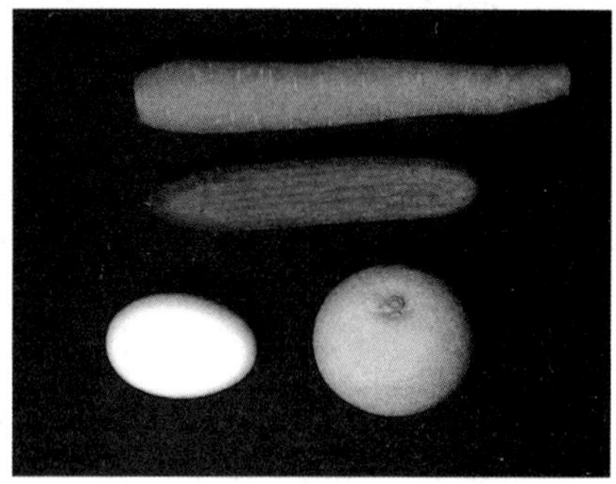

图 10.1 原始彩色图像

对于灰度图像，可以用灰度值进行阈值处理（thresholding），但是为了分割彩色图像中的特定颜色区域，需要对彩色图像的 R、G、B 各个平面分别进行阈值处理。

图 10.1 为 4 种食品的彩色图像。图像在黑色的背景下显示了橘红色的胡萝卜、绿色的黄瓜、黄色的橘子、白色的鸡蛋。在图 10.2 的(a)～(c)中显示了图 10.1 所示的彩色图像的 R、G、B 各个分量的直方图。

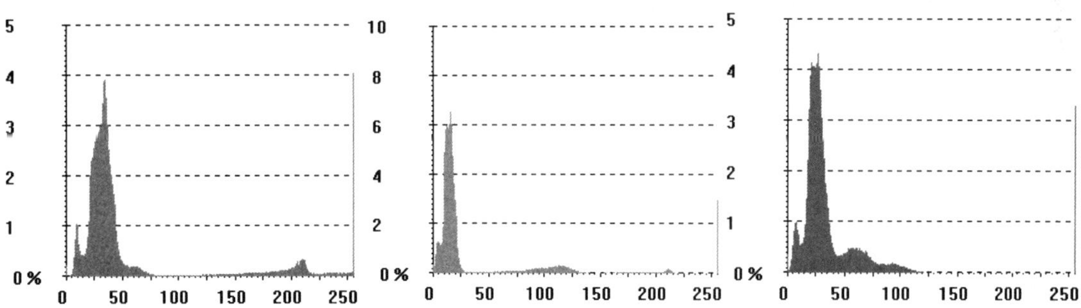

(a) R 平面　(b) G 平面　(c) B 平面

图 10.2 彩色图像的直方图

图 10.3 是在二维平面上表现频数分布的二维直方图，越明亮的地方表示出现的频数越高。图 10.3(a)和图 10.3(b)的横坐标都是 R 值，纵坐标分别是 G 值和 B 值。由于每个像素的颜色都表现为(R, G, B)一组值，所以每个像素的颜色在图 10.3(a)和图 10.3(b)上各对应一个点。计算二维直方图并使其可视化的程序见 List 10.1。

10.1.2 基于颜色分布提取物体

把图 10.1 中的橘子提取出来，可以进行以下操作。首先设定 R 值，把具有 $R \geqslant 125$

范围内的像素提取出来。其结果如图 10.4(a)所示，用 R 值进行的阈值处理把背景和黄瓜除去了，留下了三种食品——胡萝卜、橘子、鸡蛋。接着用 G 值进行阈值处理，对图 10.4(a)的图像提取 $G \geqslant 125$ 范围内的像素，如图 10.4(b)所示，胡萝卜的大部分像素都被除去了。进一步用 B 值进行阈值处理，提取 $B \leqslant 90$ 范围内的像素，如图 10.4(c)所示的那样虽然并非完整但橘子的绝大部分被提取出来，只是橘子的顶部被除去，原因是它的颜色不是黄色。

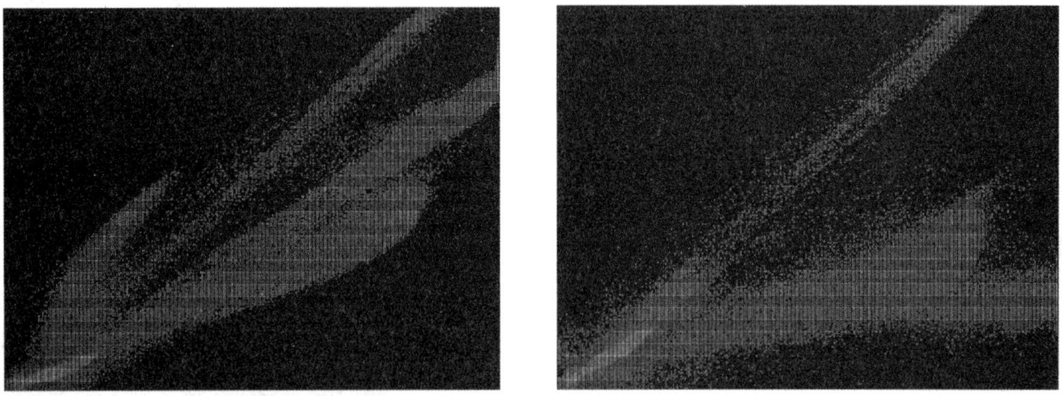

(a) R 与 G 的关系　　(b) R 与 B 的关系

图 10.3　彩色图像的二维直方图

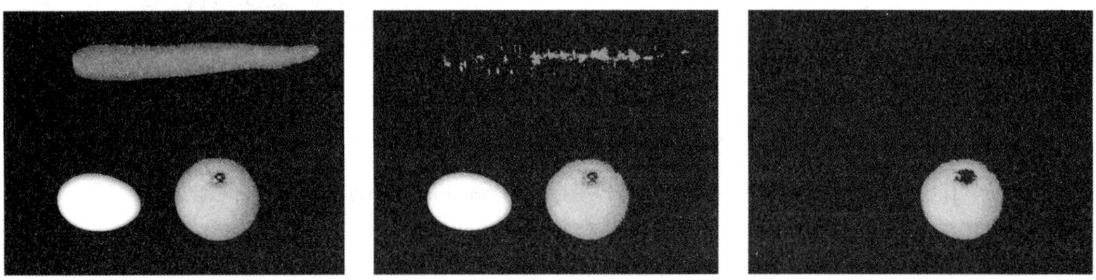

(a) 基于 R 值的分割 ($125 \leqslant R \leqslant 255$)　　(b) 基于 G 值的分割 ($125 \leqslant G \leqslant 255$)　　(c) 基于 B 值的分割 ($0 \leqslant B \leqslant 90$)

图 10.4　橘子的提取过程

可见仅用单一颜色信息几乎不能分割的复杂彩色图像，使用三个颜色信息就能够提取所要求的目标区域。给出 R、G、B 的最大值和最小值，通过阈值处理提取在该范围内的像素的程序见 List 10.2。

10.2　对话框功能说明

图 10.5 显示了彩色分割的对话框。

（1）基本功能概述

彩色分割对话框 ColAbstractDlg 用于对彩色图像进行分割处理，包括显示图像的直方图、二维直方图、设置颜色分量的阈值，以及抽取满足特定条件的像素点。

（2）按钮功能介绍

① 直方图。

功能：静态文本，标识接下来的区域将显示图像的直方图。

② (静态文本)。

功能：显示直方图的区域，不对应具体按钮功能。

③ 红。

功能：显示图像的红色分量直方图。

④ 绿。

功能：显示图像的绿色分量直方图。

⑤ 蓝。

功能：显示图像的蓝色分量直方图。

⑥ 二维。

功能：静态文本，标识接下来的按钮与二维直方图相关。

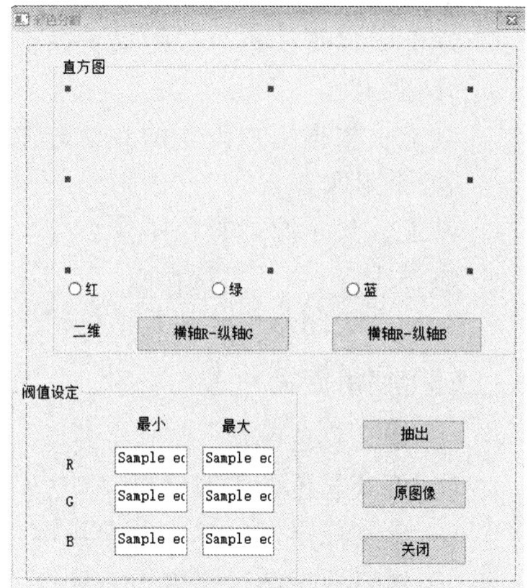

图 10.5　彩色分割对话框

⑦ 横轴 R-纵轴 G。

功能：显示以红色分量为横轴、绿色分量为纵轴的二维直方图。

⑧ 横轴 R-纵轴 B。

功能：显示以红色分量为横轴、蓝色分量为纵轴的二维直方图。

⑨ 阈值设定。

功能：静态文本，标识接下来的编辑控件用于设置颜色分量的阈值。

⑩ 最小。

功能：静态文本，标识接下来的编辑控件用于设置颜色分量的最小值。

⑪ 最大。

功能：静态文本，标识接下来的编辑控件用于设置颜色分量的最大值。

⑫ R。

功能：静态文本，标识接下来的编辑控件用于设置红色分量的阈值。

⑬（编辑控件：R 最小值）。

功能：设置红色分量的最小阈值。

⑭ （编辑控件：R 最大值）。

功能：设置红色分量的最大阈值。

⑮ G。

功能：静态文本，标识接下来的编辑控件用于设置绿色分量的阈值。

⑯（编辑控件：G 最小值）。

功能：设置绿色分量的最小阈值。

⑰（编辑控件：G 最大值）。

功能：设置绿色分量的最大阈值。

⑱ B。

功能：静态文本，标识接下来的编辑控件用于设置蓝色分量的阈值。

⑲（编辑控件：B 最小值）

功能：设置蓝色分量的最小阈值。

⑳（编辑控件：B 最大值）。

功能：设置蓝色分量的最大阈值。

㉑ 抽出。

功能：根据用户设置的颜色分量阈值，抽取满足条件的像素点，并显示结果图像。

㉒ 原图像。

功能：显示原始彩色图像。

㉓ 关闭。

功能：关闭彩色分割对话框。

（3）使用流程

① 读入彩色图像。

② 打开彩色分割对话框。

③ 分别点击红、绿、蓝单选键，查看各分量的直方图。

④ 可以点击两个二维直方图键，查看二维直方图。

⑤ 分别设定 *R*、*G*、*B* 的最大和最小阈值，点击“抽取”键，查看提取结果。

⑥ 点击“原图像”键，查看原图像。

⑦ 完成处理后，点击“关闭”键，关闭对话框。

10.3 对话框功能实现

在 DIPAX 工程上依次进行以下各步操作。

① 在“彩色处理(C)”的主菜单下添加子菜单：彩色分割(A)（参考图 9.2），ID_COLOR_ABSTRACT。参考 2.1.3 添加菜单。

② 添加菜单函数：void OnColorAbstract()。参考 2.1.4 添加菜单函数。

③ 添加对话框：IDD_COLOR_ABSTRACT_DIALOG。参考 2.1.5 添加对话框。

④ 添加对话框类：CColAbstractDlg。参考 2.1.6 添加对话框类。

⑤ 菜单与对话框连接.参考 2.1.7 菜单与对话框连接（模式）。操作步骤如下所述。

a. 在 DIPAXView.cpp 文件的上方添加直方图对话框头文件：#include "ColAbstractDlg.h"。

b. 编辑菜单函数，在 List 3.3 DIPAXView.cpp 中找到 void CDIPAXView::OnColorAbstract ()函数，在添加的函数里输入函数内容。

⑥ 添加对话框功能。

表 10.1 给出了图 10.5 所示彩色分割功能界面的名称、ID、参数、函数及功能（属性）说明。可以参考 2.1.8 小节和 2.1.9 小节，完成这些内容的添加。

表 10.1　对话框功能内容

序号	名称（属性）	ID	参数、函数、功能（属性）
1	直方图	IDC_STATIC	静态文字
2	（静态文本）	IDC_COLOR_ABSTRACT_HIST	显示直方图
3	红	IDC_COLOR_ABSTRACT_HIST_R	int m_nHistType void OnClickedColorAbstractHistR()
4	绿	IDC_COLOR_ABSTRACT_HIST_G	void OnBnClickedColorAbstractHistG()
5	蓝	IDC_COLOR_ABSTRACT_HIST_B	void OnBnClickedColorAbstractHistB()

续表

序号	名称（属性）	ID	参数、函数、功能（属性）
6	二维	IDC_STATIC	静态文字
7	横轴 R-纵轴 G	IDD_COLOR_HIST_IMAGE_RG	void OnClickedIddColorHistImageRg()
8	横轴 R-纵轴 B	IDD_COLOR_HIST_IMAGE_RB	void OnClickedIddColorHistImageRb()
9	阈值设定	IDC_STATIC	静态文字
10	最小	IDC_STATIC	静态文字
11	最大	IDC_STATIC	静态文字
12	R	IDC_STATIC	静态文字
13	（编辑控件）	IDC_COLOR_R_MIN	m_nRmim
14	（编辑控件）	IDC_COLOR_R_MAX	m_nRmax
15	G	IDC_STATIC	静态文字
16	（编辑控件）	IDC_COLOR_G_MIN	m_nGmin
17	（编辑控件）	IDC_COLOR_G_MAX	m_nGmax
18	B	IDC_STATIC	静态文字
19	（编辑控件）	IDC_COLOR_B_MIN	m_nBmin
20	（编辑控件）	IDC_COLOR_B_MAX	m_nBmax
21	抽出	IDC_COLOR_ABSTRACT_BINARY	void OnClickedColorAbstractBinary()
22	原图像	IDC_COLOR_ABSTRACT_ORIGIN	void OnClickedColorAbstractOrigin()
23	关闭	IDCANCEL	没有添加函数（默认函数）

表 10.1 中的序号是从左到右、从上到下排序。没有名称的序号，在括号内说明了其性质。单选按钮，需要设定“红”ID 的属性 Group 为 True，其他 ID 为 Flase，然后用“Tab Order”排序。

⑦ 添加初始化函数 OnInitDialog()。参考 2.1.10 小节。

⑧ 添加对话框关闭的后处理函数 PostNcDestroy()。添加方法与初始化函数 OnInitDialog() 相同，参考 2.1.10 小节。

⑨ 添加绘画函数 OnPaint()：WM_PAINT 消息的响应函数。添加方法与初始化函数 OnInitDialog()类似，在类向导的 Messages 一栏中选择该函数。

⑩ 添加直方图在对话框上的绘画函数。这些是自写函数，比较复杂，在此不做说明，按照 List 10.3 和 List 10.4 输入即可。

彩色分割对话框类的源代码显示在 List 10.3 和 List 10.4 中，完成上述添加后，参考 List 10.3 和 List 10.4 完成各个函数内容的填写，然后编译运行，结果如图 10.6 所示。

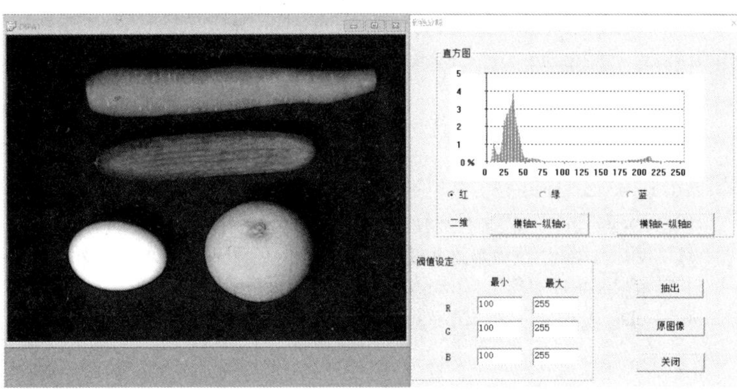

图 10.6 彩色分割编译运行结果

10.4 C 语言函数源代码

本节包含以下 C 语言函数源代码：List 10.1 二维直方图、List 10.2 基于 RGB 的阈值处理。完成本章处理内容，需要将这些函数输入（导入）DIPAX 工程（参考 3.3 节）。

List 10.1 二维直方图

```
#include "StdAfx.h"
#include "BaseList.h"

/*--- Hist2_image --- 计算二维直方图并图像化 ----------------------
	image_in1:	输入 x 轴图像数据
	image_in2:	输入 y 轴图像数据
	image_hist:	输出二维直方图图像
	xsize:		输入图像宽度
	ysize:		输入图像高度
------------------------------------------------------------------------*/
void Hist2_image(BYTE *image_in1, BYTE *image_in2, BYTE *image_hist, int xsize, int ysize)
{
	int	i, j;
	float kx, ky;
	int	hx, hy, max, kk;

	for ( j = 0; j < ysize; j++)			//初始化
		for (i = 0; i < xsize; i++)
			*(image_hist + j*xsize + i) = 0;
	max = 0;

	ky = (float)256 / (float)ysize;
	kx = (float)256 / (float)xsize;

	for (j = 0; j < ysize; j++) {
		for (i = 0; i < xsize; i++) {
			hy = (int)((float)(HIGH - *(image_in2 + j*xsize + i)) / ky);
			hx = (int)((float)(*(image_in1 + j*xsize + i)) / kx);
			if (*(image_hist + hy*xsize + hx) < HIGH)
				*(image_hist + hy*xsize + hx) = *(image_hist + hy*xsize + hx) + 1;
			if (max < *(image_hist + hy*xsize + hx)) max = *(image_hist + hy*xsize + hx);
		}
	}
	for (j = 0; j < ysize; j++) {
		for (i = 0; i < xsize; i++) {
			if (*(image_hist + j*xsize + i) != 0) {
				kk = (long)(*(image_hist + j*xsize + i)) * HIGH / max + BIAS;
				if (kk > HIGH)	*(image_hist + j*xsize + i) = HIGH;
				else		*(image_hist + j*xsize + i) = kk;
			}
		}
	}
```

```
        for (j = 0; j < ysize; j++) *(image_hist + j*xsize + 1) = HIGH;              //y 轴
        for (i = 0; i < xsize; i++) *(image_hist + (ysize-2)*xsize + i) = HIGH;      //x 轴

}
```

List 10.2　基于 RGB 的阈值处理

```
#include "StdAfx.h"
#include "BaseList.h"

/*--- Thresh_color --- R、G、B 的阈值处理 ---------------------------------
        image_in_r:          输入图像 R 分量数据指针
        image_in_g:          输入图像 G 分量数据指针
        image_in_b:          输入图像 B 分量数据指针
        image_out_r:         输出图像 R 分量数据指针
        image_out_g:         输出图像 G 分量数据指针
        image_out_b:         输出图像 B 分量数据指针
        thdrl, thdrm:        R 阈值 (min,max)
        thdgl, thdgm:        G 阈值 (min,max)
        thdbl, thdbm:        B 阈值 (min,max)
        xsize:               图像宽度
        ysize:               图像高度
----------------------------------------------------------------------------*/
void Thresh_color(BYTE *image_in_r, BYTE *image_in_g, BYTE *image_in_b,
        BYTE *image_out_r, BYTE *image_out_g, BYTE *image_out_b,
        int thdrl, int thdrm, int thdgl, int thdgm, int thdbl, int thdbm,
        int xsize, int ysize)
{
        int     i, j;

        for (j = 0; j < ysize; j++) {
                for (i = 0; i < xsize; i++) {
                        *(image_out_r + j*xsize + i) = *(image_in_r + j*xsize + i);
                        *(image_out_g + j*xsize + i) = *(image_in_g + j*xsize + i);
                        *(image_out_b + j*xsize + i) = *(image_in_b + j*xsize + i);
                }
        }
        for (j = 0; j < ysize; j++) {
                for (i = 0; i < xsize; i++) {
                        if (*(image_out_r + j*xsize + i) < thdrl)
                        {
                                *(image_out_r + j*xsize + i) = 0;
                                *(image_out_g + j*xsize + i) = 0;
                                *(image_out_b + j*xsize + i) = 0;
                        }
                        if (*(image_out_r + j*xsize + i) > thdrm)
                        {
                                *(image_out_r + j*xsize + i) = 0;
                                *(image_out_g + j*xsize + i) = 0;
                                *(image_out_b + j*xsize + i) = 0;
                        }
                        if (*(image_out_g + j*xsize + i) < thdgl)
```

```
                {
                    *(image_out_r + j*xsize + i) = 0;
                    *(image_out_g + j*xsize + i) = 0;
                    *(image_out_b + j*xsize + i) = 0;
                }
                if (*(image_out_g + j*xsize + i) > thdgm)
                {
                    *(image_out_r + j*xsize + i) = 0;
                    *(image_out_g + j*xsize + i) = 0;
                    *(image_out_b + j*xsize + i) = 0;
                }
                if (*(image_out_b + j*xsize + i) < thdbl)
                {
                    *(image_out_r + j*xsize + i) = 0;
                    *(image_out_g + j*xsize + i) = 0;
                    *(image_out_b + j*xsize + i) = 0;
                }
                if (*(image_out_b + j*xsize + i) > thdbm)
                {
                    *(image_out_r + j*xsize + i) = 0;
                    *(image_out_g + j*xsize + i) = 0;
                    *(image_out_b + j*xsize + i) = 0;
                }
            }
        }
}
```

10.5 对话框类源代码

List 10.3 和 List 10.4 分别列出了颜色分割对话框类的源文件 ColAbstractDlg.cpp 和头文件 ColAbstractDlg.h。

List 10.3 ColAbstractDlg.cpp

```
#include "stdafx.h"
#include "DIPAX.h"
#include "ColAbstractDlg.h"
#include "afxdialogex.h"

#include "BaseList.h"
#include "Global.h"

// CColAbstractDlg dialog

IMPLEMENT_DYNAMIC(CColAbstractDlg, CDialog)

CColAbstractDlg::CColAbstractDlg(CWnd* pParent /*=NULL*/)
    : CDialog(CColAbstractDlg::IDD, pParent)
{
    m_nHistType = 0;
```

```
        m_nBmax = 255;
        m_nBmin = 100;
        m_nGmax = 255;
        m_nGmin = 100;
        m_nRmax = 255;
        m_nRmin = 100;
        ////////////////////////
        //保存表示画面具柄
        m_pParent = pParent;
    }

    CColAbstractDlg::~CColAbstractDlg()
    {
    }

    void CColAbstractDlg::DoDataExchange(CDataExchange* pDX)
    {
        CDialog::DoDataExchange(pDX);
        DDX_Radio(pDX, IDC_COLOR_ABSTRACT_HIST_R, m_nHistType);
        DDX_Text(pDX, IDC_COLOR_B_MAX, m_nBmax);
        DDX_Text(pDX, IDC_COLOR_B_MIN, m_nBmin);
        DDX_Text(pDX, IDC_COLOR_G_MAX, m_nGmax);
        DDX_Text(pDX, IDC_COLOR_G_MIN, m_nGmin);
        DDX_Text(pDX, IDC_COLOR_R_MAX, m_nRmax);
        DDX_Text(pDX, IDC_COLOR_R_MIN, m_nRmin);
    }

    BEGIN_MESSAGE_MAP(CColAbstractDlg, CDialog)
        ON_WM_PAINT()
        ON_BN_CLICKED(IDC_COLOR_ABSTRACT_BINARY, &CColAbstractDlg::
OnClickedColorAbstractBinary)
        ON_BN_CLICKED(IDC_COLOR_ABSTRACT_HIST_R, &CColAbstractDlg::
OnClickedColorAbstractHistR)
        ON_BN_CLICKED(IDC_COLOR_ABSTRACT_HIST_G, &CColAbstractDlg::
OnBnClickedColorAbstractHistG)
        ON_BN_CLICKED(IDC_COLOR_ABSTRACT_HIST_B, &CColAbstractDlg::
OnBnClickedColorAbstractHistB)
        ON_BN_CLICKED(IDC_COLOR_ABSTRACT_ORIGIN, &CColAbstractDlg::
OnClickedColorAbstractOrigin)
        ON_BN_CLICKED(IDD_COLOR_HIST_IMAGE_RB, &CColAbstractDlg::
OnClickedIddColorHistImageRb)
        ON_BN_CLICKED(IDD_COLOR_HIST_IMAGE_RG, &CColAbstractDlg::
OnClickedIddColorHistImageRg)
    END_MESSAGE_MAP()


    // CColAbstractDlg message handlers

    BOOL CColAbstractDlg::OnInitDialog()
    {
        CDialog::OnInitDialog();
```

```
    // TODO:   Add extra initialization here

    m_shift_val = 30; //描画移动量

    m_left = 0;          //左
    m_top = 0;           //上
    m_right = 200;       //右
    m_bottom = 100;  //下

    m_bAxisText = TRUE; //轴的数据表示

    //获得图像尺寸
    m_xsize = ::GetXSize();
    m_ysize = ::GetYSize();

    //分配内存
    m_pImage_r = new BYTE[m_xsize*m_ysize];
    m_pImage_g = new BYTE[m_xsize*m_ysize];
    m_pImage_b = new BYTE[m_xsize*m_ysize];
    m_pImage_hist = new BYTE[m_xsize*m_ysize];

    //读入图像数据
    ReadImageDataRGB(m_pImage_r, m_pImage_g, m_pImage_b);

    m_create = 1;

    return TRUE;    // return TRUE unless you set the focus to a control
    // EXCEPTION: OCX Property Pages should return FALSE
}

void CColAbstractDlg::PostNcDestroy()
{
    // TODO: Add your specialized code here and/or call the base class
    //释放内存
    delete[] m_pImage_r;
    delete[] m_pImage_g;
    delete[] m_pImage_b;
    delete[] m_pImage_hist;

    CDialog::PostNcDestroy();
}

void CColAbstractDlg::OnPaint()
{
    CPaintDC dc(this); // device context for painting
    // TODO: Add your message handler code here
    // 获取绘制坐标的文本框
    CWnd* pWnd = GetDlgItem(IDC_COLOR_ABSTRACT_HIST);
```

```
    // 画面更新
    pWnd->Invalidate();
    pWnd->UpdateWindow();

    UpdateData(TRUE);

    //计算直方图数列
    if(m_nHistType == 0)
        ::Histgram(m_pImage_r, m_xsize, m_ysize, m_hist);
    else if(m_nHistType == 1)
        ::Histgram(m_pImage_g, m_xsize, m_ysize, m_hist);
    else
        ::Histgram(m_pImage_b, m_xsize, m_ysize, m_hist);

    //直方图的全体描画
    DispHistogram();
    // Do not call CDialog::OnPaint() for painting messages
}


void CColAbstractDlg::OnBnClickedColorAbstractHistB()
{
    // TODO: Add your command handler code here
    UpdateData(TRUE);

    //计算直方图数列
    ::Histgram(m_pImage_b, m_xsize, m_ysize, m_hist);

    //直方图的全体描画
    DispHistogram();
}

void CColAbstractDlg::OnClickedColorAbstractBinary()
{
    // TODO: Add your control notification handler code here
    UpdateData(TRUE);
    //定义二值图像指针
    BYTE *image_out_r;
    BYTE *image_out_g;
    BYTE *image_out_b;

    //分配内存
    image_out_r = new BYTE[m_xsize*m_ysize];
    image_out_g = new BYTE[m_xsize*m_ysize];
    image_out_b = new BYTE[m_xsize*m_ysize];

    //R、G、B 的阈值处理
    ::Thresh_color(m_pImage_r, m_pImage_g, m_pImage_b,
    image_out_r, image_out_g, image_out_b,
    m_nRmin, m_nRmax, m_nGmin, m_nGmax, m_nBmin, m_nBmax,
    m_xsize, m_ysize);
```

```
        //表示彩色图像
        ::Disp_imageRGB(image_out_r, image_out_g, image_out_b);

        //更新画面
        m_pParent->Invalidate();

        //释放内存
        delete[] image_out_r;
        delete[] image_out_g;
        delete[] image_out_b;
}

void CColAbstractDlg::OnBnClickedColorAbstractHistG()
{
        // TODO: Add your command handler code here
        UpdateData(TRUE);

        //计算直方图数列
        ::Histgram(m_pImage_g, m_xsize, m_ysize, m_hist);

        //直方图的全体描画
        DispHistogram();
}

void CColAbstractDlg::OnClickedColorAbstractHistR()
{
        // TODO: Add your control notification handler code here

        UpdateData(TRUE);

        //计算直方图数列
        ::Histgram(m_pImage_r, m_xsize, m_ysize, m_hist);

        //直方图的全体描画
        DispHistogram();
}

void CColAbstractDlg::OnClickedColorAbstractOrigin()
{
        // TODO: Add your control notification handler code here

        //表示彩色图像
        ::Disp_imageRGB(m_pImage_r, m_pImage_g, m_pImage_b);

        //更新画面
        m_pParent->Invalidate();
}
```

```
void CColAbstractDlg::OnClickedIddColorHistImageRb()
{
    // TODO: Add your control notification handler code here

    Hist2_image(m_pImage_r, m_pImage_b,        m_pImage_hist, m_xsize, m_ysize);

    //表示二维直方图像
    ::Disp_image(m_pImage_hist);

    //更新画面
    m_pParent->Invalidate();
}

void CColAbstractDlg::OnClickedIddColorHistImageRg()
{
    // TODO: Add your control notification handler code here

    ::Hist2_image(m_pImage_r, m_pImage_g, m_pImage_hist, m_xsize, m_ysize);

    //表示二维直方图像
    ::Disp_image(m_pImage_hist);

    //更新画面
    m_pParent->Invalidate();/
}
void CColAbstractDlg::DispHistogram()
{
    CDC* pDC;
    CRect rect;
    CWnd* pWnd = GetDlgItem(IDC_COLOR_ABSTRACT_HIST);
    pWnd->GetClientRect( &rect );
    m_left = rect.left + 2;         //左
    m_top = rect.top + 8;           //上
    m_right = rect.right - 2;       //右
    m_bottom = rect.bottom - 2; //下

    m_shift_val = 30;

    pDC = pWnd->GetDC();//获得装置的关系

    //确定窗口参数
    UpdateData(TRUE);

    ::CalHistPercent(m_hist, m_disp_array, m_max_percent);

    //设定 y 轴最大值
    m_max_value_y = (int)(m_max_percent+1);

    //范围定为 0~100
    if( m_max_value_y >= 100 ) m_max_value_y = 100;
    if( m_max_value_y <= 0 )    m_max_value_y =    0;
```

```
    short   ret = DrawHistArea(pDC);   //参数、描画区域设定
    if( ret == OK ){
        DrawAxisLine(pDC);           //x、y 轴的描画
        DrawAxisText(pDC);           //x、y 文字的表示
        DrawGrayValueMono(pDC); //亮度值的表示
    }

    pWnd->ReleaseDC(pDC);//装置关系的释放

}

short CColAbstractDlg::DrawHistArea(CDC* pDC)
{
    int i, max_value, min_value;

    //x 轴
    //内部放大率
    m_inzoom_x          =   (float)1;     //n 倍表示基准幅
    m_small_x       =   (float)5;           //x 轴的小刻度
    m_large_x       =   (float)25;          //x 轴的大刻度
    m_text_delta_x   =   25;                //x 轴文字表示刻度的变化量
    m_max_value_x    =   255;               //x 轴的最大值

    //y 轴
    // 5, 10, 25, 50, 100
    max_value = 100;
    min_value = 100/2;
    for( i=0 ; i<5 ; i++ ){//求最大比例
        if( (min_value < m_max_value_y)&&( m_max_value_y <= max_value ) ){
            break;
        }
        else{
            max_value = min_value;
            if( min_value < 5 ){ min_value = 2; break; }
            if( min_value == 25 ) min_value = 10;
            else                    min_value = min_value/2;
        }
    }
    m_max_value_y = max_value;

    m_text_delta_y = m_max_value_y / 5;//1/5
    if(m_text_delta_y == 0) m_text_delta_y = 1;
    m_large_y = (float)m_text_delta_y; //==
    m_small_y = m_large_y / (float)10;//1/10

    //设定内部放大率
    if( m_max_value_y == 0 ) m_inzoom_y = (float)1;
    else m_inzoom_y =   100 / (float)m_max_value_y ;//内部放大率
```

```
    //右上领域的宽度、高度　m_resize_x, m_resize_y
    m_resize_x = (float)(m_right - m_left);
    m_resize_y = (float)(m_bottom - m_top);

    if( m_resize_x < 200 ) return(NG);//x 界限
    if( m_shift_val < 30 ) return(NG);
    if( m_resize_y < 100 ) return(NG);//y 界限
    m_zoom_x = ( m_resize_x - (float)60 ) / (float)280;//基准长 x

    m_zoom_y =　m_resize_y　/ (float) 120;//基准长 y

    //矩形区域描画
    CPen　Pen(PS_SOLID, 1, RGB(255,255,255) );
    CPen* pOldPen = pDC->SelectObject(&Pen);
    pDC->Rectangle( m_left, m_bottom+1,
                    m_left+(int)m_resize_x+1,
                    m_bottom-(int)m_resize_y );
    pDC->SelectObject(pOldPen);

    return(OK);
}

//x、y 的刻度文字表示
void CColAbstractDlg::DrawAxisText( CDC* pDC )
{
    int i;
    float old_posi_y, new_posi_y;
    float old_posi_x, new_posi_x;

    CString str_x, str_y;

    pDC->SetTextAlign( TA_LEFT | TA_BOTTOM );
    pDC->SetTextColor( RGB(0,0,0) );

    //文字拥挤时拉开距离表示
    if( m_text_delta_y != 0 )
    {
        old_posi_y = (float)(m_bottom-20);
        str_y.Format("%3s", "0 %" );//y 的刻度文字表示
        //“0%”　文字的微调整　17
        pDC->TextOut( m_left+17, (int)old_posi_y, str_y, 3 );

        for( i=1; i<(int)(m_max_value_y/m_text_delta_y+1) ; i++ ){
            new_posi_y = (float)m_bottom-(float)20-(m_text_delta_y*(float)i*m_zoom_y*m_inzoom_y);

            //y 轴数字间的宽度
            //m_text_interval_y=16
            if( (old_posi_y - (float)16) > new_posi_y ){
                str_y.Format("%3d", m_text_delta_y*i );//y 轴刻度数字
                pDC->TextOut( m_left+3,　(int)new_posi_y, str_y, 3 );
                old_posi_y = new_posi_y;
```

```
                }
            }
        }

        if( m_text_delta_x != 0 ){
            old_posi_x = (float)(m_left+m_shift_val*2 - 15);
            str_x.Format("%3d", m_text_delta_x*0 );//x 轴刻度数字
            pDC->TextOut( (int)old_posi_x, m_bottom-5, str_x, 3 );

            for( i=1; i<(int)(m_max_value_x/m_text_delta_x+1) ; i++ ){
                new_posi_x = (float)m_left+(float)m_shift_val*2
                        +(m_text_delta_x*(float)i*m_zoom_x*m_inzoom_x)-(float)15;
                //x 轴文字间隔  28
                if(   (new_posi_x - old_posi_x) > (float)28){
                    str_x.Format("%3d", m_text_delta_x*i );//x  轴刻度数字
                    pDC->TextOut( (int)new_posi_x, m_bottom-5, str_x, 3 );
                    old_posi_x = new_posi_x;
                }
            }
        }
}

void CColAbstractDlg::DrawAxisLine(CDC* pDC)
{
        DrawAxisXLine(pDC);//x 轴描画
        DrawAxisYLine(pDC);//y 轴描画
        DrawSubLine(pDC);   //辅助线描画
}

void CColAbstractDlg::DrawAxisXLine(CDC* pDC)
{
        int i;
        CString str_x;

        //线的幅宽              1
        CPen    Pen(PS_SOLID, 1, RGB(0,0,0) );
        CPen* pOldPen = pDC->SelectObject(&Pen);

        //x 坐标
        pDC->MoveTo(m_left+m_shift_val*2, m_bottom-m_shift_val);//x 轴
        pDC->LineTo(m_left+m_shift_val*2+(int)(m_max_value_x*m_zoom_x*m_inzoom_x),
                    m_bottom-m_shift_val);

        for( i=0 ; i<(int)(m_max_value_x/m_small_x+1); i++ ){//小刻度
        pDC->MoveTo(m_left+m_shift_val*2+(int)(m_small_x*(float)i*m_zoom_x*m_inzoom_x),
                    m_bottom-m_shift_val);//x 轴刻度
        pDC->LineTo(m_left+m_shift_val*2+(int)(m_small_x*(float)i*m_zoom_x*m_inzoom_x),
                    m_bottom-m_shift_val+2);
        }

        for( i=0 ; i<(int)(m_max_value_x/m_large_x+1); i++ ){//大刻度
```

```
        pDC->MoveTo(m_left+m_shift_val*2+(int)(m_large_x*(float)i*m_zoom_x*m_inzoom_x),
                    m_bottom-m_shift_val);//x 轴刻度
        pDC->LineTo(m_left+m_shift_val*2+(int)(m_large_x*(float)i*m_zoom_x*m_inzoom_x),
                    m_bottom-m_shift_val+4);
    }

    pDC->SelectObject(pOldPen);
}

//y 轴描画
void CColAbstractDlg::DrawAxisYLine(CDC* pDC)
{
    int i;
    CString str_y;
    //线的幅宽                1
    CPen   Pen(PS_SOLID, 1, RGB(0,0,0) );
    CPen* pOldPen = pDC->SelectObject(&Pen);

    //y 坐标
    pDC->MoveTo(m_left+m_shift_val*2,
                m_bottom-m_shift_val);//y 轴左
    pDC->LineTo(m_left+m_shift_val*2,
    m_bottom-m_shift_val-(int)((float)m_max_value_y*m_zoom_y*m_inzoom_y));

    for( i=0 ; i<(int)(m_max_value_y/m_small_y+1) ; i++ ){//小刻度
        pDC->MoveTo(m_left+m_shift_val*2   ,
    m_bottom-m_shift_val-(int)(m_small_y*(float)i*m_zoom_y*m_inzoom_y));
                        //y 轴刻度
        pDC->LineTo(m_left+m_shift_val*2-2,
    m_bottom-m_shift_val-(int)(m_small_y*(float)i*m_zoom_y*m_inzoom_y));
    }

    for( i=0 ; i<(int)(m_max_value_y/m_large_y+1) ; i++ ){//大刻度
        pDC->MoveTo(m_left+m_shift_val*2   ,
    m_bottom-m_shift_val-(int)(m_large_y*(float)i*m_zoom_y*m_inzoom_y));
                        //y 轴刻度
        pDC->LineTo(m_left+m_shift_val*2-4,
    m_bottom-m_shift_val-(int)(m_large_y*(float)i*m_zoom_y*m_inzoom_y));
    }

    pDC->SelectObject(pOldPen);
}

//辅助线描画
void CColAbstractDlg::DrawSubLine(CDC* pDC)
{
    int st_x, st_y, end_x, end_y, i;

    //线的幅宽       1
    CPen   Pen(PS_DOT, 1, RGB(0,0,0) );
    CPen* pOldPen = pDC->SelectObject(&Pen);
```

```
        pDC->MoveTo(m_left+m_shift_val*2, m_bottom-m_shift_val);//x 轴
        pDC->LineTo(m_left+m_shift_val*2+(int)(m_max_value_x*m_zoom_x*m_inzoom_x),
                    m_bottom-m_shift_val);
        for( i=1 ; i<6 ; i++ ){
            st_x = m_left+m_shift_val*2;
            st_y = m_bottom-m_shift_val-(int)(m_large_y*(float)i*m_zoom_y*m_inzoom_y);
            end_x = m_left+m_shift_val*2+(int)(m_max_value_x*m_zoom_x*m_inzoom_x);
            end_y = m_bottom-m_shift_val-(int)(m_large_y*(float)i*m_zoom_y*m_inzoom_y);
            pDC->MoveTo( st_x,  st_y);
            pDC->LineTo(end_x, end_y);
        }
        pDC->SelectObject(pOldPen);
}

//直方图描画
void CColAbstractDlg::DrawGrayValueMono( CDC* pDC )
{
        UpdateData(TRUE);

        int i, st_x, st_gray;

        COLORREF color;

        if(m_nHistType == 0)
            color = RGB(255,0,0);
        if(m_nHistType == 1)
            color = RGB(0,255,0);
        if(m_nHistType == 2)
            color = RGB(0,0,255);

        CPen   PenD(PS_SOLID, 1, color );

        CPen* pOldPen = pDC->SelectObject(&PenD);

        UpdateData(TRUE);

        for( i=0 ; i<=255 ; i++ ){
            pDC->SelectObject(&PenD) ;
            st_x = m_left+m_shift_val*2+(int)((float)i*m_zoom_x*m_inzoom_x);
            st_gray = (int)(m_disp_array[i]*m_zoom_y*m_inzoom_y);
            pDC->MoveTo(st_x, m_bottom-m_shift_val) ;
            pDC->LineTo(st_x, m_bottom-m_shift_val - st_gray) ;
        }
        PenD.DeleteObject() ;
        pDC->SelectObject(pOldPen);
}
```

List 10.4 ColAbstractDlg.h

```
#pragma once

// CColAbstractDlg dialog
```

```
class CColAbstractDlg : public CDialog
{
	DECLARE_DYNAMIC(CColAbstractDlg)

public:
	CColAbstractDlg(CWnd* pParent = NULL);	// standard constructor
	virtual ~CColAbstractDlg();

// Dialog Data
	enum { IDD = IDD_COLOR_ABSTRACT_DIALOG };

protected:
	virtual void DoDataExchange(CDataExchange* pDX);	// DDX/DDV support

	DECLARE_MESSAGE_MAP()
public:
	int m_nHistType;
	int m_nBmax;
	int m_nBmin;
	int m_nGmax;
	int m_nGmin;
	int m_nRmax;
	int m_nRmin;
	//亲窗口具柄
	CWnd	*m_pParent;

	//图像数据指针(R)
	BYTE	*m_pImage_r;

	//图像数据指针(G)
	BYTE	*m_pImage_g;

	//图像数据指针(B)
	BYTE	*m_pImage_b;

	//直方图图像指针
	BYTE	*m_pImage_hist;

	//图像尺寸大小
	int		m_xsize;
	int		m_ysize;

	//直方图区域
	int			m_left;	// 左
	int			m_bottom; //下
	int			m_right;	//右
	int			m_top;	//上

	//描画移动量	30
	int		m_shift_val;
```

```
//x 轴刻度的最大值
int         m_max_value_x;

//y 轴刻度的最大值
int         m_max_value_y;

//x 轴文字刻度的变化量
int         m_text_delta_x;

//y 轴文字刻度的变化量
int         m_text_delta_y;

//小刻度的印记
float m_small_x;  //x 轴
float m_small_y;  //y 轴

//大刻度的印记
float m_large_x;  //x 轴
float m_large_y;  //y 轴

//直方图数组
long      m_hist[256];

//比例表示用直方图数组
float m_disp_array[256];

//最大百分比
float m_max_percent;

//窗口领域宽度
float     m_resize_x;

//窗口领域高度
float     m_resize_y;

//放大率
float     m_zoom_x;
float     m_zoom_y;

//内部放大率
float     m_inzoom_y;  //以基准高度的 n 倍表示
float m_inzoom_x;      //以基准宽度的 n 倍表示

//轴上文字的表示、非表示
BOOL      m_bAxisText;

BOOL      m_create;

void DispHistogram(); //直方图的全体描画
short DrawHistArea(CDC* pDC);//参数、描画区域设定
void DrawAxisText(CDC* pDC);//x、y 文字的表示
```

```
    void DrawAxisLine(CDC* pDC);//x、y 轴描画
    void DrawAxisXLine(CDC* pDC);//x 轴描画
    void DrawAxisYLine(CDC* pDC);//y 轴描画
    void DrawSubLine(CDC* pDC);   //辅助线描画
    void DrawGrayValueMono( CDC* pDC );//直方图描画
    ////////////////////////////////////////////////////

    virtual BOOL OnInitDialog();
    virtual void PostNcDestroy();
    afx_msg void OnPaint();
    afx_msg void OnClickedColorAbstractBinary();
    afx_msg void OnClickedColorAbstractHistR();
    afx_msg void OnBnClickedColorAbstractHistG();
    afx_msg void OnBnClickedColorAbstractHistB();
    afx_msg void OnClickedColorAbstractOrigin();
    afx_msg void OnClickedIddColorHistImageRb();
    afx_msg void OnClickedIddColorHistImageRg();
};
```

第 11 章

图像合成

11.1 基本概念

制作电视节目所使用的合成法中有被称为 chroma key 的方法。chroma key 的含义是基于颜色（chroma）的差异作成用于合成的键（key）信号。chroma key 的原理如图 11.1 所示。在 chroma key 中，从所拍摄的蓝色背景前站立着人物的图像中分离蓝色的背景部分，处理为用于合成的键信号。对于这个键信号，比如前景 255、背景 0 那样分配各个像素的值。依据这个键信号，通过把图像 A 的蓝色背景部分用其他的图像 B 替代就完成了图像合成（image mixing）。

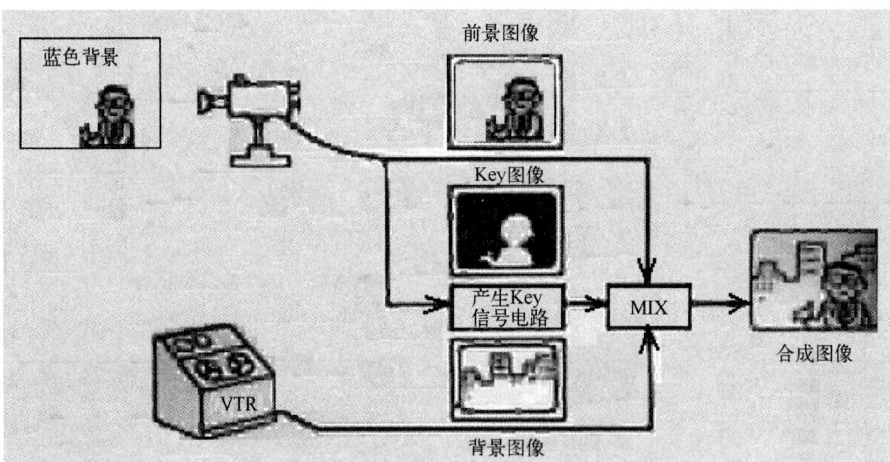

图 11.1　chroma key 原理

在实际的 chroma key 中，不仅可以使用蓝色，也可以用各种颜色作为背景来提取。自然图像合成有各式各样的技巧。

合成键图像分为硬键图像和软键图像，其生成方法和图像合成效果也不同，下面分别进行说明。

（1）硬键图像生成

对前景图像的各个像素计算式(11.1)的值：

$$(R+G)/2-B \tag{11.1}$$

蓝色时这个值为负数，也就意味着这个值越小越接近蓝色。对计算的结果进行阈值处理获得键图像，这样的键图像称为硬键图像。程序见 List 11.1，在这个程序中前景部分设为 255（白）、背景部分设为 0（黑）。

（2）硬件图像合成

基于硬键图像，把值为 255 的部分用前景图像的像素代替，值为 0 的部分用其他图像的像素值替代，从而将两幅图像合成为一幅图像。这个合成程序见 List 11.2。

图 11.2 显示了一个硬键图像合成案例。其中，图 11.2(a)是一幅在浅蓝色的 chroma key 背景下的前景图像，图 11.2(b)是一幅秋季的红叶的图像，图 11.2(c)是硬键图像，阈值是 −65。合成时键图像的白色部分镶嵌前景图像，黑色部分镶嵌背景图像，合成结果如图 11.2(d)所示。

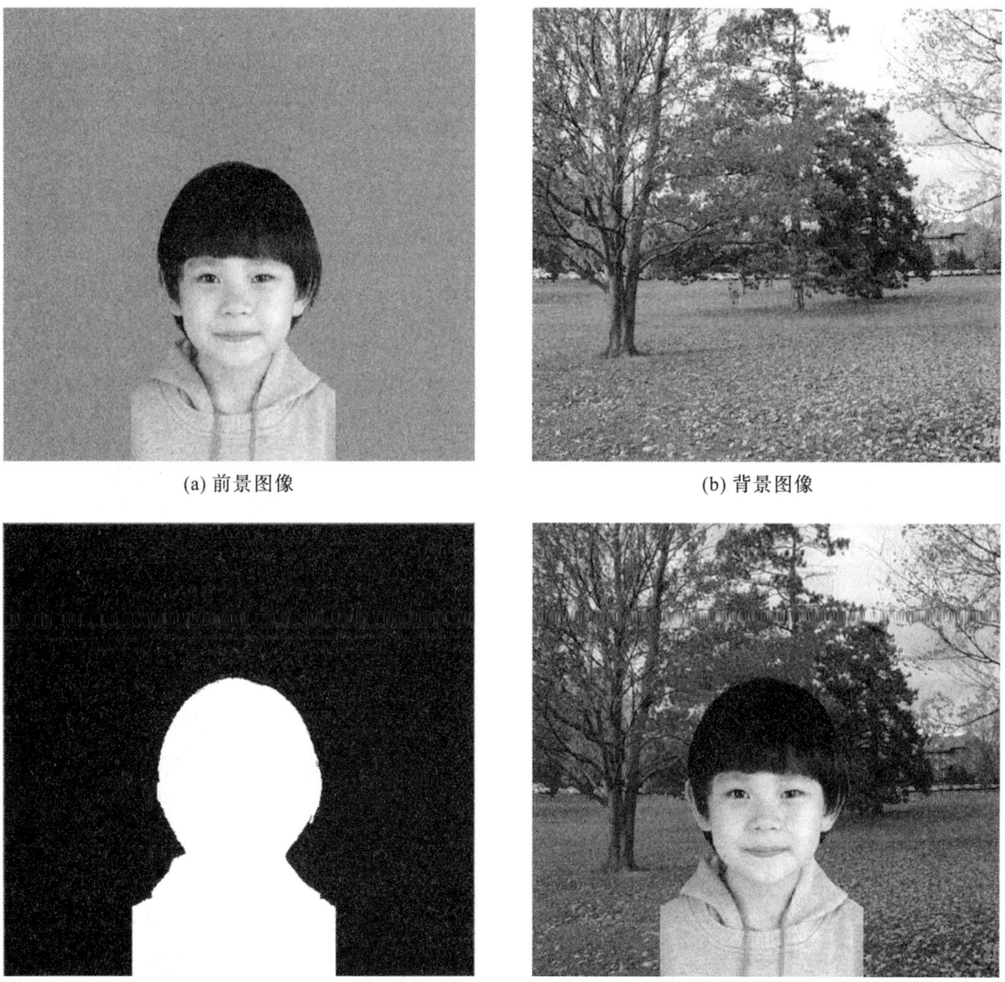

(a) 前景图像　(b) 背景图像

(c) 硬键信号（阈值−65）　(d) 硬键合成图像

图 11.2　硬键图像合成

（3）软键图像生成

如图 11.2(d)所示，基于硬键的合成图像，在头发的轮廓线，以及衣服领口等处的边界，有锯齿状或蓝色框的存在。如果要自然地合成不确切形状的头发和领口，就需要全面地提取浅蓝色的灰度变化，这时就不能采用如图 11.3(a)所示的二值键信号，而需要采用如图 11.3(b)所示的多值键信号。多值键信号的交叉部分不同于图 11.3(a)所示那样或者前景或者背景的二值，而是具有 0～255 的多层次的灰度级，合成时依据这个灰度级在图像上的不同位置改变混合比。图 11.3(b)所示的具有多值灰度级的键信号被称为软键信号。

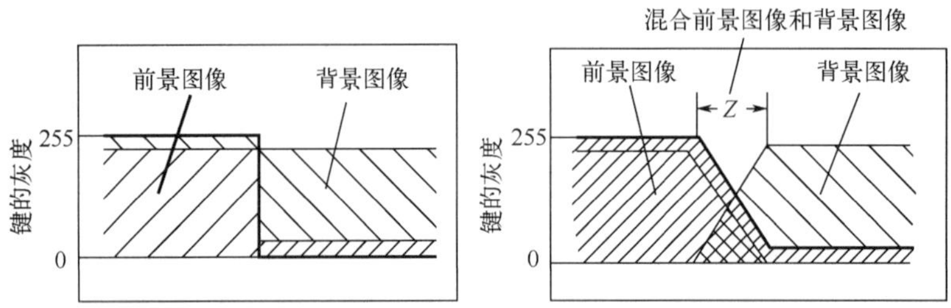

(a) 硬键信号　　(b) 软键信号

图 11.3　合成键信号

生成软键信号的程序表示在 List 11.3。图 11.4(a)所示图像是使用这个程序从图 11.2(a)的图像生成的软键信号，阈值是最小值-100、最大值 0。

（4）软键图像合成

与硬键信号相比，使用这个软键信号得到了相对自然的图像合成，但合成面还可以见到微微蓝色，仍然有不自然的部分。为此，可以事先消除相当于前景图像边界处 Z 部分[图 11.3(b)所示]的蓝色，然后再进行合成，这样不仅能够防止边界处出现蓝色框，而且人物等的影子也可能在背景图像中很自然地合成。消除蓝色的简单方法，是在边界处使用与亮度相近的 G 值来替代 B 值。根据这个方法，进行图像合成的程序被表示在 List 11.4。图 11.4(b)是用这个程序由软键信号进行合成的结果。

在实际的电视节目中会进行更加复杂的处理，在此只是介绍了最基本的思路。

(a) 软键信号（阈值最小-100、最大 0）　　(b) 软键合成图像

图 11.4　软键图像合成

11.2　对话框功能说明

图 11.5 显示了图像合成的对话框。

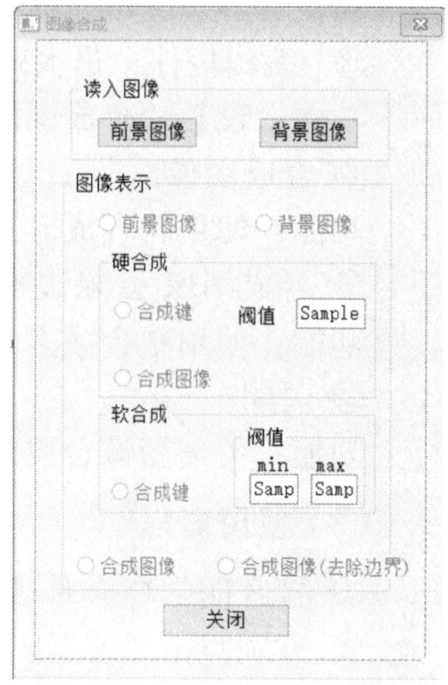

图 11.5　图像合成对话框

（1）基本功能概述

图像合成对话框 SynthDlg 用于实现两幅图像的合成操作，包括硬合成和软合成两种方式，并提供了对合成键（mask）的生成和管理功能。

（2）按钮功能介绍

① 读入图像。

功能：静态文本，标识接下来的按钮用于读入图像。

② 前景图像。

功能：读入并显示用于合成的前景图像。

③ 背景图像。

功能：读入并显示用于合成的背景图像。

④ 图像表示。

功能：静态文本，标识接下来的按钮用于显示图像。

⑤ 前景图像。

功能：显示当前选中的前景图像。

⑥ 背景图像。

功能：显示当前选中的背景图像。

⑦ 硬合成。

功能：静态文本，标识接下来的按钮与硬合成相关。

⑧ 合成键。

功能：生成硬合成所需的合成键（mask）图像。

⑨ 阈值。

功能：静态文本，标识接下来的编辑控件用于设置硬合成键的阈值。

⑩（编辑控件：阈值）。

功能：设置硬合成键生成的阈值。

⑪ 合成图像。

功能：使用硬合成方式将前景图像和背景图像合成，并显示结果。

⑫ 软合成。

功能：静态文本，标识接下来的按钮与软合成相关。

⑬ 合成键。

功能：生成软合成所需的合成键（mask）图像。

⑭ 阈值。

功能：静态文本，标识接下来的编辑控件用于设置软合成键的最小和最大阈值。

⑮ min。

功能：静态文本，标识接下来的编辑控件用于设置软合成键的最小阈值。

⑯（编辑控件：最小阈值）。

功能：设置软合成键的最小阈值。

⑰ max。

功能：静态文本，标识接下来的编辑控件用于设置软合成键的最大阈值。

⑱（编辑控件：最大阈值）。

功能：设置软合成键的最大阈值。

⑲ 合成图像。

功能：使用软合成方式将前景图像和背景图像合成，并显示结果。

⑳ 合成图像(去除边界)。

功能：使用软合成方式合成图像，并去除合成后的边界线，显示结果。

㉑ 关闭。

功能：关闭图像合成对话框。

（3）使用流程

① 打开图像合成对话框。

② 分别点击“前景图像”和“背景图像”。

③ 可以分别点击单选按钮“前景图像”和“背景图像”，切换显示前景图像和背景图像。

④ 分别选择硬合成或软合成的各个单选按钮，生成硬键或软键，进行图像合成。需要注意的是，前景图像最好是蓝色背景，前景图像和背景图像的长宽要一样。

⑤ 完成处理后，点击“关闭”，关闭对话框。

11.3 对话框功能实现

在 DIPAX 工程上依次进行以下各步操作。

① 在“彩色处理(C)”的主菜单下添加子菜单：图像合成(S)（参考图 9.2），ID_COLOR_SYNTH。参考 2.1.3 添加菜单。

② 添加菜单函数：void OnColorSynth()。参考 2.1.4 添加菜单函数。

③ 添加对话框：IDD_COLOR_SYNTH_DIALOG。参考 2.1.5 添加对话框。

④ 添加对话框类：CSynthDlg。参考 2.1.6 添加对话框类。

⑤ 菜单与对话框连接。参考 2.1.7 菜单与对话框连接（模式）。操作步骤如下所述。

a. 在 DIPAXView.cpp 文件的上方添加直方图对话框头文件：#include "SynthDlg.h"。

b. 编辑菜单函数，在 List 3.3 DIPAXView.cpp 中找到 void CDIPAXView:: OnColorSynth() 函数，在添加的函数里输入函数内容。

⑥ 添加对话框功能。

表 11.1 给出了图 11.5 所示图像合成功能界面的名称、ID、参数、函数及功能（属性）说明。可以参考 2.1.8 小节和 2.1.9 小节，完成这些内容的添加。

表 11.1 中的序号是从左到右、从上到下排序。没有名称的序号，在括号内说明了其性质。

表 11.1 对话框功能内容

序号	名称（属性）	ID	参数、函数、功能（属性）
1	读入图像	IDC_STATIC	静态文字
2	前景图像	IDC_COLOR_READ_FIRST	void OnClickedColorReadFirst()
3	背景图像	IDC_COLOR_READ_AFTER	void OnClickedColorReadAfter()
4	图像表示	IDC_STATIC	静态文字
5	前景图像	IDC_SYNTH_DISPLAY_F	int m_DispImage void OnClickedSynthDisplayF()
6	背景图像	IDC_SYNTH_DISPLAY_A	void OnBnClickedSynthDisplayA()
7	硬合成	IDC_STATIC	静态文字
8	合成键	IDC_SYNTH_KH	void OnBnClickedSynthKh()
9	阈值	IDC_STATIC	静态文字
10	（编辑控件）	IDC_SYNTH_H_THDH	int m_nHThd
11	合成图像	IDC_SYNTH_SYNTHH	void OnBnClickedSynthSynthh()
12	软合成	IDC_SYNTH_KS	void OnBnClickedSynthKs()
13	阈值	IDC_STATIC	静态文字
14	min	IDC_STATIC	静态文字
15	max	IDC_STATIC	静态文字
16	（编辑控件）	IDC_SYNTH_S_THDH_MIN	int m_nSThdMin
17	（编辑控件）	IDC_SYNTH_S_THDH_MAX	int m_nSThdMax
18	合成图像	IDC_SYNTH_SYNTHS	void OnBnClickedSynthSynths()
19	合成图像（去除边界）	IDC_SYNTH_SSYNTHS	void OnBnClickedSynthSsynths()
20	关闭	IDCANCEL	void OnBnClickedCancel()

⑦ 添加初始化函数 OnInitDialog()。参考 2.1.10 小节。

⑧ 添加后处理函数 PostNcDestroy()。添加方法与初始化函数 OnInitDialog()相同，参考 2.1.10 小节。

图像合成对话框类的源代码显示在 List 11.5 和 List 11.6 中，完成上述添加后，参考 List 11.5 和 List 11.6 完成各个函数内容的填写，然后编译运行，结果如图 11.6 所示。

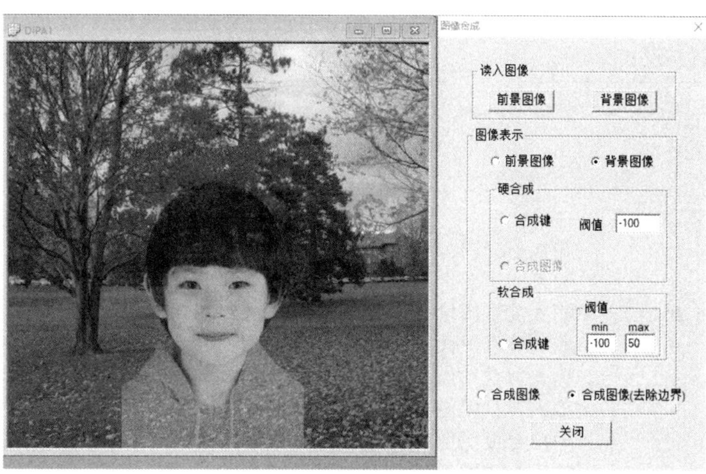

图 11.6 图像合成编译运行结果

11.4 C 语言函数源代码

本节包含以下 C 语言函数源代码：List 11.1 硬键信号生成、List 11.2 图像合成、List 11.3 软键信号生成、List 11.4 图像合成（消除边界处颜色）。完成本章处理内容，需要将这些函数输入（导入）DIPAX 工程（参考 3.3 节）。

List 11.1 硬键信号生成

```
#include "StdAfx.h"
#include "BaseList.h"

/*--- hard_key --- 生成合成键 -----------------------------
        image_in_r:     输入图像 R 分量数据指针
        image_in_g:     输入图像 G 分量数据指针
        image_in_b:     输入图像 B 分量数据指针
        image_key:      输出合成键数据指针
        thresh:         阈值
---------------------------------------------------------------------------*/
void Hard_key(BYTE *image_in_r, BYTE *image_in_g, BYTE *image_in_b,
        BYTE *image_key, int xsize, int ysize, int thresh)
{
        int     i, j, d;

        for (j = 0; j < xsize; j++) {
                for (i = 0; i < ysize; i++) {
                        d = ((int)(*(image_in_r + j*ysize + i)) + (int)(*(image_in_g + j*ysize + i))) / 2
                                - (int)(*(image_in_b + j*ysize + i));
                        if (d >= thresh) *(image_key + j*ysize + i) = 255;
                        else                    *(image_key + j*ysize + i) = 0;
                }
        }
}
```

List 11.2 图像合成

```
#include "StdAfx.h"
#include "BaseList.h"

/*--- synth --- 图像合成 -------------------------------------
        image_in1_r:            输入前景图像 R 分量数据指针
        image_in1_g:            输入前景图像 G 分量数据指针
        image_in1_b:            输入前景图像 B 分量数据指针
        image_in2_r:            输入背景图像 R 分量数据指针
        image_in2_g:            输入背景图像 G 分量数据指针
        image_in2_b:            输入背景图像 B 分量数据指针
        image_out_r:            输出合成图像 R 分量数据指针
        image_out_g:            输出合成图像 G 分量数据指针
        image_out_b:            输出合成图像 B 分量数据指针
        image_key:              输入合成键图像数据指针
```

```
-----------------------------------------------------------------------------*/
void Synth(BYTE *image_in1_r, BYTE *image_in1_g,
           BYTE *image_in1_b, BYTE *image_in2_r,
           BYTE *image_in2_g, BYTE *image_in2_b,
           BYTE *image_out_r, BYTE *image_out_g,
           BYTE *image_out_b, BYTE *image_key,
           int xsize, int ysize)
{
    int     i, j;
    int     rr1, gg1, bb1;
    int     rr2, gg2, bb2;
    long    kk;

    for (j = 0; j < ysize; j++) {
        for (i = 0; i < xsize; i++) {
            rr1 = (int)(*(image_in1_r + j*xsize + i));
            gg1 = (int)(*(image_in1_g + j*xsize + i));
            bb1 = (int)(*(image_in1_b + j*xsize + i));
            rr2 = (int)(*(image_in2_r + j*xsize + i));
            gg2 = (int)(*(image_in2_g + j*xsize + i));
            bb2 = (int)(*(image_in2_b + j*xsize + i));
            kk = (long)(*(image_key + j*xsize + i));
            *(image_out_r + j*xsize + i) = (unsigned char)((rr1*kk+rr2*(255-kk))/255);
            *(image_out_g + j*xsize + i) = (unsigned char)((gg1*kk+gg2*(255-kk))/255);
            *(image_out_b + j*xsize + i) = (unsigned char)((bb1*kk+bb2*(255-kk))/255);
        }
    }
}
```

List 11.3　软键信号生成

```
#include "StdAfx.h"
#include "BaseList.h"

/*--- Soft_key --- 生成软合成键 ---------------------------
    image_in_r:          输入图像 R 分量数据指针
    image_in_g:          输入图像 G 分量数据指针
    image_in_b:          输入图像 B 分量数据指针
    image_key:           输出合成键图像数据指针
    thdh, thdl:          阈值(max,min)
-----------------------------------------------------------------------------*/
void Soft_key(BYTE *image_in_r, BYTE *image_in_g, BYTE *image_in_b,
    BYTE *image_key, int xsize, int ysize, int thdh, int thdl)
{
    int    i, j, d;
    int    kk;

    for (j = 0; j < ysize; j++) {
        for (i = 0; i < xsize; i++) {
        d = ((int)(*(image_in_r + j*xsize + i)) + (int)(*(image_in_g + j*xsize + i))) / 2
              - (int)(*(image_in_b + j*xsize + i));
            kk = ((long)(d - thdl) * 255 / (thdh - thdl));
```

```
                if (kk > 255)          *(image_key + j*xsize + i) = 255;
                else if (kk < 0)       *(image_key + j*xsize + i) = 0;
                  else                     *(image_key + j*xsize + i) = kk;
            }
        }
}
```

List 11.4 图像合成（消除边界处颜色）

```
#include "StdAfx.h"
#include "BaseList.h"

/*--- S_synth --- 图像合成（消除境界线）---------------------
    image_in1_r:        输入前景图像 R 分量数据指针
    image_in1_g:        输入前景图像 G 分量数据指针
    image_in1_b:        输入前景图像 B 分量数据指针
    image_in2_r:        输入背景图像 R 分量数据指针
    image_in2_g:        输入背景图像 G 分量数据指针
    image_in2_b:        输入背景图像 B 分量数据指针
    image_out_r:        输出合成图像 R 分量数据指针
    image_out_g:        输出合成图像 G 分量数据指针
    image_out_b:        输出合成图像 B 分量数据指针
    image_key:          合成键图像分量数据指针
--------------------------------------------------------------------------*/
void S_synth(BYTE *image_in1_r, BYTE *image_in1_g, BYTE *image_in1_b,
             BYTE *image_in2_r, BYTE *image_in2_g, BYTE *image_in2_b,
             BYTE *image_out_r, BYTE *image_out_g, BYTE *image_out_b,
             BYTE *image_key, int xsize, int ysize)
{
    int     i, j;
    int     rr1, gg1, bb1;
    int     rr2, gg2, bb2;
    long    kk;

    for (j = 0; j < ysize; j++) {
        for (i = 0; i < xsize; i++) {
            rr1 = (int)(*(image_in1_r + j*xsize + i));
            gg1 = (int)(*(image_in1_g + j*xsize + i));
            bb1 = (int)(*(image_in1_b + j*xsize + i));
            rr2 = (int)(*(image_in2_r + j*xsize + i));
            gg2 = (int)(*(image_in2_g + j*xsize + i));
            bb2 = (int)(*(image_in2_b + j*xsize + i));
            kk = (long)(*(image_key + j*xsize + i));
            if (kk == 255 || kk == 0) {            // 前景或背景
              *(image_out_r + j*xsize + i) = (BYTE)((rr1*kk+rr2*(255-kk))/255);
              *(image_out_g + j*xsize + i) = (BYTE)((gg1*kk+gg2*(255-kk))/255);
              *(image_out_b + j*xsize + i) = (BYTE)((bb1*kk+bb2*(255-kk))/255);
            }
            else {                                  //境界部
              *(image_out_r + j*xsize + i) = (BYTE)((gg1*kk+rr2*(255-kk))/255);
              *(image_out_g + j*xsize + i) = (BYTE)((gg1*kk+gg2*(255-kk))/255);
              *(image_out_b + j*xsize + i) = (BYTE)((gg1*kk+bb2*(255-kk))/255);
```

```
                }
            }
        }
}
```

11.5　对话框类源代码

List 11.5 和 List11.6 分别列出了图像合成对话框类的源文件 SynthDlg.cpp 和头文件 SynthDlg.h 的源代码。

List 11.5　SynthDlg.cpp

```
#include "stdafx.h"
#include "DIPAX.h"
#include "SynthDlg.h"
#include "afxdialogex.h"
//////////////////////////
#include "Global.h"
#include "BaseList.h"
///////////////////////////
#include "DIPADoc.h"
#include "DIPAView.h"
///////////////////////////

// CSynthDlg dialog

IMPLEMENT_DYNAMIC(CSynthDlg, CDialog)

CSynthDlg::CSynthDlg(CWnd* pParent /*=NULL*/)
    : CDialog(CSynthDlg::IDD, pParent)
{
    m_DispImage = -1;
    m_nHThd = -100;
    m_nSThdMin = -10;
    m_nSThdMax = 100;
    ////////////////////////////////////
    //初始化
    m_image_fr = NULL;
    m_image_fg = NULL;
    m_image_fb = NULL;

    m_image_ar = NULL;
    m_image_ag = NULL;
    m_image_ab = NULL;

    m_image_keyh = NULL;
    m_image_keys = NULL;

    m_bfRead = FALSE;
    m_baRead = FALSE;
```

```
    //保存表示画面具柄
    m_pParent = pParent;
}

CSynthDlg::~CSynthDlg()
{
}

void CSynthDlg::DoDataExchange(CDataExchange* pDX)
{
    CDialog::DoDataExchange(pDX);
    DDX_Radio(pDX, IDC_SYNTH_DISPLAY_F, m_DispImage);
    DDX_Text(pDX, IDC_SYNTH_H_THDH, m_nHThd);
    DDX_Text(pDX, IDC_SYNTH_S_THDH_MIN, m_nSThdMin);
    DDX_Text(pDX, IDC_SYNTH_S_THDH_MAX, m_nSThdMax);
}

BEGIN_MESSAGE_MAP(CSynthDlg, CDialog)
    ON_BN_CLICKED(IDC_COLOR_READ_AFTER, &CSynthDlg::OnClickedColorReadAfter)
    ON_BN_CLICKED(IDC_COLOR_READ_FIRST, &CSynthDlg::OnClickedColorReadFirst)
    ON_BN_CLICKED(IDC_SYNTH_DISPLAY_F, &CSynthDlg::OnClickedSynthDisplayF)
    ON_BN_CLICKED(IDC_SYNTH_DISPLAY_A, &CSynthDlg::OnBnClickedSynthDisplayA)
    ON_BN_CLICKED(IDC_SYNTH_SYNTHS, &CSynthDlg::OnBnClickedSynthSynths)
    ON_BN_CLICKED(IDC_SYNTH_SSYNTHS, &CSynthDlg::OnBnClickedSynthSsynths)
    ON_BN_CLICKED(IDC_SYNTH_KH, &CSynthDlg::OnBnClickedSynthKh)
    ON_BN_CLICKED(IDC_SYNTH_SYNTHH, &CSynthDlg::OnBnClickedSynthSynthh)
    ON_BN_CLICKED(IDC_SYNTH_KS, &CSynthDlg::OnBnClickedSynthKs)
    ON_BN_CLICKED(IDCANCEL, &CSynthDlg::OnBnClickedCancel)
END_MESSAGE_MAP()

// CSynthDlg message handlers

BOOL CSynthDlg::OnInitDialog()
{
    CDialog::OnInitDialog();

    // TODO:   Add extra initialization here

    return TRUE;   // return TRUE unless you set the focus to a control
    // EXCEPTION: OCX Property Pages should return FALSE
}

void CSynthDlg::OnClickedColorReadAfter()
{
    // TODO: Add your control notification handler code here
    //读入背景位图文件
    ::Load_imagefile_bmp();

    //获得背景文件名
    char cPath[256];
```

```
::GetImageFileName(cPath);
m_sFilePatha = cPath;

//获得图像大小
m_xsizea = ::GetXSize();
m_ysizea = ::GetYSize();

//设定图像窗口大小
((CDIPAView*)m_pParent)->SetWindowSize(m_xsizea, m_ysizea);

//更新画面
m_pParent->Invalidate();

//判断图像格式
if( ::GetImageType() != 24)
{
	AfxMessageBox("请读入彩色图像。");
	return;
}

//消除老图像数据
if(m_image_ar)
{
	delete[] m_image_ar;
	m_image_ar = NULL;
}
if(m_image_ag)
{
	delete[] m_image_ag;
	m_image_ag = NULL;
}
if(m_image_ab)
{
	delete[] m_image_ab;
	m_image_ab = NULL;
}
if(m_image_keys)
{
	delete[] m_image_keys;
	m_image_keys = NULL;
}

//分配内存
m_image_ar = new BYTE[m_xsizea*m_ysizea];
m_image_ag = new BYTE[m_xsizea*m_ysizea];
m_image_ab = new BYTE[m_xsizea*m_ysizea];
m_image_keys = new BYTE[m_xsizea*m_ysizea];

//读入新图像数据
::ReadImageDataRGB(m_image_ar, m_image_ag, m_image_ab);
```

```
        //变更表示
        m_DispImage = 1;
        UpdateData(FALSE);

        // “背景图像”有效
        GetDlgItem(IDC_SYNTH_DISPLAY_A)->EnableWindow(TRUE);

        m_baRead = TRUE;
        if(m_bfRead)
        {
            // “合成键”有效
            GetDlgItem(IDC_SYNTH_KH)->EnableWindow(TRUE);
            GetDlgItem(IDC_SYNTH_KS)->EnableWindow(TRUE);
        }
}

void CSynthDlg::OnClickedColorReadFirst()
{
        // TODO: Add your control notification handler code here
        //读入前景位图文件
        ::Load_imagefile_bmp();

        //获得前景文件名
        char cPath[256];
        ::GetImageFileName(cPath);
        m_sFilePathf = cPath;

        //获得图像大小
        m_xsizef = ::GetXSize();
        m_ysizef = ::GetYSize();

        //设定图像窗口大小
        ((CDIPAView*)m_pParent)->SetWindowSize(m_xsizef, m_ysizef);
        //更新画面
        m_pParent->Invalidate();

        //判断图像格式
        if( ::GetImageType() != 24)
        {
            AfxMessageBox("请读入彩色图像。");
            return;
        }

        //消除老图像数据
        if(m_image_fr)
        {
            delete[] m_image_fr;
            m_image_fr = NULL;
        }
        if(m_image_fg)
        {
```

```
		delete[] m_image_fg;
		m_image_fg = NULL;
	}
	if(m_image_fb)
	{
		delete[] m_image_fb;
		m_image_fb = NULL;
	}
	if(m_image_keyh)
	{
		delete[] m_image_keyh;
		m_image_keyh = NULL;
	}

	//分配内存
	m_image_fr = new BYTE[m_xsizef*m_ysizef];
	m_image_fg = new BYTE[m_xsizef*m_ysizef];
	m_image_fb = new BYTE[m_xsizef*m_ysizef];
	m_image_keyh = new BYTE[m_xsizef*m_ysizef];
	//读入新图像数据
	::ReadImageDataRGB(m_image_fr, m_image_fg, m_image_fb);

	//变更表示
	m_DispImage = 0;
	UpdateData(FALSE);

	//"前景图像"有效
	GetDlgItem(IDC_SYNTH_DISPLAY_F)->EnableWindow(TRUE);

	m_bfRead = TRUE;
	if(m_baRead)
	{
		//"合成键"有效
		GetDlgItem(IDC_SYNTH_KH)->EnableWindow(TRUE);
		GetDlgItem(IDC_SYNTH_KS)->EnableWindow(TRUE);
	}
}

void CSynthDlg::OnClickedSynthDisplayF()
{
	// TODO: Add your control notification handler code here
	//读入前景位图文件
	::Load_original_image(m_sFilePathf);

	//获得图像大小
	m_xsizef = ::GetXSize();
	m_ysizef = ::GetYSize();

	//设定图像窗口大小
	((CDIPAView*)m_pParent)->SetWindowSize(m_xsizef, m_ysizef);
	//更新画面
```

```
    m_pParent->Invalidate();

    //消除老图像数据
    if(m_image_fr)
    {
        delete[] m_image_fr;
        m_image_fr = NULL;
    }
    if(m_image_fg)
    {
        delete[] m_image_fg;
        m_image_fg = NULL;
    }
    if(m_image_fb)
    {
        delete[] m_image_fb;
        m_image_fb = NULL;
    }

    //为新图像分配内存
    m_image_fr = new BYTE[m_xsizef*m_ysizef];
    m_image_fg = new BYTE[m_xsizef*m_ysizef];
    m_image_fb = new BYTE[m_xsizef*m_ysizef];
    //读入新图像数据
    ::ReadImageDataRGB(m_image_fr, m_image_fg, m_image_fb);
}

void CSynthDlg::OnBnClickedSynthDisplayA()
{
    //读入前景位图文件
    ::Load_original_image(m_sFilePatha);

    //获得图像大小
    m_xsizea = ::GetXSize();
    m_ysizea = ::GetYSize();

    //设定图像窗口大小
    ((CDIPAView*)m_pParent)->SetWindowSize(m_xsizea, m_ysizea);
    //更新画面
    m_pParent->Invalidate();

    //消除老图像数据
    if(m_image_ar)
    {
        delete[] m_image_ar;
        m_image_ar = NULL;
    }
    if(m_image_ag)
    {
        delete[] m_image_ag;
        m_image_ag = NULL;
```

```
    }
    if(m_image_ab)
    {
        delete[] m_image_ab;
        m_image_ab = NULL;
    }

    //为新图像分配内存
    m_image_ar = new BYTE[m_xsizea*m_ysizea];
    m_image_ag = new BYTE[m_xsizea*m_ysizea];
    m_image_ab = new BYTE[m_xsizea*m_ysizea];
    //读入新图像数据
    ::ReadImageDataRGB(m_image_ar, m_image_ag, m_image_ab);
}

void CSynthDlg::OnBnClickedSynthSynths()
{
    //////////////////////////////
    BYTE *image_out_r;
    BYTE *image_out_g;
    BYTE *image_out_b;

    if(m_xsizef != m_xsizea || m_ysizea != m_ysizea)
    {
        AfxMessageBox("请读入两幅大小相同的图像。");
        return;
    }

    int xsize = m_xsizef;
    int ysize = m_ysizef;
    image_out_r = new BYTE[xsize*ysize];
    image_out_g = new BYTE[xsize*ysize];
    image_out_b = new BYTE[xsize*ysize];

    // 图像合成
    ::Synth(m_image_fr, m_image_fg, m_image_fb, m_image_ar, m_image_ag, m_image_ab,
        image_out_r, image_out_g, image_out_b, m_image_keys, xsize, ysize);

    //表示变换后图像
    ::Disp_imageRGB( image_out_r, image_out_g, image_out_b);

    //更新画面
    m_pParent->Invalidate();

    //释放内存
    delete [] image_out_r;
    delete [] image_out_g;
    delete [] image_out_b;
}

void CSynthDlg::OnBnClickedSynthSsynths()
```

```
{
    BYTE *image_out_r;
    BYTE *image_out_g;
    BYTE *image_out_b;

    if(m_xsizef != m_xsizea || m_ysizea != m_ysizea)
    {
        AfxMessageBox("请读入两幅大小相同的图像。");
        return;
    }

    int xsize = m_xsizef;
    int ysize = m_ysizef;
    image_out_r = new BYTE[xsize*ysize];
    image_out_g = new BYTE[xsize*ysize];
    image_out_b = new BYTE[xsize*ysize];

    // 图像合成（消除境界线）
    ::S_synth(m_image_fr, m_image_fg, m_image_fb, m_image_ar, m_image_ag, m_image_ab,
        image_out_r, image_out_g, image_out_b, m_image_keys, xsize, ysize);

    //表示变换后图像
    ::Disp_imageRGB( image_out_r, image_out_g, image_out_b);

    //更新画面
    m_pParent->Invalidate();

    //释放内存
    delete [] image_out_r;
    delete [] image_out_g;
    delete [] image_out_b;
}

void CSynthDlg::OnBnClickedSynthKh()
{
    UpdateData(TRUE);
    if(m_xsizef != m_xsizea || m_ysizea != m_ysizea)
    {
        AfxMessageBox("请读入两幅大小相同的图像。");
        return;
    }

    //生成硬合成键
    ::Hard_key(m_image_fr, m_image_fg, m_image_fb,
      m_image_keyh, m_xsizef, m_ysizef, m_nHThd);

    GetDlgItem(IDC_SYNTH_SYNTHH)->EnableWindow(TRUE);

    //表示合成键图像
    ::Disp_image(m_image_keyh);
```

```
        //更新画面
        m_pParent->Invalidate();
}

void CSynthDlg::OnBnClickedSynthSynthh()
{
        ////////////////////////////////////////////////////
        BYTE *image_out_r;
        BYTE *image_out_g;
        BYTE *image_out_b;

        if(m_xsizef != m_xsizea || m_ysizea != m_ysizea)
        {
                AfxMessageBox("请读入两幅大小相同的图像。");
                return;
        }

        int xsize = m_xsizef;
        int ysize = m_ysizef;
        image_out_r = new BYTE[xsize*ysize];
        image_out_g = new BYTE[xsize*ysize];
        image_out_b = new BYTE[xsize*ysize];

        // 图像硬合成
        ::Synth(m_image_fr, m_image_fg, m_image_fb, m_image_ar, m_image_ag, m_image_ab,
                image_out_r, image_out_g, image_out_b, m_image_keyh, xsize, ysize);

        //表示变换后图像
        ::Disp_imageRGB( image_out_r, image_out_g, image_out_b);

        //更新画面
        m_pParent->Invalidate();

        //释放内存
        delete [] image_out_r;
        delete [] image_out_g;
        delete [] image_out_b;
}

void CSynthDlg::OnBnClickedSynthKs()
{
        UpdateData(TRUE);

        if(m_xsizef != m_xsizea || m_ysizea != m_ysizea)
        {
                AfxMessageBox("请读入两幅大小相同的图像。");
                return;
        }

        //生成软合成键
```

```
    ::Soft_key(m_image_fr, m_image_fg, m_image_fb,
      m_image_keys, m_xsizef, m_ysizef, m_nSThdMax, m_nSThdMin);

    GetDlgItem(IDC_SYNTH_SYNTHS)->EnableWindow(TRUE);
    GetDlgItem(IDC_SYNTH_SSYNTHS)->EnableWindow(TRUE);

    //表示合成键图像
    ::Disp_image(m_image_keys);

    //更新画面
    m_pParent->Invalidate();
}

void CSynthDlg::OnBnClickedCancel()
{
    // TODO: Add your control notification handler code here
    CDialog::OnCancel();
}

void CSynthDlg::PostNcDestroy()
{
    if(m_image_fr)
    {
        delete[] m_image_fr;
    }
    if(m_image_fg)
    {
        delete[] m_image_fg;
    }
    if(m_image_fb)
    {
        delete[] m_image_fb;
    }
    if(m_image_ar)
    {
        delete[] m_image_ar;
    }
    if(m_image_ag)
    {
        delete[] m_image_ag;
    }
    if(m_image_ab)
    {
        delete[] m_image_ab;
    }

    CDialog::PostNcDestroy();
}
```

List 11.6 SynthDlg.h

```
#pragma once
```

```
// CSynthDlg dialog

class CSynthDlg : public CDialog
{
	DECLARE_DYNAMIC(CSynthDlg)

public:
	CSynthDlg(CWnd* pParent = NULL);   // standard constructor
	virtual ~CSynthDlg();

// Dialog Data
	enum { IDD = IDD_COLOR_SYNTH_DIALOG };

protected:
	virtual void DoDataExchange(CDataExchange* pDX);    // DDX/DDV support

	DECLARE_MESSAGE_MAP()
public:
	int m_DispImage;
	int m_nHThd;
	int m_nSThdMin;
	int m_nSThdMax;
	//亲窗口具柄
	CWnd* m_pParent;

	//前景图像指针
	BYTE *m_image_fr;
	BYTE *m_image_fg;
	BYTE *m_image_fb;

	//背景图像指针
	BYTE *m_image_ar;
	BYTE *m_image_ag;
	BYTE *m_image_ab;

	//合成键
	BYTE *m_image_keyh;
	BYTE *m_image_keys;

	//前景图像大小
	int m_xsizef;
	int m_ysizef;

	//背景图像大小
	int m_xsizea;
	int m_ysizea;

	BOOL m_bfRead;
	BOOL m_baRead;
```

```
    //前景图像文件路径
    CString m_sFilePathf;

    //背景图像文件路径
    CString m_sFilePatha;
    ////////////////////////////////////
    virtual BOOL OnInitDialog();
    afx_msg void OnClickedColorReadAfter();
    afx_msg void OnClickedColorReadFirst();
    afx_msg void OnClickedSynthDisplayF();
    afx_msg void OnBnClickedSynthDisplayA();
    afx_msg void OnBnClickedSynthSynths();
    afx_msg void OnBnClickedSynthSsynths();
    afx_msg void OnBnClickedSynthKh();
    afx_msg void OnBnClickedSynthSynthh();
    afx_msg void OnBnClickedSynthKs();
    afx_msg void OnBnClickedCancel();
    virtual void PostNcDestroy();
};
```

第 12 章

几何变换

12.1 基本概念

本章以灰度图像为对象进行处理。几何变换中有放大缩小（dilation）、平移（translation）、旋转（rotation）等几种处理方式。以图像的中心为原点进行几何变换。

12.1.1 放大缩小

图像中某一点(x, y)经过放大缩小后其位置变为(X, Y)，则两者之间有如下关系：

$$\begin{aligned} X &= ax \\ Y &= by \end{aligned} \tag{12.1}$$

式中，a、b 分别是 x 方向、y 方向的放大率。a、b 比 1 大时放大，比 1 小时缩小。对于所有的像素点(x, y)进行计算，把输入图像上的点(x, y)的灰度值代入输出图像上的点(X, Y)处，就可以把图像放大或缩小了。这个处理的程序见 List 12.1

使用这个程序把图像缩小 1/2 的例子（a=b=1/2 时）和放大 2 倍的例子（a=b=2 时）分别被表示在图 12.1（b）和图 12.1（c）。

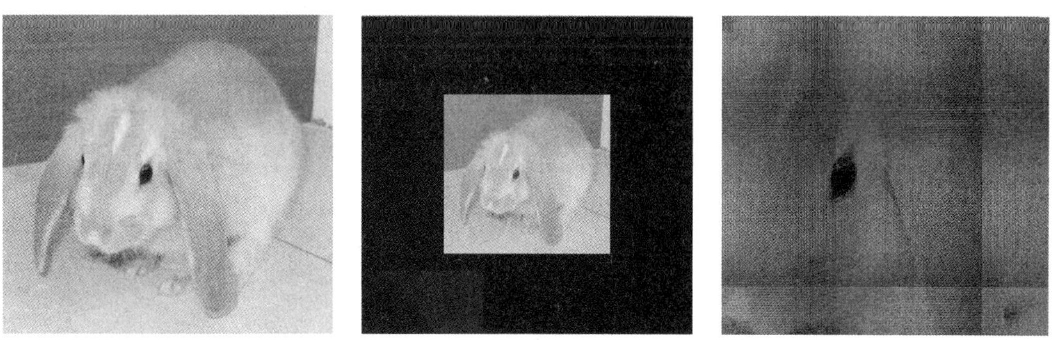

(a) 原始图像　　(b) 1/2 缩小　　(c) 2 倍放大

图 12.1　List12.1 的处理例

以上做法是以输入图像为基准来查找输出图像上的对应点，在放大时出现了输出图像上的一些位置没有对应像素值的情况。如果以输出图像为基准，对于输出图像上的每个像素查找其在输入图像上的对应像素，就可以避免上述现象。为此，可以考虑式（12.1）的逆运算，即：

$$x = X / a$$
$$y = Y / b \qquad (12.2)$$

如果对输出图像上的所有像素(X, Y)用式（12.2）进行计算，求出对应的输入图像上的像素(x, y)，写入这个像素的灰度值的话，图 12.1（c）所示的现象就不会产生了。以这种方式进行放大缩小的程序被表示在 List 12.2，所进行的缩小 1/2 和放大 2 倍的例子显示在图 12.2 中。

(a) 缩小 1/2　　(b) 放大 2 倍　　(c) 图像中心部分放大

图 12.2　放大缩小处理例（最近邻点法）

式（12.2）进行的是实数运算，x 和 y 包括小数位。然而，输入图像的像素地址必须是整数，最简单的方法就是四舍五入取整方法。在 List 12.2 中，对所计算的地址加上 0.5，以便对式（12.2）的计算结果进行四舍五入处理。这种方法被称为最近邻点法（nearest neighbor approach），也被称为零阶内插（zero-order interpolation）。从图 12.2（c）可以看出，图像呈现马赛克状（mosaic），放大率越大，这种现象将越明显。

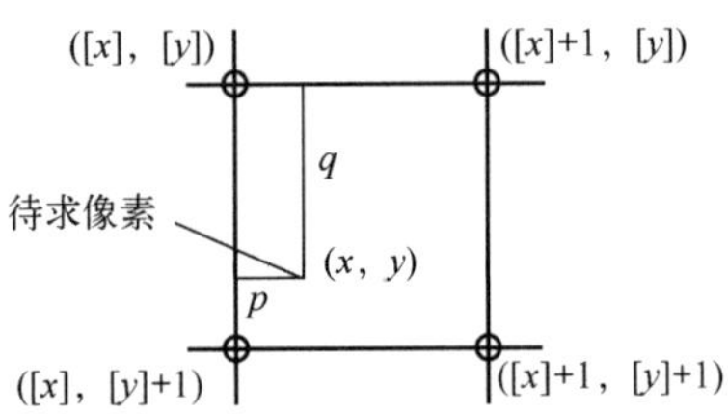

其中[x]、[y]分别是不超过x、y的整数

图 12.3　双线性内插法

为了提高精度，可以采用被称为双线性内插法（bilinear interpolation approach）的方法。这种方法是当所求的地址不在方格上时，求到相邻的 4 个方格上点的距离之比，用这个比率和 4 邻点（four nearest neighbors）像素的灰度值进行灰度内插，参看图 12.3。

这个灰度值的计算公式如下：

$$\begin{aligned} d(x,y) = &(1-q)\{(1-p)d([x],[y]) + pd([x]+1,[y])\} \\ &+ q\{(1-p)d([x],[y]+1) + pd([x]+1,[y]+1)\} \end{aligned} \qquad (12.3)$$

式中，$d(x, y)$表示坐标(x, y)处的灰度值；$[x]$和$[y]$分别是不超过 x 和 y 的整数值。实现这个方法的程序见 List 12.3。用双线性内插法处理的例子如图 12.4 所示。图 12.4（c）的放大图也没有呈现马赛克状，而显现出很平滑的状态。

这种双线性内插法不仅可采用上述的 4 邻点，也可采用 8 邻点、16 邻点、24 邻点进行高次内插，在此不作具体说明，感兴趣的读者可参阅其他文献。此外，为了精确地进行缩小，还需要进行一些前置滤波处理，在这里不做更详细的解释。

12.1.2　平移

如图 12.5 所示，为了使图像分别沿 x 坐标和 y 坐标向右下平移 x_0 和 y_0，需要采用如下的平移变换公式：

$$
\begin{aligned}
X &= x + y_0 \\
Y &= y + y_0
\end{aligned}
\qquad (12.4)
$$

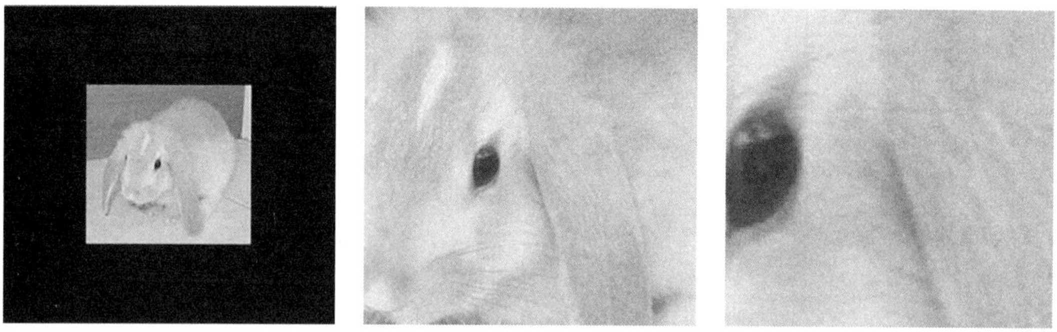

(a) 缩小 1/2　　(b) 放大 2 倍　　(c) 图像中心部分放大

图 12.4　放大缩小处理例（双线性内插法）

逆变换公式如下所示：

$$
\begin{aligned}
x &= X - x_0 \\
y &= Y - y_0
\end{aligned}
\qquad (12.5)
$$

实现这个平移变换的程序见 List 12.4，处理例显示在图 12.6。List 12.4 中采用的是双线性内插法，所以能够以亚像素精度实现图像平移。

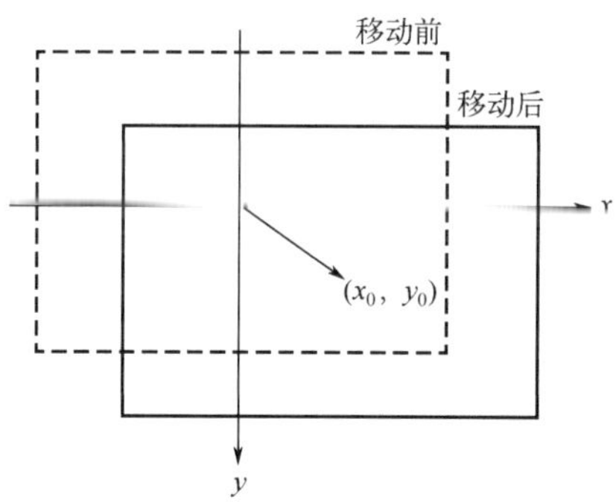

图 12.5　平移

图 12.6　平移的处理例

12.1.3　旋转

如图 12.7 所示，使图像逆时针旋转 θ 需要如下的变换公式：

$$
\begin{aligned}
X &= x\cos\theta + y\sin\theta \\
Y &= -x\sin\theta + y\cos\theta
\end{aligned}
\qquad (12.6)
$$

逆变换公式如下所示：

$$
\begin{aligned}
x &= X\cos\theta - Y\sin\theta \\
y &= X\sin\theta + Y\cos\theta
\end{aligned}
\qquad (12.7)
$$

实现这个旋转变换（rotation transform）的程序见 List 12.5，处理例显示在图 12.8。

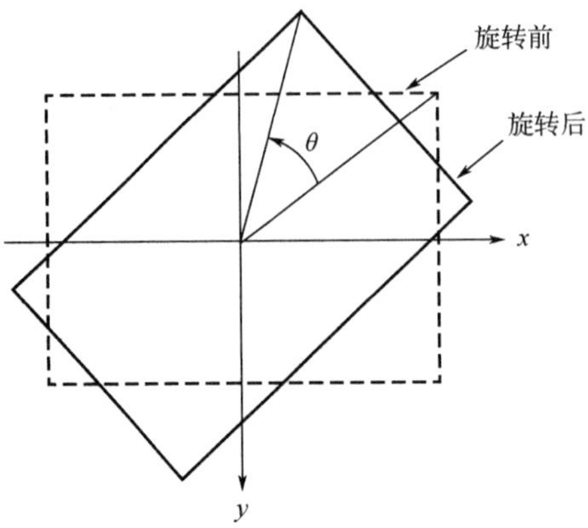

图 12.7　旋转

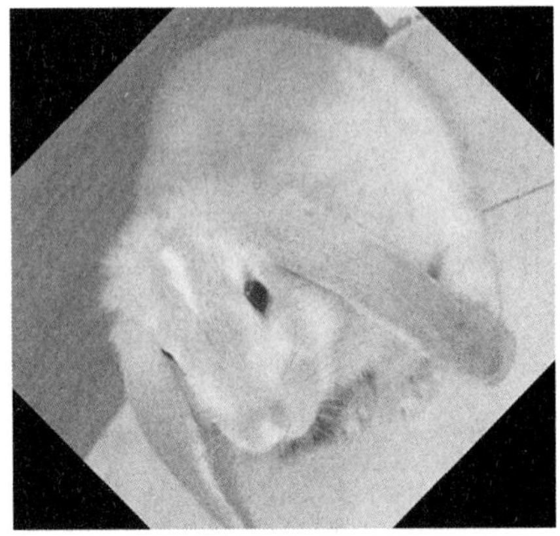

图 12.8　旋转的处理例

12.1.4　仿射变换

组合上述的放大缩小、平移、旋转，可以实现各种各样的变形。到目前为止，所说明的方法都是以原点为中心进行的变形，而以任意点为中心旋转、放大缩小也是可能的。例如，以(x_0, y_0)为中心旋转，如图 12.9 所示，首先平移$(-x_0, -y_0)$，使(x_0, y_0)回到原点后，旋转 θ 角，最后再平移(x_0, y_0)就可以了。用以下的子程序就能够实现。

```
Shift(image_in, image_out, xsize, ysize, -x0, -y0);
Rotation(image_out, image_in, xsize, ysize, θ);
Shift(image_in, image_out, xsize, ysize, x0, y0);
```

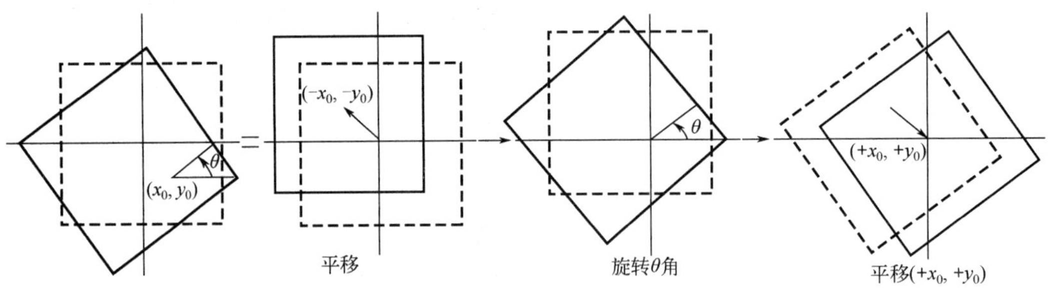

图 12.9　以(x_0, y_0)为中心旋转

用这种方法，在处理过程中，为了计算像素的灰度值，需要不断地计算地址和存取像素，所以要耗费许多时间。为了节省时间，可以用下式先集中计算地址：

$$\begin{aligned} X &= (x - x_0)\cos\theta + (y - y_0)\sin\theta + x_0 \\ Y &= -(x - x_0)\sin\theta + (y - y_0)\cos\theta + y_0 \end{aligned} \qquad (12.8)$$

逆变换公式如下所示：

$$\begin{aligned} x &= (X - x_0)\cos\theta - (Y - y_0)\sin\theta + x_0 \\ y &= (X - x_0)\sin\theta + (Y - y_0)\cos\theta + y_0 \end{aligned} \qquad (12.9)$$

集中计算完地址后，读取一次像素，即可计算出变换结果的灰度值。一次完成放大缩小、平移、旋转等复杂变换的程序见 List 12.6。

这种几何变换被称为二维仿射变换（two dimensional affine transformation）。二维仿射变换的一般表示公式如下：

$$X = ax + by + c \\ Y = dx + ey + f \tag{12.10}$$

逆变换公式如下：

$$x = AX + BY + C \\ y = DX + EY + F \tag{12.11}$$

虽然参数不同，但形式相同。前面所说明的放大缩小公式式(12.2)、平移公式式(12.4)和式（12.5）、旋转公式式（12.6）和式（12.7）都包含在式（12.10）和式（12.11）中。

12.1.5　透视变换

如图 12.10 所示，从一点（视点）观看一个物体时，物体在成像平面上的投影图像就是透视变换图像。这种透视变换用以下公式来表达：

$$X = (ax + by + c)/(px + qy + r) \\ Y = (dx + ey + f)/(px + qy + r) \tag{12.12}$$

逆变换公式如下所示：

$$x = (AX + BY + C)/(PX + QY + R) \\ y = (DX + EY + F)/(PX + QY + R) \tag{12.13}$$

正逆变换的形式相同。在此，a、b、c 与 A、B、C 等是变换系数，决定于视点的位置、成像平面的位置，以及物体的大小。这些系数用齐次坐标（homogeneous coordinate）的矩阵形式运算可以简单地求出。实现透视变换的程序见 List 12.7，处理示例被显示在图 12.11。

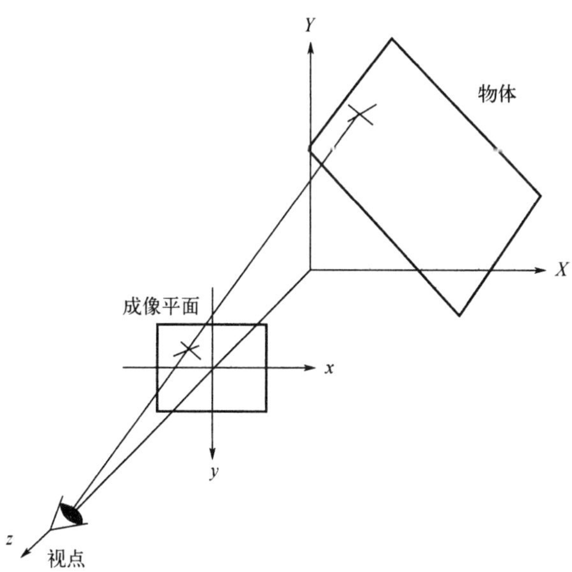

图 12.10　透视变换

图 12.11　透视变换的处理例

12.2 对话框功能说明

图 12.12 显示了几何变换的对话框。

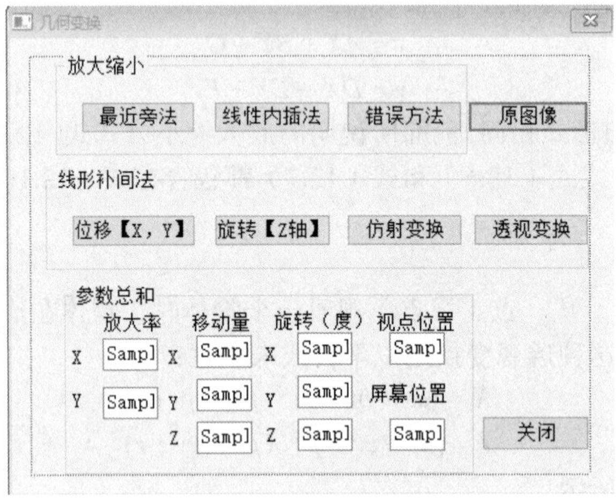

图 12.12　几何变换对话框

（1）基本功能概述

几何变换对话框 DistortionDlg 提供了对图像进行多种几何变换的功能，包括放大缩小、位移、旋转、仿射变换和透视变换等。用户可以通过选择不同的变换方式和设置相应的参数来实现对图像的几何变换。

（2）按钮功能介绍

① 放大缩小。

功能：静态文本，标识接下来的按钮用于图像的放大和缩小操作。

② 最近旁法。

功能：使用最近邻插值算法对图像进行放大或缩小操作。

③ 线性内插法。

功能：使用线性插值算法对图像进行放大或缩小操作。

④ 错误方法。

功能：使用一种错误的方法（示例中未详细说明具体算法）对图像进行放大或缩小操作，可能用于演示或对比不同算法的效果。

⑤ 原图像。

功能：显示原始图像，不进行任何几何变换。

⑥ 线形补间法。

功能：静态文本，标识接下来的按钮使用的变换方法基于线性插值。

⑦ 位移【X，Y】。

功能：对图像进行沿 X 轴和 Y 轴的位移操作。

⑧ 旋转【Z 轴】。

功能：对图像进行绕 *Z* 轴的旋转操作。

⑨ 仿射变换。

功能：对图像进行仿射变换，包括平移、旋转和缩放等操作。

⑩ 透视变换。

功能：对图像进行透视变换，模拟从不同视角观察图像的效果。

⑪ 参数总合。

功能：静态文本，标识接下来的编辑控件用于设置几何变换的参数。

⑫ 放大率。

功能：静态文本，标识接下来的编辑控件用于设置图像的放大率。

⑬ 移动量。

功能：静态文本，标识接下来的编辑控件用于设置图像的移动量。

⑭ 旋转（度）。

功能：静态文本，标识接下来的编辑控件用于设置图像的旋转角度。

⑮ 视点位置。

功能：静态文本，标识接下来的编辑控件用于设置透视变换中的视点位置。

⑯ X / Y / Z。

功能：静态文本，标识接下来的编辑控件分别用于设置沿 *X* 轴、*Y* 轴和 *Z* 轴的参数（如放大率、移动量等）。

⑰（编辑控件）。

功能：提供编辑控件供用户输入几何变换的具体参数，如放大率、移动量、旋转角度和视点位置等。

⑱ 关闭。

功能：关闭几何变换对话框。

（3）使用流程

① 读入灰度图像。

② 打开几何变换对话框。

③ 根据需要选择不同几何变换操作。需要注意的是，进行透视变换时，如果设定参数不合适，变换后图像可能会看不到（超出了屏幕），可以改变设定参数，重新执行变换。

④ 完成几何变换操作后，点击“关闭”，关闭对话框。

12.3　对话框功能实现

在 DIPAX 工程上依次进行以下各步操作.

① 添加菜单：几何变换(G)，ID_GEO_TRANS。参考 2.1.3 添加菜单。

② 添加菜单函数：void OnGeoTrans()。参考 2.1.4 添加菜单函数。

③ 添加对话框：IDD_DISTORTION_DIALOG。参考 2.1.5 添加对话框。

④ 添加对话框类：CDistortionDlg。参考 2.1.6 添加对话框类。

⑤ 菜单与对话框连接。参考 2.1.7 菜单与对话框连接（模式）。操作步骤如下所述。

a. 在 DIPAXView.cpp 文件的上方添加直方图对话框头文件：#include "DistortionDlg.h"。

b. 编辑菜单函数，在 List 3.3 DIPAXView.cpp 中找到 void CDIPAXView:: OnGeoTrans() 函数，在添加的函数里输入函数内容。

⑥ 添加对话框功能。

表 12.1 给出了图 12.12 所示图像合成功能界面的名称、ID、参数、函数及功能（属性）说明。可以参考 2.1.8 小节和 2.1.9 小节，完成这些内容的添加。

表 12.1 对话框功能内容

序号	名称（属性）	ID	参数、函数、功能（属性）
1	放大缩小	IDC_STATIC	静态文字
2	最近旁法	IDC_DISTORTION_SCALE_NEAR	void OnClickedDistortionScaleNear()
3	线性内插法	IDC_DISTORTION_SCALE	void OnClickedDistortionScale()
4	错误方法	IDC_DISTORTION_SCALE_ERROR	void OnClickedDistortionScaleError()
5	原图像	IDC_DISTORTION_ORIGIN	void OnClickedDistortionOrigin()
6	线性补间法	IDC_STATIC	静态文字
7	位移【X，Y】	IDC_DISTORTION_SHIFT	void OnClickedDistortionShift()
8	旋转【Z 轴】	IDC_DISTORTION_ROTATION	void OnClickedDistortionRotation()
9	仿射变换	IDC_DISTORTION_AFFINE	void OnClickedDistortionAffine()
10	透视变换	IDC_DISTORTION_PERSPECTIVE	void OnClickedDistortionPerspective()
11	参数总和	IDC_STATIC	静态文字
12	放大率	IDC_STATIC	静态文字
13	移动量	IDC_STATIC	静态文字
14	旋转（度）	IDC_STATIC	静态文字
15	视点位置	IDC_STATIC	静态文字
16	X	IDC_STATIC	静态文字
17	（编辑控件）	IDC_DISTORTION_RATE_X	float m_fzx
18	X	IDC_STATIC	静态文字
19	（编辑控件）	IDC_DISTORTION_SHIFT_X	float m_fsx
20	X	IDC_STATIC	静态文字
21	（编辑控件）	IDC_DISTORTION_TURN_X	float m_ftx
22	（编辑控件）	IDC_DISTORTION_POSITION_V	float m_fpv
23	Y	IDC_STATIC	静态文字
24	（编辑控件）	IDC_DISTORTION_RATE_Y	float m_fzy
25	Y	IDC_STATIC	静态文字
26	（编辑控件）	IDC_DISTORTION_SHIFT_Y	float m_fsy
27	Y	IDC_STATIC	静态文字
28	（编辑控件）	IDC_DISTORTION_TURN_Y	float m_fty

续表

序号	名称（属性）	ID	参数、函数、功能（属性）
29	屏幕位置	IDC_STATIC	静态文字
30	Z	IDC_STATIC	静态文字
31	（编辑控件）	IDC_DISTORTION_SHIFT_Z	float m_fsz
32	Z	IDC_STATIC	静态文字
33	（编辑控件）	IDC_DISTORTION_TURN_Z	float m_ftz
34	（编辑控件）	IDC_DISTORTION_POSITION_S	m_fps
35	关闭	IDCANCEL	void OnBnClickedCancel()

表 12.1 中的序号是从左到右、从上到下排序。没有名称的序号，在括号中说明了其性质。

⑦ 添加初始化函数 OnInitDialog()。参考 2.1.10 小节。

⑧ 添加后处理函数 PostNcDestroy()。添加方法与初始化函数 OnInitDialog()相同，参考 2.1.10 小节。

几何变换对话框类的源代码显示在 List 12.8 和 List 12.9 中，完成上述添加后，参考 List 12.8 和 List 12.9 完成各个函数内容的填写，然后编译运行，结果如图 12.13 所示。

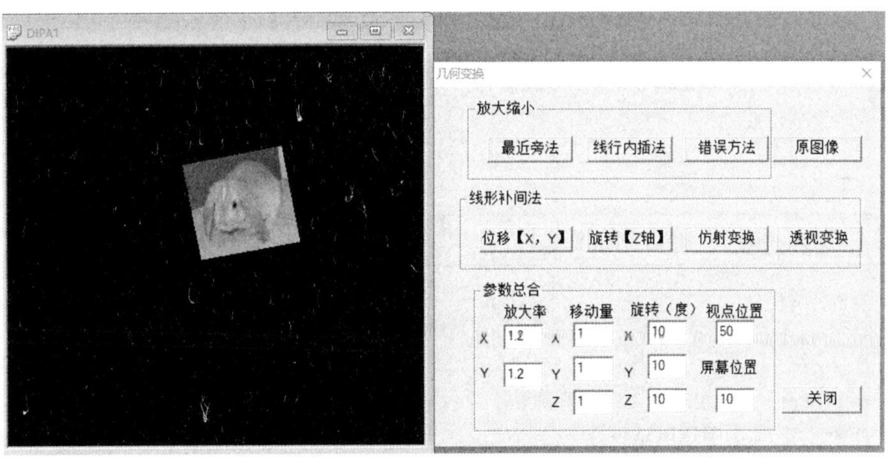

图 12.13　几何变换编译运行结果（执行透视变换）

12.4　C 语言函数源代码

本节包含以下 C 语言函数源代码：List 12.1 放大缩小（不正确的作法），List 12.2 放大缩小（最近邻点法），List 12.3 放大缩小（双线性内插法），List 12.4 平移（双线性内插法），List 12.5 旋转（双线性内插法），List 12.6 放大缩小、旋转、平移（双线性内插法），List 12.7 透视变换（双线性内插法）。完成本章处理内容，需要将这些函数输入（导入）DIPAX 工程（参考 3.3 节）。

List 12.1 放大缩小（不正确的做法）

```
#include "StdAfx.h"
#include "BaseList.h"

/*--- Scale_NG --- 错误的放大缩小法---------------------
     image_in:  输入图像数据指针
     image_out: 输出图像数据指针
    xsize:      图像宽度
    ysize:      图像高度
     zx:        横向缩放率
     zy:        纵向缩放率
---------------------------------------------------------------------------*/
void Scale_NG(BYTE *image_in, BYTE *image_out, int xsize, int ysize, float zx, float zy)
{
     int    i, j, m, n;
     int    xs = xsize/2;
     int    ys = ysize/2;

     for (j = -ys; j < ys; j++) {
          for (i = -xs; i < xs; i++) {
               m = (int)(zy * j);
               n = (int)(zx * i);
               if ( (m >= -ys) && (m < ys) && (n >= -xs) && (n < xs) )
                    *(image_out + (m+ys)*xsize + n+xs) =
                    *(image_in + (j+ys)*xsize + i+xs);
          }
     }
}
```

List 12.2 放大缩小（最近邻点法）

```
#include "StdAfx.h"
#include "BaseList.h"

/*--- Scale_near --- 放大缩小（最近邻点法）------------------------------------
     image_in:  输入图像数据指针
     image_out: 输出图像数据指针
    xsize:      图像宽度
    ysize:      图像高度
     zx:        横向缩放率
     zy:        纵向缩放率
---------------------------------------------------------------------------*/
void Scale_near(BYTE *image_in, BYTE *image_out, int xsize, int ysize, float zx, float zy)
{
     int    i, j, m, n;
     int    xs = xsize/2;
     int    ys = ysize/2;

     for (j = 0; j < ysize; j++) {
          for (i = 0; i < xsize; i++){
```

```
                    *(image_out + j*xsize + i) = 0;
            }
    }

    for (j = -ys; j < ys; j++) {
            for (i = -xs;i < xs; i++) {
                    if (j > 0) m = (int)(j/zy + 0.5);
                    else m = (int)(j/zy - 0.5);
                    if (i > 0) n = (int)(i/zx + 0.5);
                    else n = (int)(i/zx - 0.5);
                    if ( (m >= -ys) && (m < ys) && (n >= -xs) && (n < xs) )
                            *(image_out + (j+ys)*xsize + i+xs) =
                            *(image_in + (m+ys)*xsize + n+xs);
                    else
                            *(image_out + (j+ys)*xsize + i+xs) = 0;
            }
    }
}
```

List 12.3　放大缩小（双线性内插法）

```
#include "StdAfx.h"
#include "BaseList.h"

/*--- Scale --- 放大缩小（双线性内插法）----------------------------------------
    image_in:  输入图像数据指针
    image_out: 输出图像数据指针
   xsize:      图像宽度
   ysize:      图像高度
    zx:        横向缩放率
    zy:        纵向缩放率
-------------------------------------------------------------------------*/
void Scale(BYTE *image_in, BYTE *image_out, int xsize, int ysize, float zx, float zy)
{
    int     i, j, m, n;
    float   x, y, p, q;
    int     xs = xsize/2;
    int     ys = ysize/2;
    int     d;

    for (j = 0; j < ysize; j++) {
            for (i = 0; i < xsize; i++){
                    *(image_out + j*xsize + i) = 0;
            }
    }

    for (j = -ys; j< ys; j++) {
            for (i = -xs; i< xs; i++) {
                    y = j/zy;
                    x = i/zx;
                    if (y > 0) m = (int)y;
                    else m = (int)(y-1);
```

```
            if (x > 0) n = (int)x;
            else n = (int)(x-1);
            q = y - m;
            p = x - n;
            if (q == 1) {q = 0; m = m + 1;}
            if (p == 1) {p = 0; n = n + 1;}
            if ( (m >= -ys) && (m < ys) && (n >= -xs) && (n < xs) )
                d = (int)((1.0-q)*((1.0-p)*(*(image_in + (m +ys)*xsize + n + xs))
                                    + p*(*(image_in + (m +ys)*xsize + n + 1 +xs)))
                        + q*((1.0-p)*(*(image_in + (m+1+ys)*xsize + n +xs))
                                    + p*(*(image_in + (m+1+ys)*xsize + n + 1 +xs))));
            else
                d = 0;
            if (d <     0) d =     0;
            if (d > 255) d = 255;
            *(image_out + (j+ys)*xsize + i + xs) = d;
        }
    }
}
```

List 12.4 平移（双线性内插法）

```
#include "StdAfx.h"
#include "BaseList.h"

/*--- Shift --- 平移（双线性内插法）--------------------------------------
    image_in:  输入图像数据指针
    image_out: 输出图像数据指针
    xsize:     图像宽度
    ysize:     图像高度
    px:        横向移动量
    py:        纵向移动量
-------------------------------------------------------------------------*/
void Shift(BYTE *image_in, BYTE *image_out, int xsize, int ysize, float px, float py)
{
    int    i, j, m, n;
    float  x, y, p, q;
    int    xs = xsize/2;
    int    ys = ysize/2;
    int    d;

    for (j = -ys; j < ys; j++) {
        for (i = -xs; i < xs; i++) {
            y = j - py;
            x = i - px;
            if (y > 0) m = (int)y;
            else m = (int)(y-1);
            if (x > 0) n = (int)x;
            else n = (int)(x-1);
            q = y - m;
            p = x - n;
            if ( (m >= -ys) && (m < ys) && (n >= -xs) && (n < xs) )
```

```
                d = (int)((1.0-q)*((1.0-p)*(*(image_in + (m    +ys)*xsize + n    +xs))
                                                + p*(*(image_in + (m    +ys)*xsize + n+1+xs)))
                                      + q*((1.0-p)*(*(image_in + (m+1+ys)*xsize + n    +xs))
                                                + p*(*(image_in + (m+1+ys)*xsize + n+1+xs))));
            else
                d = 0;
            if (d <    0) d =    0;
            if (d > 255) d = 255;
            *(image_out + (j+ys)*xsize + i+xs) = d;
        }
    }
}
```

List 12.5　旋转（双线性内插法）

```
#include "StdAfx.h"
#include "BaseList.h"
#include  <math.h>

/*--- Rotation ---旋转（双线性内插法）------------------------------------------
    image_in:  输入图像数据指针
    image_out: 输出图像数据指针
    xsize:     图像宽度
    ysize:     图像高度
    deg:       回转角
---------------------------------------------------------------------------*/
void Rotation(BYTE *image_in, BYTE *image_out, int xsize, int ysize, float deg)
{
    int    i, j, m, n;
    float  x, y, p, q;
    double     r;
    float  c,s;
    int    xs = xsize/2;
    int    ys = ysize/2;
    int    d;

    r = deg*PI/180.0;
    c = (float)cos(r);
    s = (float)sin(r);
    for (j = -ys; j < ys; j++) {
        for (i = -xs; i < xs; i++) {
            y = i*s + j*c;
            x = i*c - j*s;
            if (y > 0) m = (int)y;
            else m = (int)(y-1);
            if (x > 0) n = (int)x;
            else n = (int)(x-1);
            q = y - m;
            p = x - n;
            if ( (m >= -ys) && (m < ys) && (n >= -xs) && (n < xs) )
                d = (int)((1.0-q)*((1.0-p)*(*(image_in + (m    +ys)*xsize + n    +xs))
                                                + p*(*(image_in + (m    +ys)*xsize + n+1+xs)))
```

```
                                    + q*((1.0-p)*(*(image_in + (m+1+ys)*xsize + n    +xs))
                                          + p*(*(image_in + (m+1+ys)*xsize + n+1+xs))));
                else
                    d = 0;
                if (d <     0) d =     0;
                if (d > 255) d = 255;
                *(image_out + (j+ys)*xsize + i+xs) = d;
            }
        }
}
```

List 12.6 放大缩小、旋转、平移（双线性内插法）

```
#include "StdAfx.h"
#include "BaseList.h"
#include    <math.h>

/*--- Affine --- 仿射变换（移动、旋转、放大缩小）------------------------------
    image_in:       输入图像数据指针
    image_out:      输出图像数据指针
    deg:            旋转角
    zx:             横向比例
    zy:             纵向比例
    px:             横向移动量
    py:             纵向移动量
--------------------------------------------------------------------------*/
void Affine(BYTE *image_in, BYTE *image_out, int xsize, int ysize, float deg,
            float zx, float zy, float px, float py)
{
    int    i, j, m, n;
    float  x, y, u, v, p, q;
    double     r;
    float  c, s;
    int    xs = xsize/2;
    int    ys = ysize/2;
    int    d;

    r = deg*PI/180.0;
    c = (float)cos(r);
    s = (float)sin(r);
    for (j = -ys; j < ys; j++) {
        for (i = -xs; i < xs; i++) {
            v = j - py;
            u = i - px;
            y = (u*s + v*c) / zy;
            x = (u*c - v*s) / zx;
            if (y > 0) m = (int)y;
            else m = (int)(y-1);
            if (x > 0) n = (int)x;
            else n = (int)(x-1);
            q = y - m;
            p = x - n;
```

```
                if ( (m >= -ys) && (m < ys) && (n >= -xs) && (n < xs) )
                    d = (int)((1.0-q)*((1.0-p)*(*(image_in + (m+ys)*xsize + n+xs))
                                                + p*(*(image_in + (m+ys)*xsize + n+1+xs)))
                                    + q*((1.0-p)*(*(image_in + (m+1+ys)*xsize + n+xs))
                                                + p*(*(image_in + (m+1+ys)*xsize + n+1+xs))));
                else
                    d = 0;
                if (d <     0) d =     0;
                if (d > 255) d = 255;
                *(image_out + (j+ys)*xsize + i+xs) = d;
            }
        }
}
```

List 12.7　透视变换（双线性内插法）

```
#include "StdAfx.h"
#include "BaseList.h"
#include    <math.h>

void param_pers(int xsize, int ysize, float k[9], float a, float b, float x0,
        float y0, float z0, float z, float x, float y, float t, float s);
void matrix(double l[4][4], double m[4][4], double n[4][4]);

/*--- Perspective ---  透视变换（双线性内插法）-------------------------------------
        image_in:           输入图像数据指针
        image_out:          输出图像数据指针
      xsize:                图像宽度
      ysize:                图像高度
        ax:                 放大率（横向）
        ay:                 放大率（纵向）
        px:                 移动量（x）
        py:                 移动量（y）
        pz:                 移动量（z）
        rz:                 回转角（z 轴）
        rx:                 回转角（x 轴）
        ry:                 回转角（y 轴）
        v:                  视点位置（z）
        s:                  屏幕位置（z）
-----------------------------------------------------------------------------*/
void Perspective(BYTE *image_in, BYTE *image_out, int xsize, int ysize, float ax, float ay,
        float px, float py, float pz, float rz,
        float rx, float ry, float v, float s)
{
        int     i, j, m, n;
        float  x, y, w, p, q;
        float  k[9];
        int     xs = xsize/2;
        int     ys = ysize/2;
        int         d;

        param_pers(xsize, ysize,k,ax,ay,px,py,pz,rz,rx,ry,v,s); //计算变换参数
```

```
    for (i = -ys; i < ys; i++) {
        for (j = -xs; j < xs; j++) {
            w = k[0]*j + k[1]*i + k[2];
            x = k[3]*j + k[4]*i + k[5];
            y = k[6]*j + k[7]*i + k[8];
            x = x/w;
            y = y/w;
            if (y > 0) m = (int)y;
            else m = (int)(y-1);
            if (x > 0) n = (int)x;
            else n = (int)(x-1);
            q = y - m;
            p = x - n;
            if ( (m >= -ys) && (m < ys) && (n >= -xs) && (n < xs) )
                d = (int)((1.0-q)*((1.0-p)*(*(image_in + (m +ys)*xsize + n + xs))
                                    + p*(*(image_in + (m +ys)*xsize + n+1+xs)))
                           + q*((1.0-p)*(*(image_in + (m+1+ys)*xsize + n +xs))
                                    + p*(*(image_in + (m+1+ys)*xsize + n+1+xs))));

            else
                d = 0;
            if (d <    0) d =    0;
            if (d > 255) d = 255;
            *(image_out + (i+ys)*xsize + j+xs) = d;
        }
    }
}

/*--- param_pers --- 计算透视变换的参数 ---------------------------------
    xsize:      图像宽度
    ysize:      图像高度
     k:         变换参数
     a:         放大率（x 方向）
     b:         放大率（y 方向）
     x0:        移动量（x 方向）
     y0:        移动量（y 方向）
     z0:        移动量（z 方向）
     z:         回转角（z 方向  度）
     x:         回转角（x 方向  度）
     y:         回转角（y 方向  度）
     v:         视点位置（z）
     s:         屏幕位置（z）

-----------------------------------------------------------------------------*/
void param_pers(int xsize, int ysize, float k[9], float a, float b, float x0,
    float y0, float z0, float z, float x, float y, float t, float s)
{
    double    l[4][4],m[4][4],n[4][4];
    float  k1,k2,k3,k4,k5,k6,k7,k8,k9;
    double    u,v,w;
    int    xs = xsize/2;
    int    ys = ysize/2;
```

```
u=x*PI/180.0;    v=y*PI/180.0;    w=z*PI/180.0;
l[0][0]= 1.0/xs;   l[0][1]= 0;          l[0][2]= 0;          l[0][3]= 0;
l[1][0]= 0;        l[1][1]= -1.0/xs;    l[1][2]= 0;          l[1][3]= 0;
l[2][0]= 0;        l[2][1]= 0;          l[2][2]= 1;          l[2][3]= 0;
l[3][0]= 0;        l[3][1]= 0;          l[3][2]= 0;          l[3][3]= 1;
m[0][0]= a;        m[0][1]= 0;          m[0][2]= 0;          m[0][3]= 0;
m[1][0]= 0;        m[1][1]= b;          m[1][2]= 0;          m[1][3]= 0;
m[2][0]= 0;        m[2][1]= 0;          m[2][2]= 1;          m[2][3]= 0;
m[3][0]= 0;        m[3][1]= 0;          m[3][2]= 0;          m[3][3]= 1;
matrix(l,m,n);    //正规化矩阵 乘 放大缩小矩阵
l[0][0]= 1;        l[0][1]= 0;          l[0][2]= 0;          l[0][3]= 0;
l[1][0]= 0;        l[1][1]= 1;          l[1][2]= 0;          l[1][3]= 0;
l[2][0]= 0;        l[2][1]= 0;          l[2][2]= 1;          l[2][3]= 0;
l[3][0]= x0;       l[3][1]= y0;         l[3][2]= z0;         l[3][3]= 1;
matrix(n,l,m);    //乘 移动矩阵
n[0][0]=  cos(w); n[0][1]= sin(w);     n[0][2]= 0;          n[0][3]= 0;
n[1][0]= -sin(w); n[1][1]= cos(w);     n[1][2]= 0;          n[1][3]= 0;
n[2][0]= 0;        n[2][1]= 0;          n[2][2]= 1;          n[2][3]= 0;
n[3][0]= 0;        n[3][1]= 0;          n[3][2]= 0;          n[3][3]= 1;
matrix(m,n,l);    // 乘 z 轴旋转矩阵
m[0][0]= 1;        m[0][1]= 0;          m[0][2]= 0;          m[0][3]= 0;
m[1][0]= 0;        m[1][1]= cos(u);     m[1][2]= sin(u);     m[1][3]= 0;
m[2][0]= 0;        m[2][1]= -sin(u);    m[2][2]= cos(u);     m[2][3]= 0;
m[3][0]= 0;        m[3][1]= 0;          m[3][2]= 0;          m[3][3]= 1;
matrix(l,m,n);    // 乘 x 轴旋转矩阵
l[0][0]= cos(v);   l[0][1]= 0;          l[0][2]= sin(v);     l[0][3]= 0;
l[1][0]= 0;        l[1][1]= 1;          l[1][2]= 0;          l[1][3]= 0;
l[2][0]= -sin(v);  l[2][1]= 0;          l[2][2]= cos(v);     l[2][3]= 0;
l[3][0]= 0;        l[3][1]= 0;          l[3][2]= 0;          l[3][3]= 1;
matrix(n,l,m);    //乘 y 轴旋转矩阵
n[0][0]= 1;        n[0][1]= 0;          n[0][2]= 0;          n[0][3]= 0;
n[1][0]= 0;        n[1][1]= 1;          n[1][2]= 0;          n[1][3]= 0;
n[2][0]= 0;        n[2][1]= 0;          n[2][2]= -1;         n[2][3]= 0;
n[3][0]= 0;        n[3][1]= 0;          n[3][2]= t;          n[3][3]= 1;
matrix(m,n,l);    // 乘 视点坐标变换矩阵
m[0][0]= 1;        m[0][1]= 0;          m[0][2]= 0;          m[0][3]= 0;
m[1][0]= 0;        m[1][1]= 1;          m[1][2]= 0;          m[1][3]= 0;
m[2][0]= 0;        m[2][1]= 0;          m[2][2]= 1/s;        m[2][3]= 1/s;
m[3][0]= 0;        m[3][1]= 0;          m[3][2]= -1;         m[3][3]= 0;
matrix(l,m,n);    // 乘 透视变换矩阵
l[0][0]= xs;       l[0][1]= 0;          l[0][2]= 0;          l[0][3]= 0;
l[1][0]= 0;        l[1][1]= -xs;        l[1][2]= 0;          l[1][3]= 0;
l[2][0]= 0;        l[2][1]= 0;          l[2][2]= 1;          l[2][3]= 0;
l[3][0]= 0;        l[3][1]= 0;          l[3][2]= 0;          l[3][3]= 1;
matrix(n,l,m);    // 乘 正规化逆矩阵
k1=(float)(m[0][3]);   k2=(float)(m[1][3]);   k3=(float)(m[3][3]);
k4=(float)(m[0][0]);   k5=(float)(m[1][0]);   k6=(float)(m[3][0]);
k7=(float)(m[0][1]);   k8=(float)(m[1][1]);   k9=(float)(m[3][1]);
k[0]=k7*k2-k8*k1; k[1]=k5*k1-k4*k2; k[2]=k4*k8-k7*k5;
k[3]=k8*k3-k9*k2; k[6]=k9*k1-k7*k3; k[4]=k6*k2-k5*k3;
```

```
        k[7]=k4*k3-k6*k1; k[5]=k5*k9-k8*k6; k[8]=k7*k6-k4*k9;
}

/*--- matrix --- 矩阵计算 ------------------------------------------
        l:      输入矩阵 1
        m:      输入矩阵 2
        n:      输出矩阵
--------------------------------------------------------------------*/
void matrix(double l[4][4], double m[4][4], double n[4][4])
{
        int         i, j, k;
        double      p;

        for (i = 0; i < 4; i++) {
                for (j = 0; j < 4; j++) {
                        p = 0;
                        for (k = 0; k < 4; k++) p = p + l[i][k]*m[k][j];
                        n[i][j] = p;
                }
        }
}
```

12.5 对话框类源代码

List 12.8 和 List 12.9 分别列出了几何变换对话框类的源文件 DistortionDlg.cpp 和头文件 DistortionDlg.h 的源代码。

List 12.8 DistortionDlg.cpp

```
#include "stdafx.h"
#include "DIPAX.h"
#include "DistortionDlg.h"
#include "afxdialogex.h"
////////////////////////
#include "Global.h"
#include "BaseList.h"
///////////////////////

// CDistortionDlg dialog

IMPLEMENT_DYNAMIC(CDistortionDlg, CDialog)

CDistortionDlg::CDistortionDlg(CWnd* pParent /*=NULL*/)
        : CDialog(CDistortionDlg::IDD, pParent)
{
        m_fps = 10.0f;
        m_fpv = 50.0f;
        m_fzx = 1.2f;
        m_fzy = 1.2f;
        m_fsx = 1.0f;
```

```
        m_fsy = 1.0f;
        m_fsz = 1.0f;
        m_ftx = 10.0f;
        m_fty = 10.0f;
        m_ftz = 10.0f;
        m_pParent = pParent;
    }

    CDistortionDlg::~CDistortionDlg()
    {
    }

    void CDistortionDlg::DoDataExchange(CDataExchange* pDX)
    {
        CDialog::DoDataExchange(pDX);
        DDX_Text(pDX, IDC_DISTORTION_POSITION_S, m_fps);
        DDX_Text(pDX, IDC_DISTORTION_POSITION_V, m_fpv);
        DDX_Text(pDX, IDC_DISTORTION_RATE_X, m_fzx);
        DDX_Text(pDX, IDC_DISTORTION_RATE_Y, m_fzy);
        DDX_Text(pDX, IDC_DISTORTION_SHIFT_X, m_fsx);
        DDX_Text(pDX, IDC_DISTORTION_SHIFT_Y, m_fsy);
        DDX_Text(pDX, IDC_DISTORTION_SHIFT_Z, m_fsz);
        DDX_Text(pDX, IDC_DISTORTION_TURN_X, m_ftx);
        DDX_Text(pDX, IDC_DISTORTION_TURN_Y, m_fty);
        DDX_Text(pDX, IDC_DISTORTION_TURN_Z, m_ftz);
    }

    BEGIN_MESSAGE_MAP(CDistortionDlg, CDialog)
        ON_BN_CLICKED(IDC_DISTORTION_ROTATION, &CDistortionDlg::
OnClickedDistortionRotation)
        ON_BN_CLICKED(IDC_DISTORTION_SCALE, &CDistortionDlg::OnClickedDistortionScale)
        ON_BN_CLICKED(IDC_DISTORTION_SCALE_ERROR,
&CDistortionDlg::OnClickedDistortionScaleError)
        ON_BN_CLICKED(IDC_DISTORTION_SCALE_NEAR,
&CDistortionDlg::OnClickedDistortionScaleNear)
        ON_BN_CLICKED(IDC_DISTORTION_SHIFT, &CDistortionDlg::OnClickedDistortionShift)
        ON_BN_CLICKED(IDC_DISTORTION_AFFINE, &CDistortionDlg::OnClickedDistortionAffine)
        ON_BN_CLICKED(IDC_DISTORTION_ORIGIN, &CDistortionDlg::OnClickedDistortionOrigin)
        ON_BN_CLICKED(IDC_DISTORTION_PERSPECTIVE,
&CDistortionDlg::OnClickedDistortionPerspective)
        ON_BN_CLICKED(IDCANCEL, &CDistortionDlg::OnBnClickedCancel)
    END_MESSAGE_MAP()

    // CDistortionDlg message handlers
    BOOL CDistortionDlg::OnInitDialog()
    {
        CDialog::OnInitDialog();

        // TODO:   Add extra initialization here
        //获得图像大小
        m_xsize = ::GetXSize();
```

```
        m_ysize = ::GetYSize();

        //分配内存
        m_image_in = new BYTE[m_xsize*m_ysize];
        m_image_out = new BYTE[m_xsize*m_ysize];

        //读入图像数据
        ::ReadImageData(m_image_in);

        //获得读入图像的路径
        char cPath[256];
        ::GetImageFileName(cPath);
        m_sFilePath = cPath;
        return TRUE;   // return TRUE unless you set the focus to a control
        // EXCEPTION: OCX Property Pages should return FALSE
}

void CDistortionDlg::PostNcDestroy()
{
        // TODO: Add your specialized code here and/or call the base class
        // 释放内存
        delete [] m_image_in;
        delete [] m_image_out;

        CDialog::PostNcDestroy();
}

void CDistortionDlg::OnClickedDistortionRotation()
{
        // TODO: Add your control notification handler code here
        UpdateData(TRUE);

        //旋转（线性补间法）
        ::Rotation(m_image_in, m_image_out, m_xsize, m_ysize, m_ftz);

        //表示处理结果
        ::Disp_image(m_image_out);

        //更新画面
        m_pParent->Invalidate();
}

void CDistortionDlg::OnClickedDistortionScale()
{
        // TODO: Add your control notification handler code here
        UpdateData(TRUE);
        //放大、缩小（线性补间法）
        ::Scale(m_image_in, m_image_out, m_xsize, m_ysize, m_fzx, m_fzy);

        //表示处理结果
        ::Disp_image(m_image_out);
```

```
	//更新画面
	m_pParent->Invalidate();
}

void CDistortionDlg::OnClickedDistortionScaleError()
{
	// TODO: Add your control notification handler code here
	UpdateData(TRUE);
	//放大、缩小（错误方法）
	::Scale_NG(m_image_in, m_image_out, m_xsize, m_ysize, m_fzx, m_fzy);

	//表示处理结果
	::Disp_image(m_image_out);

	//更新画面
	m_pParent->Invalidate();
}

void CDistortionDlg::OnClickedDistortionScaleNear()
{
	// TODO: Add your control notification handler code here
	UpdateData(TRUE);
	//扩大、缩小（最近旁法）
	::Scale_near(m_image_in, m_image_out, m_xsize, m_ysize, m_fzx, m_fzy);

	//表示处理结果
	::Disp_image(m_image_out);

	//更新画面
	m_pParent->Invalidate();
}

void CDistortionDlg::OnClickedDistortionShift()
{
	// TODO: Add your control notification handler code here
	UpdateData(TRUE);

	//位移（线性补间法）
	::Shift(m_image_in, m_image_out, m_xsize, m_ysize, m_fsx, m_fsy);

	//表示处理结果
	::Disp_image(m_image_out);

	//更新画面
	m_pParent->Invalidate();
}

void CDistortionDlg::OnClickedDistortionAffine()
{
```

```
        // TODO: Add your control notification handler code here
        UpdateData(TRUE);

        //仿射变换（移动、旋转、放大缩小）
        ::Affine(m_image_in, m_image_out, m_xsize, m_ysize, m_ftz,
                    m_fzx, m_fzy, m_fsx, m_fsy);

        //表示处理结果
        ::Disp_image(m_image_out);

        //更新画面
        m_pParent->Invalidate();
}

void CDistortionDlg::OnClickedDistortionOrigin()
{
        // TODO: Add your control notification handler code here
        //读入原图像
        ::Load_original_image(m_sFilePath);

        //读取图像数据
        ::ReadImageData(m_image_in);

        //更新画面
        m_pParent->Invalidate();
}

void CDistortionDlg::OnClickedDistortionPerspective()
{
        // TODO: Add your control notification handler code here
        UpdateData(TRUE);

        //透视变换（线性补间法）
        ::Perspective(m_image_in, m_image_out, m_xsize, m_ysize, m_fzx, m_fzy,
        m_fsx, m_fsy, m_fsz, m_ftz,m_ftx, m_fty, m_fpv, m_fps);

        //表示处理结果
        ::Disp_image(m_image_out);

        //更新画面
        m_pParent->Invalidate();
}

void CDistortionDlg::OnBnClickedCancel()
{
        // TODO: Add your control notification handler code here
        CDialog::OnCancel();
}
```

List 12.9 DistortionDlg.h

```
#pragma once

// CDistortionDlg dialog

class CDistortionDlg : public CDialog
{
	DECLARE_DYNAMIC(CDistortionDlg)

public:
	CDistortionDlg(CWnd* pParent = NULL);	// standard constructor
	virtual ~CDistortionDlg();

// Dialog Data
	enum { IDD = IDD_DISTORTION_DIALOG };

protected:
	virtual void DoDataExchange(CDataExchange* pDX);	// DDX/DDV support

	DECLARE_MESSAGE_MAP()
public:

	float m_fps;
	float m_fpv;
	float m_fzx;
	float m_fzy;
	float m_fsx;
	float m_fsy;
	float m_fsz;
	float m_ftx;
	float m_fty;
	float m_ftz;

	//亲窗口具柄
	CWnd* m_pParent;

	//图像数据指针
	BYTE *m_image_in;
	BYTE *m_image_out;

	//图像大小
	int m_xsize;
	int m_ysize;

	//图像文件路径
	CString m_sFilePath;

	virtual BOOL OnInitDialog();
	virtual void PostNcDestroy();
	afx_msg void OnClickedDistortionRotation();
	afx_msg void OnClickedDistortionScale();
```

```
    afx_msg void OnClickedDistortionScaleError();
    afx_msg void OnClickedDistortionScaleNear();
    afx_msg void OnClickedDistortionShift();
    afx_msg void OnClickedDistortionAffine();
    afx_msg void OnClickedDistortionOrigin();
    afx_msg void OnClickedDistortionPerspective();
    afx_msg void OnBnClickedCancel();
};
```

第 13 章

Hough 变换

13.1 基本概念

13.1.1 一般 Hough 变换

直线的方程可以用式（13.1）来表示。

$$y = kx + b \tag{13.1}$$

式中，k 和 b 分别是斜率和截距。过 x-y 平面上的某一点(x_0, y_0)的所有直线的参数都满足方程 $y_0 = kx_0 + b$。即过 x-y 平面上点(x_0, y_0)的一族直线在参数 $k-b$ 平面上对应于一条直线。

由于式（13.1）形式的直线方程无法表示 $x = c$（c 为常数）形式的直线(这时候直线的斜率为无穷大)，所以在实际应用中，一般采用式（13.2）的极坐标参数方程的形式。

$$\rho = x\cos\theta + y\sin\theta \tag{13.2}$$

式中，ρ 为原点到直线的垂直距离；θ 为 ρ 与 x 轴的夹角（如图 13.1 所示）。

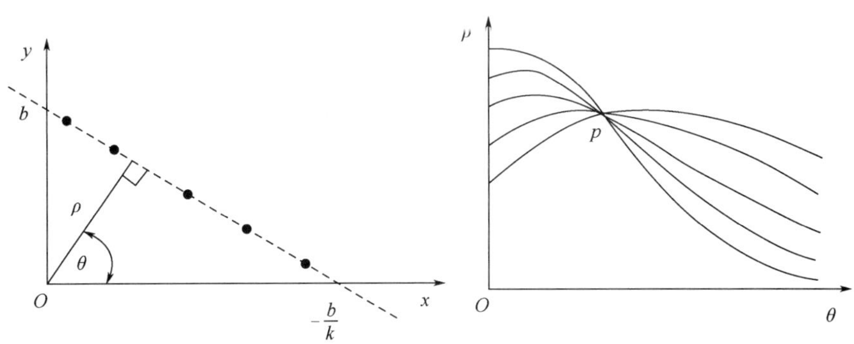

图 13.1 Hough 变换对偶关系示意图

根据式（13.2），直线上不同的点在参数空间中被变换为一组相交于 p 点的正弦曲线，因此可以通过检测参数空间中的局部最大值 p 点，来实现 x-y 坐标系中直线的检测。

一般 Hough 变换的步骤如下:

① 将参数空间量化成 $m \times n$（m 为 θ 的等分数，n 为 ρ 的等分数）个单元，并设置累

加器矩阵 $Q[m\times n]$；

② 给参数空间中的每个单元分配一个累加器 $Q(\theta_i,p_j)$ $(0<i<m-1,0<j<n-1)$，并把累加器的初始值置为零；

③ 将直角坐标系中的各点 (x_k,y_k)（$k=1,2,\cdots,s$，s 为直角坐标系中的点数）代入式（13.2），然后将 θ_0 至 θ_{m-1} 也都代入其中，分别计算出相应的值 p_j；

④在参数空间中，找到每一个(θ_i，p_j)所对应的单元，并将该单元的累加器加 1，即 $Q(\theta_i,p_j)=Q(\theta_i,p_j)+1$，对该单元进行一次投票；

⑤待 x - y 坐标系中的所有点都进行运算之后，检查参数空间的累加器，必有一个出现最大值，这个累加器对应单元的参数值作为所求直线的参数输出。

由以上步骤看出，Hough 变换的具体实现是利用表决方法，即曲线上的每一点可以表决若干参数组合，赢得多数表决的参数就是胜者。累加器阵列的峰值就是表征一条直线的参数。程序列在 List13.1。

Hough 变换是一种全局性的检测方法，具有极佳的抗干扰能力，可以很好地抑制数据点集中存在的干扰，同时还可以将数据点集拟合成多条直线。但是，Hough 变换的精度不容易控制，因此，不适合解决对拟合直线的精度要求较高的实际问题。同时，它所要求的巨大计算量使它的处理速度很慢，从而限制了它在实时性要求很高的领域的应用。

13.1.2 过已知点 Hough 变换

过已知点的改进 Hough 变换方法，是在 Hough 变换基本原理的基础上，将逐点向整个参数空间的投票转化为仅向一个“已知点” 参数空间投票的快速直线检测方法。其基本思想是：首先找到属于直线上的一个点，将这个已知点 p_0 的坐标定义为（x_0,y_0），将通过 p_0 的直线斜率定义为 m，则坐标和斜率的关系可用式（13.3）表示：

$$(y-y_0)=m(x-x_0) \tag{13.3}$$

定义区域内目标像素 p_i 的坐标为（x_i，y_i），（$0\leqslant i<n$，n 为区域内目标像素总数），则 p_i 点与 p_0 点之间连线的斜率 m_i 可用式（13.4）表示：

$$m_i=(y_i-y_0)/(x_i-x_0) \tag{13.4}$$

将斜率值映射到一组累加器上，每求得一个斜率，将使其对应的累加器的值加 1，因为同一条直线上的点求得的斜率一致，所以当目标区域中有直线成分时，其对应的累加器出现局部最大值，将该值所对应的斜率作为所求直线的斜率。

当 $x_i=x_0$ 时，m_i 为无穷大，这时式（13.4）不成立。为了避免这一现象，当 $x_i=x_0$ 时，令 m_i=2，当 m_i>1 或 m_i<−1 时，采用式（13.5）的计算值替代 m_i，这样无限域的 m_i 被限定在（−1，3）的有限范围内。在实际操作时设定斜率区间为[−2，4]。

$$m_i'=1/m_i+2 \tag{13.5}$$

过已知点 Hough 变换的具体步骤如下：

① 将设定的斜率区间等分为 10 个子区间，即每个子区间的宽度为设定斜率区间宽度的 1/10；

② 为每个子区间设置一个累加器 n_j ($j\geqslant 1$ 且 $j\leqslant 10$)；

③ 初始化每个累加器的值为 0，即 $n_j=0$；

④ 从上到下、从左到右逐点扫描图像，遇到目标像素时，由式（13.4）及式（13.5）

计算其与已知点 p_0 之间的斜率 m, m 值属于哪个子区间就将哪个子区间累加器的值加 1;

⑤当扫描完全部处理区域之后，将累加器的值为最大的子区间及其相邻的两个子区间（共 3 个子区间）作为下一次投票的斜率区间，重复上述步骤①至④，直到斜率区间的宽度小于设定斜率检测精度为止，例如 $m = 0.05$,这时将累加值为最大的子区间的中间值经过式（13.5）设定条件的逆变换后作为所求直线的斜率值。

过已知点 Hough 变换的直线检测程序列在 List 13.2。利用过已知点 Hough 变换的直线检测方法，其关键问题是如何正确地选择已知点。在实际操作中，一般选择容易获取的特征点为已知点，例如某个区域内的像素分布中心等。

13.2　对话框功能说明

图 13.2 显示了 Hough 变换的对话框。

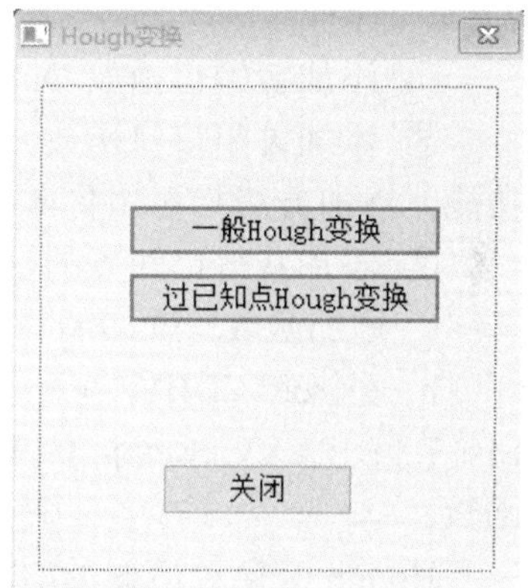

图 13.2　Hough 变换对话框

（1）基本功能概述

Hough 变换对话框 HoughTransDlg 提供了两种 Hough 变换功能：一般 Hough 变换和过已知点的 Hough 变换。用户可以通过选择不同的变换方式来对图像进行直线检测。

（2）按钮功能介绍

① 一般 Hough 变换。

功能：执行一般 Hough 变换，用于检测图像中的直线。

② 过已知点 Hough 变换。

功能：执行过已知点的 Hough 变换，允许用户指定一个点，然后检测通过该点的直线。

③ 关闭。

功能：用于关闭 Hough 变换对话框。

（3）使用流程

① 读入二值图像。

② 打开 Hough 变换对话框。

③ 点击“一般 Hough 变换”，执行一般 Hough 变换，查看在图像中检测到的直线。

④ 点击“过已知点 Hough 变换”，提示点击已知点，关闭提示窗口，在图像上点击已知点，执行过已知点 Hough 变换，查看在图像中检测到的直线。需要注意的是，已知点的选择，影响检测直线的方向。

⑤ 完成操作后，点击“关闭”按钮关闭对话框。

13.3　对话框功能实现

在 DIPAX 工程上依次进行以下各步操作。

① 添加菜单：Hough 变换(O)，ID_HOUGH_TRANSFORM。参考 2.1.3 添加菜单。

② 添加菜单函数：void OnHoughTransform()。参考 2.1.4 添加菜单函数。

③ 添加对话框：IDD_HOUGH_TRANSFORM_DLG。参考 2.1.5 添加对话框。

④ 添加对话框类：CHoughTransDlg。参考 2.1.6 添加对话框类。

⑤ 菜单与对话框连接。在此采用非模式窗口，具体操作步骤看 6.2.2 小节。

⑥ 添加对话框功能。

表 13.1 给出了图 13.2 所示 Hough 变换功能界面的名称、ID、参数、函数及功能（属性）说明。可以参考 2.1.8 小节和 2.1.9 小节，完成这些内容的添加。

表 13.1　对话框功能内容

序号	名称（属性）	ID	参数、函数、功能（属性）
1	一般 Hough 变换	IDC_HOUGH_TRANSFORM	void OnClickedHoughTransform()
2	过已知点 Hough 变换	ID_HOUGH_TRANSFORM_POINT	void OnClickedHoughTransformPoint()
3	关闭	IDCANCEL	void OnBnClickedCancel()

⑦ 添加初始化函数 OnInitDialog()。参考 2.1.10 小节。

⑧ 添加关闭窗口函数 OnCancel()。该函数用于窗口右上角的“×”和键盘 ESC 键的功能。添加方法与初始化函数 OnInitDialog()相同，参考 2.1.10 小节。

⑨ 添加获得已知点的功能。

a. 添加函数：OnDisplayLButtonDown()。参考 List 13.3 和 List 13.4。

b. 在 void CDIPAXView::OnLButtonDown()函数中调用 OnLButtonDown()函数。参考 List 3.3 DIPAXView.cpp 中的 void CDIPAView::OnLButtonDown(UINT nFlags, CPoint point)函数。

Hough 变换对话框类的源代码显示在 List 13.3 和 List 13.4 中，完成上述添加后，参考 List 13.3 和 List 13.4 完成各个函数内容的填写，然后编译运行。执行过已知点 Hough 变换的结果如图 13.3 所示。

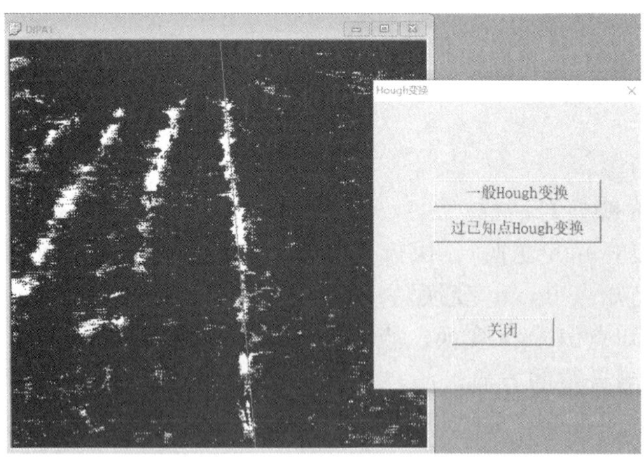

图 13.3　Hough 变换编译运行结果

13.4　C 语言函数源代码

本节包含以下 C 语言函数源代码：List 13.1　一般 Hough 变换、List 13.2　过已知点

Hough 变换。完成本章处理内容，需要将这些函数输入（导入）DIPAX 工程（参考 3.3 节）。

List 13.1　一般 Hough 变换

```
#include "StdAfx.h"
#include "BaseList.h"
#include <math.h>
/*---------Hough_general---一般 Hough 变换---------
	image_in:  输入图像指针
	image_out: 输出图像指针
	xsize:     图像宽度
	ysize:     图像高度
-----------------------------------------------*/
void Hough_general(BYTE *image_in, BYTE *image_out, int xsize, int ysize)
{
	int   i,j;
	int   r, r_max, angle;
	double   angle2;
	int *num;
	double cosa, sina,re_angle;
	int   re_maxnow, re_r;

	//复制图像
	for (j = 0; j < ysize; j++) {
		for (i = 0; i < xsize; i++){
			*(image_out + j*xsize + i) = *(image_in + j*xsize + i);
		}
	}

	//设定最大半径
	r_max = xsize + ysize;

	// 建立数组
	int maxNum = r_max * ANGLE_MAX;
	num = new int[maxNum];

	for(r = 0; r < maxNum; r++ )
		num[r] = 0;

	// 计算斜率并投票
	for( j = 0; j < ysize; j++)
	{
		for( i = 0; i < xsize; i++)
		{
			if(*(image_in + j*xsize + i) == HIGH)
			{
				for(angle = 0; angle < ANGLE_MAX ;angle++)
				{
					angle2 = (double)angle   * PI/180.0;
					r = (int)fabs((double)i * cos(angle2) + (double)j * sin(angle2));
```

```
                        *(num + angle * r_max + r) = *(num + angle * r_max + r)+1;
                    }
                }
            }
        }

        re_maxnow = 0;
        re_angle = 0.0;
        re_r = 0;

        //获取最大值
        for( r = 0; r < r_max;r ++)
        {
            for(angle = 0; angle < ANGLE_MAX ; angle++)
            {
                if( *(num + angle * r_max + r) > re_maxnow    )
                {
                    re_maxnow = *(num + angle * r_max + r);
                    re_angle = (double)angle;
                    re_r = r;
                }
            }
        }

        // 计算并描画直线点
        cosa = cos(re_angle * PI/180.0);
        sina = sin(re_angle * PI/180.0);

        for( j = 0; j < ysize; j++)
        {
            for(i = 0; i < xsize; i++ )
            {
                r = (int)fabs((double)i * cosa + (double)j * sina);
                if(r == re_r )
                {
                    *(image_out + j*xsize + i) = 128;

                }
            }
        }
        delete [] num;
}
```

List 13.2　过已知点 Hough 变换

```
#include "StdAfx.h"
#include "BaseList.h"
#include <math.h>

/*----Hough_based_point---过已知点 Hough 变换---------
    image_in: 输入图像指针
```

```
    image_out: 输出图像指针
    xsize:     输入图像宽度
    ysize:     输入图像高度
    px:        输入已知点 x 坐标
    py:        输入已知点 y 坐标
-----------------------------------------------*/
__inline static float point_to_point( int x, int y, int xx, int yy);
__inline static float make_slope(int posi_x,int posi_y,int s_i,int s_j);

void Hough_based_point(BYTE *image_in, BYTE *image_out, int xsize, int ysize, int px, int py)
{
    int         i,j;
    int         n,k,m,e;
    int         table_buf[TABLE_NUM] ;
    int         table_num;
    int         peak_section_buf;
    int         peak_section;
    float       table_left ;
    float       section_left[TABLE_NUM+1] ;
    float       table_width ;
    float       sec_num_n;
    float       *slope_buf;
    float       slope;
    int         bufsize;

    //复制图像
    for (j = 0; j < ysize; j++) {
        for (i = 0; i < xsize; i++){
            *(image_out + j*xsize + i) = *(image_in + j*xsize + i);
        }
    }

    bufsize = xsize*ysize;
    slope_buf = new float[bufsize];   //整个区域内的点数总和

    table_num = TABLE_NUM;
    table_left = (float)TABLE_LEFT;
    table_width = (float)TABLE_WIDTH;
    peak_section_buf = 0;
    peak_section = 1;

    //计算斜率
    m=0;
    for(j = 0; j < ysize; j++)
    {
        for(i = 0; i < xsize; i++)
        {
            if(*(image_in + j*xsize + i) == HIGH)
            {
                slope_buf[m] = make_slope(px, py, i, j);
                m++;
```

```
            }
        }
    }

    int sec1, sec2;
    for(n = 0; n < MAXTIME; n++)
    {
        sec_num_n = (float)1;
        peak_section_buf = 0;

        //给 10 累加器各缓存器赋初值 0
        for(k = 0; k < table_num;k++)       table_buf[k] = 0;
        for(i = 0; i < n;i++)       sec_num_n = sec_num_n*((float)3/(float)table_num);

        table_left = (float)(table_left+(table_width/(float)table_num)*(peak_section-1));
        table_width = (float)TABLE_WIDTH*sec_num_n;

        //求各个区域的左端点值
        for(k = 0; k < table_num+1; k++)
        {
            section_left[k] = table_left
                    +(table_width/(float)table_num)*k;
        }

        //判断基于已知点所求的斜率 slope_buf[i]所在的范围，进行映射
        for(i = 0; i < m; i++)
        {
            for(k = 0; k < table_num; k++)
            {
                if(k == table_num-1)
                {
                    if(section_left[k] <= slope_buf[i] && slope_buf[i] <= section_left[k+1])
                    {
                        table_buf[k]++;
                        break;
                    }
                }
                else if(section_left[k] <= slope_buf[i] &&
                    slope_buf[i] < section_left[k+1])
                {
                    table_buf[k]++;
                    break;
                }
            }
        }

        //找出 10 个累加器中的最大值，标记出映射后最大值所在区域
        for(k = 0;k < table_num;k++)
        {
            if(table_buf[k] > peak_section_buf)
            {
```

```
                    peak_section_buf = table_buf[k];
                    peak_section = k;
                }
            }

        //幅值小于设定精度时退出
        if((table_width/(float)table_num) <= THRESHOLD_HT)
            break;

        if(peak_section == 0)       peak_section = peak_section+1;
        if(peak_section == table_num-1)          peak_section = peak_section-1;

        e = 0;
        sec1 = peak_section-1;
        if(sec1 < 0) sec1 = 0;
        sec2 = peak_section+2;
        if(sec2 >= TABLE_NUM) sec2 = TABLE_NUM;

        //将累加器最大值左右三个子区域作为下次映射区域
        for(i = 0;i < m;i++)
        {
            if(section_left[sec1] <= slope_buf[i] && slope_buf[i] <= section_left[sec2])
            {
                slope_buf[e] = slope_buf[i];
                e++;
            }
        }
        m = e;
    }

    //确定直线斜率
    slope = (float)(table_left + (table_width/(float)table_num) * peak_section) ;

    if(slope > (float)1)
    {
        if(slope-(float)2 == (float)0) slope = (float)9999;
        else                                slope = (float)1/(slope-(float)2);
    }

    //画直线
    int x;
    for(j = ysize-1; j >= 0; j--)
    {
        for(i = 0; i < xsize; i++)
        {
            x = (int)((float)(j - py)/slope+(float)px);

            if(i==x)
                *(image_out + j*xsize + i) = 128;
        }
    }
```

```
        delete [] slope_buf;
    }

    __inline static float make_slope(int posi_x,int posi_y,int s_i,int s_j)
    {
      float                slope;

      slope=point_to_point(s_i,s_j,posi_x,posi_y);
      if(slope==(float)9999) slope=(float)2;
      else if(slope<(float)-1 || (float)1<slope){
         slope=((float)1/slope+(float)2);
      }
      return(slope);
    }

    __inline static float point_to_point( int x, int y, int xx, int yy)
    {
        float    r_slope;

        if(xx!=x)
            r_slope=(float)(yy-y)/(float)(xx-x);
        else
         r_slope=(float)9999;
        return(r_slope);
    }
```

13.5 对话框类源代码

List 13.3 和 List 13.4 分别列出了 Hough 变换对话框类的源代码文件 HoughTransDlg.cpp 和头文件 HoughTransDlg.h。

List 13.3 HoughTransDlg.cpp

```
#include "stdafx.h"
#include "DIPAX.h"
#include "HoughTransDlg.h"
#include "afxdialogex.h"

#include "Global.h"
#include "BaseList.h"
// CHoughTransDlg dialog

IMPLEMENT_DYNAMIC(CHoughTransDlg, CDialog)

CHoughTransDlg::CHoughTransDlg(CWnd* pParent /*=NULL*/)
        : CDialog(CHoughTransDlg::IDD, pParent)
{

}
```

```
CHoughTransDlg::~CHoughTransDlg()
{
	delete [] m_pImage_in;
	delete [] m_pImage_out;

}

void CHoughTransDlg::DoDataExchange(CDataExchange* pDX)
{
	CDialog::DoDataExchange(pDX);
}

BEGIN_MESSAGE_MAP(CHoughTransDlg, CDialog)
	ON_BN_CLICKED(ID_HOUGH_TRANSFORM_POINT,
&CHoughTransDlg::OnClickedHoughTransformPoint)
	ON_BN_CLICKED(IDC_HOUGH_TRANSFORM, &CHoughTransDlg::OnClickedHoughTransform)
	ON_BN_CLICKED(IDCANCEL, &CHoughTransDlg::OnBnClickedCancel)
END_MESSAGE_MAP()

// CHoughTransDlg message handlers

BOOL CHoughTransDlg::Create( CWnd* pParentWnd)
{
	if (m_hWnd != NULL) {
		SetFocus() ;
		return (TRUE) ;
	}

//保存亲窗口具柄
	m_pParent = pParentWnd;
	return CDialog::Create(IDD, pParentWnd);
}
void CHoughTransDlg::OnCancel()
{
	// TODO: Add your specialized code here and/or call the base class
	DestroyWindow();
}

BOOL CHoughTransDlg::OnInitDialog()
{
	CDialog::OnInitDialog();

	// TODO:   Add extra initialization here
	//获得图像大小
	m_nxsize = ::GetXSize();
	m_nysize = ::GetYSize();

	//分配内存
	m_pImage_in = new BYTE[m_nxsize*m_nysize];
	m_pImage_out = new BYTE[m_nxsize*m_nysize];
```

```
    //读入图像数据
    ::ReadImageData(m_pImage_in);

    return TRUE;  // return TRUE unless you set the focus to a control
    // EXCEPTION: OCX Property Pages should return FALSE
}

void CHoughTransDlg::OnClickedHoughTransformPoint()
{
    // TODO: Add your control notification handler code here
    AfxMessageBox("请点击已知点。");
    m_px = m_py = 0;

    //等待鼠标点击
    for(;;)
    {
        if(m_px > 0 && m_py > 0) break;

        //传递消息
        MSG         msg;
        while (PeekMessage(&msg, NULL, 0, 0,PM_REMOVE)) // If no that, it will be no view when start
        {
            TranslateMessage(&msg);
            DispatchMessage(&msg);
        }

    }

    Hough_based_point(m_pImage_in, m_pImage_out, m_nxsize, m_nysize, m_px, m_py);

    //描画已知点
    int i, j;
    for (j = m_py - 5; j < m_py + 5; j++)
        *(m_pImage_out + j*m_nxsize + m_px) = 128;
    for (i = m_px - 5; i < m_px + 5; i++)
        *(m_pImage_out + m_py*m_nxsize + i) = 128;

    //表示结果图像
    ::Disp_image(m_pImage_out);
    //更新画面
    m_pParent->Invalidate();
}

void CHoughTransDlg::OnClickedHoughTransform()
{
    // TODO: Add your control notification handler code here
    Hough_general(m_pImage_in, m_pImage_out, m_nxsize, m_nysize);

    //表示结果图像
    ::Disp_image(m_pImage_out);
```

```
        //更新画面
        m_pParent->Invalidate();
}
void CHoughTransDlg::OnDisplayLButtonDown(UINT nFlags, CPoint point)
{
        m_px = point.x;
        m_py = point.y;
}

void CHoughTransDlg::OnBnClickedCancel()
{
        // TODO: Add your control notification handler code here
        DestroyWindow();
}
```

List 13.4　HoughTransDlg.h

```
#pragma once
// CHoughTransDlg dialog
class CHoughTransDlg : public CDialog
{
        DECLARE_DYNAMIC(CHoughTransDlg)
public:
        CHoughTransDlg(CWnd* pParent = NULL);      // standard constructor
        virtual ~CHoughTransDlg();
        //亲窗口具柄
        CWnd *m_pParent;
        //图像尺寸
        int m_nxsize;
        int m_nysize;

        //图像数据指针
        BYTE *m_pImage_in;
        BYTE *m_pImage_out;

        //已知点坐标
        int m_px, m_py;
        //创建非模式窗口
        BOOL Create( CWnd* pParentWnd);
        void OnDisplayLButtonDown(UINT, CPoint);
// Dialog Data
        enum { IDD = IDD_HOUGH_TRANSFORM_DLG };
protected:
        virtual void DoDataExchange(CDataExchange* pDX);       // DDX/DDV support
        DECLARE_MESSAGE_MAP()
public:
        virtual void OnCancel();
        virtual BOOL OnInitDialog();
        afx_msg void OnClickedHoughTransformPoint();
        afx_msg void OnClickedHoughTransform();
        afx_msg void OnBnClickedCancel();
};
```

第 14 章

傅里叶变换

14.1　基本概念

首先介绍把一维信号变换到频率域，接着说明图像的二维信号的频率变换。

14.1.1　一维傅里叶变换

在空间域（spatial domain）中，波形都可以变换到频率域（frequency domain）中，这种变换被称为傅里叶变换（Fourier transform），它属于正交变换的（orthogonal transformation）一种。用公式表示为：

$$f(t)\underset{\text{逆傅里叶变换}}{\overset{\text{傅里叶变换}}{\rightleftarrows}}A(f),\phi(f) \tag{14.1}$$

一般在傅里叶变换中，为了同时表示幅度 A 和相位 ϕ，可采用复数（complex number）形式。复数是由实数部 a 和虚数部 b 两部分的组合表示的数，即用如下公式表示：

$$a+\mathrm{j}b,\ \ \mathrm{j}=\sqrt{-1} \tag{14.2}$$

采用这个公式就能够把幅度和相位这两个概念用一个复数来处理了，从而式（14.1）的傅里叶变换可以使用复函数 $F(f)$或者 $F(\omega)$表示为：

$$f(t)\underset{\text{逆傅里叶变换}}{\overset{\text{傅里叶变换}}{\rightleftarrows}}F(f)\text{或者}F(\omega) \tag{14.3}$$

从 $f(t)$导出 $F(f)$或者 $F(\omega)$的过程比较复杂，在此不做介绍，其结果如下式所示：

$$\begin{aligned}
&F(f)=\int_{-\infty}^{\infty}f(t)\mathrm{e}^{-\mathrm{j}2\pi ut}\mathrm{d}t \qquad \text{傅里叶变换}\\
&f(t)=\int_{-\infty}^{\infty}F(f)\mathrm{e}^{\mathrm{j}2\pi ux}\mathrm{d}x \qquad \text{逆傅里叶变换}\\
\text{或者}\ &F(\omega)=\int_{-\infty}^{\infty}f(t)\mathrm{e}^{-\mathrm{j}\omega t}\mathrm{d}t \qquad \text{傅里叶变换}\\
&f(t)=\int_{-\infty}^{\infty}F(\omega)\mathrm{e}^{\mathrm{j}\omega t}\mathrm{d}t \qquad \text{逆傅里叶变换}
\end{aligned} \tag{14.4}$$

式中，角频率 $\omega=2\pi f$。这就是所有频率处理都要用到的非常重要的基础公式。计算机领域与数学领域的不同在于如下两点：一点是到目前为止所涉及的信号 $f(t)$为如图 14.1（a）所示的连续信号（模拟信号），而计算机领域所处理的信号是如图 14.1（b）所示的经采样后的数字信号；另一点是数学上考虑无穷大是通用的，可是计算机必须进行有限次的运算。考虑了上述限制的傅里叶变换被称为离散傅里叶变换（discrete Fourier transform，DFT）。

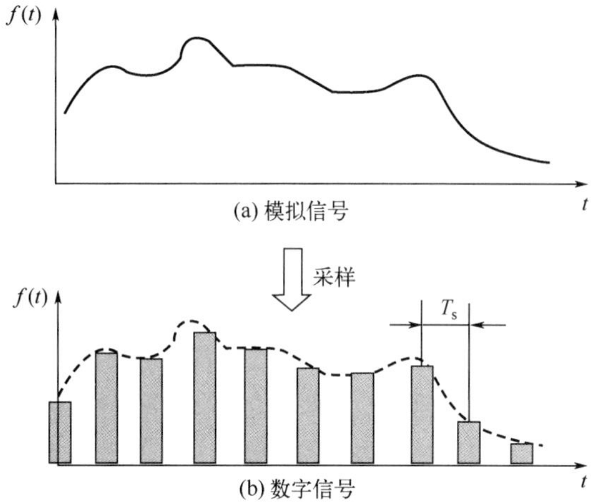

图 14.1　模拟信号与数字信号

离散傅里叶变换可以通过把式（14.4）的傅里叶变换变为离散值来导出。现假定输入信号为 $x(0)$、$x(1)$、$x(2)$、…、$x(N-1)$等共 N 个离散值，那么变换到频率域的结果（复数）也是 N 个离散值 $X(0)$、$X(1)$、$X(2)$、…、$X(N-1)$。

其关系式如下所示：

$$X(k)=\frac{1}{\sqrt{N}}\sum_{n=0}^{N-1}x(n)W^{kn}\qquad \text{DFT}$$
$$x(n)=\frac{1}{\sqrt{N}}\sum_{k=0}^{N-1}X(k)W^{-kn}\qquad \text{IDFT}\tag{14.5}$$

式中，$k=0, 1, 2,\cdots, N-1$；$n=0, 1, 2, \cdots, N-1$；$W=\mathrm{e}^{-\mathrm{j}\frac{2\pi}{N}}$。IDFT 为逆离散傅里叶变换（inverse discrete Fourier transform）。这就是 DFT 的基本运算公式。积分运算被求和运算所代替，W 被称为旋转算子。

在复数领域有欧拉公式，如图 14.2 和式（14.6）所示。

$$\mathrm{e}^{\mathrm{j}t}=\cos t+\mathrm{j}\sin t\tag{14.6}$$

旋转算子可以用欧拉公式置换如下：

$$W^{kn}=\mathrm{e}^{-\mathrm{j}\frac{2\pi}{N}kn}=\cos\left(\frac{2\pi}{N}kn\right)-\mathrm{j}\sin\left(\frac{2\pi}{N}kn\right)\tag{14.7}$$

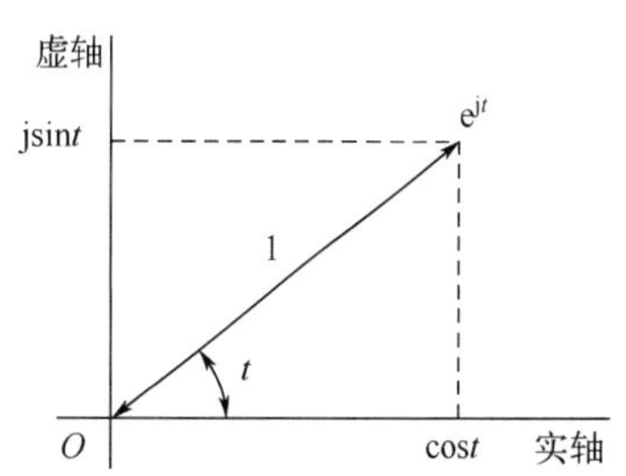

图 14.2　大小 1 偏角 t 的复数坐标

把式（14.7）代入式（14.5），就只有三角函数和求和运算，从而能够用计算机进行计算，但是其计算量相当大。因此人们提出了快速傅里叶变换（fast Fourier transform，FFT）的算法，当数据是 2 的正整数次方时，可以节省相当大的计算量。在此不对算法进行详细说明，只在 List 14.1 中列出进行 FFT 运算的程序。

有了这个程序就能够往返于空间域和频率域了。在这个函数 FFT1 中将信号向频率域变换时在 *a_rl* 中输入信号值，而在 *a_im* 中都输入 0。信号归根结底都是实数，虚部是不存在的。由于结果是复数，实部 a_rl[]和虚部 a_im[]将分别被计算出来。如果想要了解幅度特性（amplitude characteristic）*A* 和相位特性（phase characteristic）ϕ，可进行如下变换：

$$A=\sqrt{a\_rl^2+a\_im^2}$$
$$\phi=\tan^{-1}\left(\frac{a\_im}{a\_rl}\right) \tag{14.8}$$

14.1.2 图像的二维傅里叶变换

到目前为止介绍的所有信号都是一维信号，而图像是二维信号，具有水平和垂直两个方向上的频率。另外，在图像的频谱中常常把频率平面的中心作为直流分量，距离中心越远，频率越高。在 List 14.1 中令 OPT=1 即为这种形式。

二维频率的计算方法是分别进行水平方向的一维 FFT 和垂直方向的一维 FFT 即可实现。二维 FFT 的程序见 List 14.2。在 List 14.2 中按照图 14.3 所示的处理框图来实现二维 FFT。

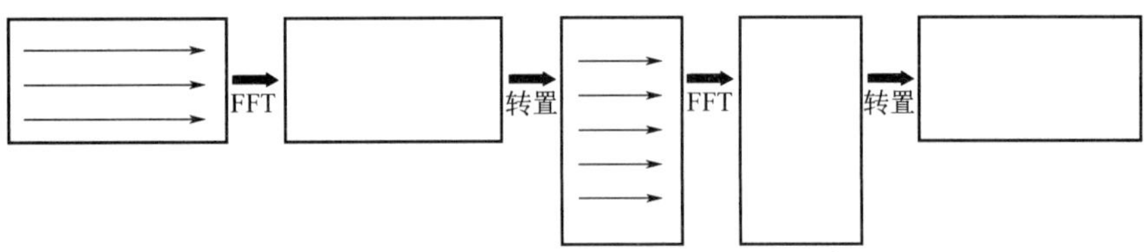

图 14.3 二维 FFT 的处理框图

使用 List 14.3 的程序对实际图像进行二维 FFT。在此把幅度特性作为灰度值来图像化，结果如图 14.4 所示。图 14.4（a）与图 14.4（b）比较可见，细节少的图像上低频较多，而细节多的图像上高频较多。

14.1.3 滤波处理

滤波器（filter）的作用，是使某些东西通过，使某些东西被阻断。频率域中的滤波

(a) 细节少的图像

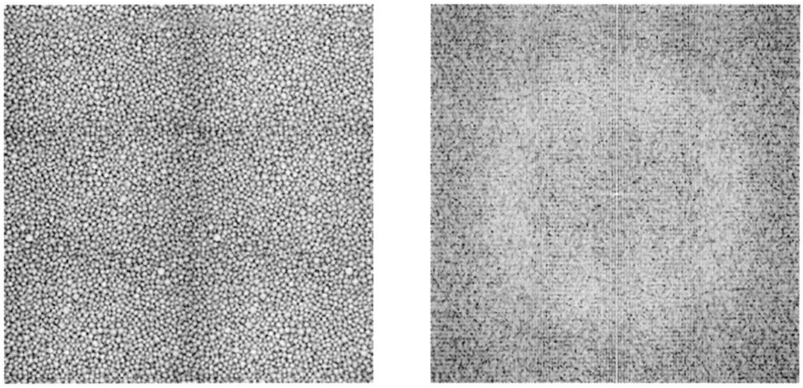

(b) 细节多的图像

图 14.4　图像的 FFT 示例

器则是使某些频率通过，使某些频率阻断。

如图 14.5 所示，通过设定参数 a 和 b 的值，使 a 以上、b 以下的频率（斜线表示的频率）通过，其他的频率阻断来进行滤波处理，程序列在 List 14.4。请看图 14.6，它是把图像经 DFT 处理得到频率成分的高频分量设置为 0，再进行 IDFT 处理变换回图像，程序列在 List 14.5 中。从处理结果可见，图像的高频分量（细节部分）确实消失了，从而变模糊了。下面再看一下把低频分量设置为 0，其处理结果如图 14.7 所示。结果边缘被提取出来了，这是由于许多高频分量包含在边缘中。

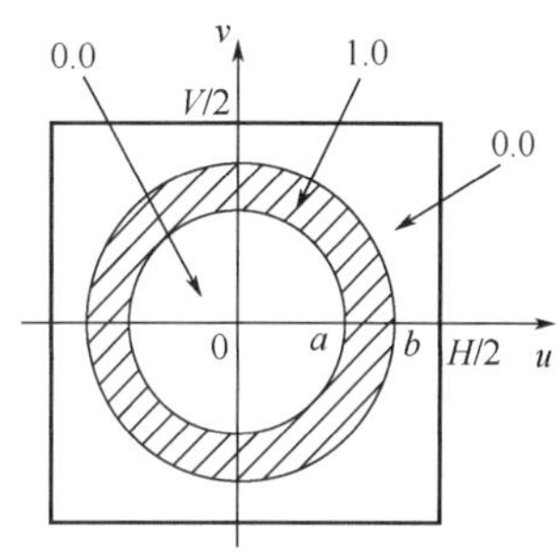

图 14.5　用于 List 12.4 中的滤波器形状

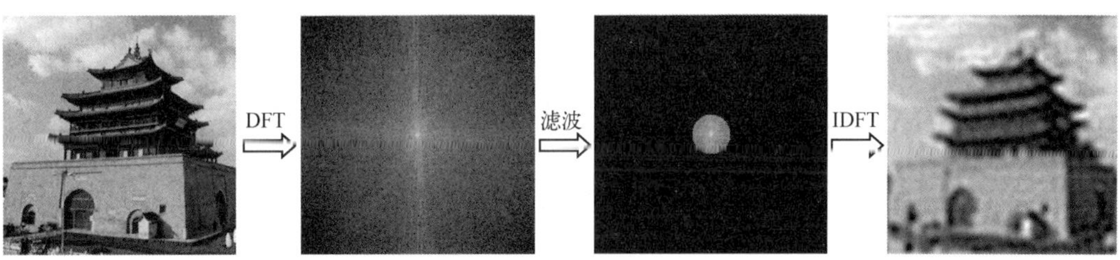

图 14.6　去除图像的高频分量的处理

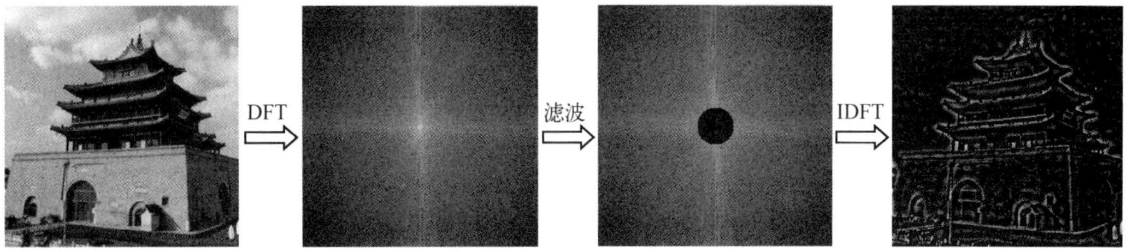

图 14.7　去除图像的低频分量的处理

14.2 对话框功能说明

图 14.8 显示了傅里叶变换的对话框。

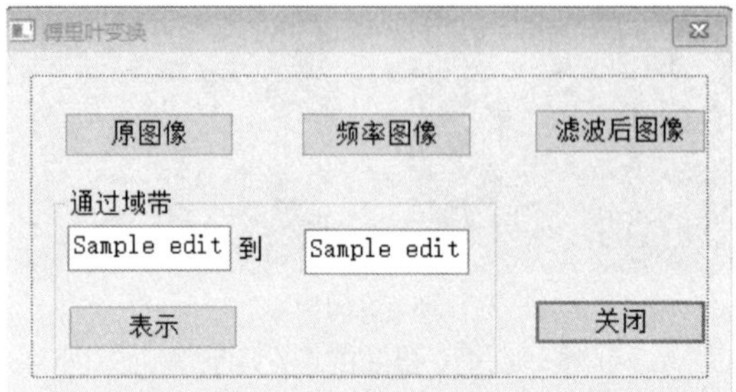

图 14.8 傅里叶变换对话框

(1) 基本功能概述

傅里叶变换对话框 FftDlg 提供了对图像进行傅里叶变换及滤波处理的功能。用户可以通过该对话框查看原图像、频率图像、滤波后图像，并调整滤波的域带范围。

(2) 按钮功能介绍

① 原图像。

功能：显示原始图像。

② 频率图像。

功能：显示图像经过傅里叶变换后的频率图像。

③ 滤波后图像。

功能：显示经过傅里叶变换、滤波处理及逆傅里叶变换后的图像。

④ 通过频带。

功能：静态文本，标识接下来是通过频带设置。

⑤ 域带设置。

功能：通过编辑控件设置滤波的域带范围，即选择需要保留或滤除的频率成分。

⑥ 表示。

功能：根据用户设置的域带范围，显示滤波后的频率图像。

⑦ 关闭。

功能：关闭傅里叶变换对话框。

(3) 使用流程

① 读入长宽都是 2 的次方的灰度图像。

② 打开傅里叶变换对话框。

③ 点击“频率图像”，查看傅里叶变换的频率图。

④ 输入通过域带。

⑤ 点击“表示”，查看通过域带的频率图。

⑥ 点击“滤波后图像”，查看滤波后恢复图像。

⑦ 完成处理后，点击“关闭”，关闭对话框。

14.3　对话框功能实现

在 DIPAX 工程上依次进行以下各步操作。

① 添加菜单：傅里叶变换(F)，ID_FFT。参考 2.1.3 添加菜单。

② 添加菜单函数：void OnFft()。参考 2.1.4 添加菜单函数。

③ 添加对话框：IDD_FFT_DIALOG。参考 2.1.5 添加对话框。

④ 添加对话框类：CFftDlg。参考 2.1.6 添加对话框类。

⑤ 菜单与对话框连接，参考 2.1.7 菜单与对话框连接（模式）。操作步骤如下所述。

a. 在 DIPAXView.cpp 文件的上方添加特征提取对话框头文件：#include "FftDlg.h"。

b. 编辑菜单函数，在 List 3.3 DIPAXView.cpp 中找到 void CDIPAXView:: OnFft()函数，输入函数内容。

⑥ 添加对话框功能。

表 14.1 给出了图 14.8 所示傅里叶变换功能界面的名称、ID、参数、函数及功能（属性）说明。可以参考 2.1.8 小节和 2.1.9 小节，完成这些内容的添加。

表 14.1 中的序号是从左到右、从上到下排序。没有名称的序号，在括号内说明了其性质。

表 14.1　对话框功能内容

序号	名称（属性）	ID	参数、函数、功能（属性）
1	原图像	IDC_FFT_ORIGIN	void OnClickedFftOrigin()
2	频率图像	IDC_FFT_IMAGE	void OnClickedFftImage()
3	滤波后图像	IDC_FFT_FILTER_IMAGE	void OnClickedFftFilterImage()
4	通过域带	IDC_STATIC	静态文字
5	（编辑控件）	IDC_FFT_FROM	int m_nFrom
6	到	IDC_STATIC	静态文字
7	（编辑控件）	IDC_FFT_TO	int m_nTo
8	表示	IDC_FFT_DISPLAY	void OnClickedFftDisplay()
9	关闭	IDCANCEL	void OnBnClickedCancel()

⑦ 添加初始化函数 OnInitDialog()。参考 2.1.10 小节。

⑧ 添加对话框关闭的后处理函数 PostNcDestroy()。添加方法与初始化函数 OnInitDialog()相同，参考 2.1.10 小节。

傅里叶变换对话框类的源代码显示在 List 14.6 和 List 14.7 中，完成上述添加后，参考 List 14.6 和 List 14.7 完成各个函数内容的填写，然后编译运行。

14.4　C 语言函数源代码

本节包含以下 C 语言函数源代码：List 14.1　一维 FFT，List 14.2　二维 FFT，List 14.3　二维 FFT 结果图像化，List 14.4　基于二维 FFT 的滤波处理，List 14.5　基于二维 FFT 的

滤波处理、逆傅里叶变换。完成本章处理内容，需要将这些函数输入（导入）DIPAX工程（参考3.3节）。

List 14.1 一维 FFT

```
#include "StdAfx.h"
#include "BaseList.h"
#include    <stdio.h>
#include    <stdlib.h>
#include    <math.h>

#define     OPT         1       // OPT = 1 光学 DFT(直流成分在中间)
                                // OPT = 0 一般 DFT(直流成分在左端)

void fft1core(float a_rl[], float a_im[], int length,
        int ex, float sin_tbl[], float cos_tbl[], float buf[]);
void cstb(int length, int inv, float sin_tbl[], float cos_tbl[]);
void birv(float a[], int length, int ex, float b[]);

/*--- FFT1 --- 一次傅里叶变换 ------------------------------------------
        a_rl:       实部（输入输出）
        a_im:       虚部（输入输出）
        ex:         数据个数 =2 的 ex 次方
        inv:        1: DFT   -1: 逆 DFT
--------------------------------------------------------------------------*/
int FFT1(float a_rl[], float a_im[], int ex, int inv)
{
        int         i, length = 1;
        float       *sin_tbl;       //sin 数据配列
        float       *cos_tbl;       //cos 数据配列
        float *buf;                 //工作用数列

        for (i = 0; i < ex; i++) length *= 2;           //计算数据个数
        sin_tbl = (float *)malloc((size_t)length*sizeof(float));
        cos_tbl = (float *)malloc((size_t)length*sizeof(float));
        buf = (float *)malloc((size_t)length*sizeof(float));
        if ((sin_tbl == NULL) || (cos_tbl == NULL) || (buf == NULL)) {
            return -1;
        }
        cstb(length, inv, sin_tbl, cos_tbl); //计算 sin、cos 数据
        fft1core(a_rl, a_im, length, ex, sin_tbl, cos_tbl, buf);
        free(sin_tbl);
        free(cos_tbl);
        return 0;
}

/*--- fft1core ---一次傅里叶变换的主计算部分 ---------------------------
        a_rl:       数据实数部分（输入输出）
        a_im:       数据虚数部分（输入输出）
        ex:         数据个数 =2 的 ex 次方
        sin_tbl:    //sin 数据配列
```

```
        cos_tbl:    //cos 数据配列
-----------------------------------------------------------------------------*/
void fft1core(float a_rl[], float a_im[], int length,
        int ex, float sin_tbl[], float cos_tbl[], float buf[])
{
        int         i, j, k, w, j1, j2;
        int         numb, lenb, timb;
        float       xr, xi, yr, yi, nrml;

        if (OPT == 1) {
                for (i = 1; i < length; i+=2) {
                        a_rl[i] = -a_rl[i];
                        a_im[i] = -a_im[i];
                }
        }
        numb = 1;
        lenb = length;
        for (i = 0; i < ex; i++) {
                lenb /= 2;
                timb = 0;
                for (j = 0; j < numb; j++) {
                        w = 0;
                        for (k = 0; k < lenb; k++) {
                                j1 = timb + k;
                                j2 = j1 + lenb;
                                xr = a_rl[j1];
                                xi = a_im[j1];
                                yr = a_rl[j2];
                                yi = a_im[j2];
                                a_rl[j1] = xr + yr;
                                a_im[j1] = xi + yi;
                                xr = xr - yr;
                                xi = xi - yi;
                                a_rl[j2] = xr*cos_tbl[w] - xi*sin_tbl[w];
                                a_im[j2] = xr*sin_tbl[w] + xi*cos_tbl[w];
                                w += numb;
                        }
                        timb += (2*lenb);
                }
                numb *= 2;
        }
        birv(a_rl, length, ex, buf);            //实数数据的排列
        birv(a_im, length, ex, buf);            //虚数数据的排列
        if (OPT == 1) {
                for (i = 1; i < length; i+=2) {
                        a_rl[i] = -a_rl[i];
                        a_im[i] = -a_im[i];
                }
        }
        nrml = (float)(1.0 / sqrt((float)length));
        for (i = 0; i < length; i++) {
```

```
            a_rl[i] *= nrml;
            a_im[i] *= nrml;
        }
}

/*--- cstb --- 计算 sin、cos 数据 -------------------------------------------
        length:             数据个数
        inv:                1: DFT, -1: 逆 DFT
        sin_tbl:            //sin 数据配列
        cos_tbl:            //cos 数据配列
---------------------------------------------------------------------------*/
void cstb(int length, int inv, float sin_tbl[], float cos_tbl[])
{
        int         i;
        float       xx, arg;

        xx = (float)(((-PI) * 2.0) / (float)length);
        if (inv < 0) xx = -xx;
        for (i = 0; i < length; i++) {
            arg = (float)i * xx;
            sin_tbl[i] = (float)sin(arg);
            cos_tbl[i] = (float)cos(arg);
        }
}

/*--- birv --- 排列数据 ---------------------------------------------
        a:          数据配列
        length:     数据个数
        ex:         数据个数 =2 的 ex 次方
        b:          工作用配列
---------------------------------------------------------------------------*/
void birv(float a[], int length, int ex, float b[])
{
        int     i, ii, k, bit;

        for (i = 0; i < length; i++) {
            for (k = 0, ii=i, bit=0; ; bit<<=1, ii>>=1) {
                bit = (ii & 1) | bit;
                if (++k == ex) break;
            }
            b[i] = a[bit];
        }
        for (i = 0; i < length; i++)
            a[i] = b[i];
}
```

List 14.2 二维 FFT

```
#include "StdAfx.h"
#include "BaseList.h"
#include    <stdio.h>
#include    <stdlib.h>
```

```
#include    <math.h>

void cstb(int length, int inv, float sin_tbl[], float cos_tbl[]);
void rvmtx1(float *a, float *b,      int xsize, int ysize);
void rvmtx2(float *a, float *b,      int xsize, int ysize);

/*--- FFT2 --- 二次傅里叶变换 -------------------------------------------
            （仅限于 xsize、 ysize 是 2 的次方）
      a_rl:     数据的实数部分
      a_im:     数据的虚数部分
      inv:      1: DFT   -1: 逆 DFT
      xsize:    数据宽度
      ysize:    数据长度
---------------------------------------------------------------------------*/
int FFT2 (float *a_rl, float *a_im, int inv, int xsize, int ysize)
{
      float *b_rl;             //数据转置作业用配列（实数部）
      float *b_im;             //数据转置作业用配列（虚数部）
      float *hsin_tbl;         //计算水平 sin 用配列
      float *hcos_tbl;         //计算水平 cos 用配列
      float *vsin_tbl;         //计算垂直 sin 用配列
      float *vcos_tbl;         //计算垂直 cos 用配列
      float *buf_x;            //水平方向作业用配列
      float *buf_y;            //垂直方向作业用配列
      int         i;

      b_rl = (float *)calloc((size_t)xsize*ysize, sizeof(float));
      b_im = (float *)calloc((size_t)xsize*ysize, sizeof(float));
      hsin_tbl = (float *)calloc((size_t)xsize, sizeof(float));
      hcos_tbl = (float *)calloc((size_t)xsize, sizeof(float));
      vsin_tbl = (float *)calloc((size_t)ysize, sizeof(float));
      vcos_tbl = (float *)calloc((size_t)ysize, sizeof(float));
      buf_x = (float *)malloc((size_t)xsize*sizeof(float));
      buf_y = (float *)malloc((size_t)ysize*sizeof(float));
      if ((b_rl == NULL) || (b_im == NULL)
            || (hsin_tbl == NULL) || (hcos_tbl == NULL)
            || (vsin_tbl == NULL) || (vcos_tbl == NULL)
            || (buf_x == NULL) || (buf_y == NULL)) {
            return -1;
      }
      cstb(xsize, inv, hsin_tbl, hcos_tbl);    //计算水平用 sin、cos 配列
      cstb(ysize, inv, vsin_tbl, vcos_tbl);    //计算垂直用 sin、cos 配列

      int x_exp = (int)(log((double)xsize)/log((double)2));
      //水平方向的傅里叶变换
      for (i = 0; i < ysize; i++) {
            fft1core(&(*(a_rl + (long)i*xsize)), &(*(a_im + (long)i*xsize)),
                           xsize, x_exp, hsin_tbl, hcos_tbl, buf_x);
      }
      //二维数据的倒置
      rvmtx1(a_rl, b_rl, xsize, ysize);
```

```
    rvmtx1(a_im, b_im, xsize, ysize);

    //垂直方向的傅里叶变换
    int y_exp = (int)(log((double)ysize)/log((double)2));
    for (i = 0; i < xsize; i++) {
        fft1core(&(*(b_rl + ysize*i)), &(*(b_im + ysize*i)),
                    ysize, y_exp, vsin_tbl, vcos_tbl, buf_y);
    }
    //二维数据的倒置
    rvmtx2(b_rl, a_rl, xsize, ysize);
    rvmtx2(b_im, a_im, xsize, ysize);

    free(b_rl);
    free(b_im);
    free(hsin_tbl);
    free(hcos_tbl);
    free(vsin_tbl);
    free(vcos_tbl);
    return 0;
}

/*--- rvmtx1 --- 二维数据的倒置 ------------------------------------------
    a:          二维输入数据
    b:          二维输出数据
    xsize:      水平数据个数
    ysize:      垂直数据个数
-------------------------------------------------------------------------*/
void rvmtx1(float *a, float *b,
    int xsize, int ysize)
{
    int   i, j;

    for (j = 0; j < ysize; j++) {
        for (i = 0; i < xsize; i++)
        *(b + i*ysize + j) = *(a + j*xsize + i);
    }
}

/*--- rvmtx2 --- 二维数据的倒置 ------------------------------------------
    a:          二维输入数据
    b:          二维输出数据
    xsize:      水平数据个数
    ysize:      垂直数据个数
-------------------------------------------------------------------------*/
void rvmtx2(float *a, float *b,
    int xsize, int ysize)
{
    int i, j;

    for (j = 0; j < ysize; j++) {
        for (i = 0; i < xsize; i++)
```

```
            *(b + j*xsize + i) = *(a + i*ysize + j);
        }
}
```

List 14.3 二维 FFT 结果图像化

```
#include "StdAfx.h"
#include "BaseList.h"
#include    <stdio.h>
#include    <stdlib.h>
#include    <math.h>

/*--- FFTImage --- 将二次 FFT 的变换结果图像化 -----------------------------
        （仅限于 xsize、ysize 是 2 的次方）
    image_in:   输入图像指针
    image_out:  输出图像指针(FFT)
    xsize:      图像宽度
    ysize:      图像高度
---------------------------------------------------------------------------*/
int FFTImage(BYTE *image_in, BYTE *image_out, int xsize, int ysize)
{
    float       *ar;        //数据实数部（输入输出）
    float       *ai;        //数据虚数部（输入输出）
    double      norm, max;
    float  data;
    long  i, j;

    ar = (float *)malloc((size_t)ysize*xsize*sizeof(float));
    ai = (float *)malloc((size_t)ysize*xsize*sizeof(float));
    if ((ar == NULL) || (ai == NULL)) return -1;
    //读入原图像，变换二维 FFT 输入数据
    for (j = 0; j < ysize; j++) {
        for (i = 0; i < xsize; i++) {
            ar[xsize*j + i] = (float)(*(image_in + j*xsize + i));
            ai[xsize*j + i] = 0.0;
        }
    }
    //二维 FFT 变换
    if (FFT2(ar, ai, 1, xsize, ysize) == -1)
        return -1;
    //FFT 结果图像化
    max = 0;
    for (j = 0; j < ysize; j++) {
        for (i = 0; i < xsize; i++) {
            norm = ar[xsize*j + i]*ar[xsize*j + i]
                + ai[xsize*j + i]*ai[xsize*j + i];    //计算幅度成分
            if (norm != 0.0) norm = log(norm) / 2.0;
            else norm = 0.0;
            ar[xsize*j + i] = (float)norm;
            if (norm > max) max = norm;
        }
    }
```

```
        for (j = 0; j < ysize; j++) {
                for (i = 0; i < xsize; i++) {
                        ar[xsize*j + i] = (float)(ar[xsize*j + i]*255 / max);
                }
        }
        //FFT 结果变图像
        for (j = 0; j < ysize; j++) {
                for (i = 0; i < xsize; i++) {
                        data = ar[xsize*j + i];
                        if (data > 255) data = 255;
                        if (data <     0) data = 0;
                        *(image_out + j*xsize + i) = (unsigned char)data;
                }
        }
        free(ar);
        free(ai);
        return 0;
}
```

List 14.4　基于二维 FFT 的滤波处理

```
#include "StdAfx.h"
#include "BaseList.h"
#include <stdio.h>
#include <stdlib.h>
#include <math.h>

/*--- FFTFilter --- 二次 FFT 的滤波处理、滤波后的频率域图像化 -------------------------
             （仅限于 xsize、 ysize 是 2 的次方）
    image_in:    输入图像数据指针
    image_out:   输出图像数据指针
    xsize:       图像宽度
    ysize:       图像高度
    a, b:        通过区域（a 以上 b 以下的区域通过）
                        a=0, b=xsize=ysize 时，全区域通过
---------------------------------------------------------------------------*/
int FFTFilter(BYTE *image_in, BYTE *image_out, int xsize, int ysize, int a, int b)
{
     float *ar;     //数据实数部（输入输出）
     float *ai;     //数据虚数部（输入输出）
     float *ff;     //滤波子的空间频率特性
     double     norm, max;
     float data;
     long i, j, circ;

     ar = (float *)malloc((size_t)ysize*xsize*sizeof(float));
     ai = (float *)malloc((size_t)ysize*xsize*sizeof(float));
     ff = (float *)malloc((size_t)ysize*xsize*sizeof(float));
     if ((ar == NULL) || (ai == NULL) || (ff == NULL)) {
             return -1;
     }
     //读入原图像，变换二维 FFT 输入数据
```

```
for (j = 0; j < ysize; j++) {
	for (i = 0; i < xsize; i++) {
		ar[xsize*j + i] = (float)(*(image_in + j*xsize + i));
		ai[xsize*j + i] = 0.0;
	}
}
//二维 FFT 变换
if (FFT2(ar, ai, 1, xsize, ysize) == -1)
	return -1;

//FFT 结果图像化
max = 0;
for (j = 0; j < ysize; j++) {
	for (i = 0; i < xsize; i++) {
		norm = ar[xsize*j + i]*ar[xsize*j + i]
			+ ai[xsize*j + i]*ai[xsize*j + i];	//计算幅度成分
		if (norm != 0.0) norm = log(norm) / 2.0;
		else norm = 0.0;
		ar[xsize*j + i] = (float)norm;
		if (norm > max) max = norm;
	}
}
for (j = 0; j < ysize; j++) {
	for (i = 0; i < xsize; i++) {
		ar[xsize*j + i] = (float)(ar[xsize*j + i]*255 / max);
	}
}


//做成只通过 a 以上 b 以下成分的滤波子
for (j = 0; j < ysize; j++) {
	for(i = 0; i < xsize; i++) {
		data = (float)((i-xsize/2)*(i-xsize/2)
			+ (j-ysize/2)*(j-ysize/2));
		circ = (long)sqrt(data);
		if ((circ >= a) && (circ <= b))
			ff[xsize*j + i] = 1.0;
		else
			ff[xsize*j + i] = 0.0;
	}
}

//对原图像的频率成分实施滤波
for (j = 0; j < ysize; j++) {
	for (i = 0; i < xsize; i++) {
		ar[xsize*j + i] *= ff[xsize*j + i];
		ai[xsize*j + i] *= ff[xsize*j + i];
	}
}

//将结果变为图像数据
```

```
        for (j = 0; j < ysize; j++) {
            for (i = 0; i < xsize; i++) {
                data = ar[xsize*j + i];
                if (data > 255) data = 255;
                if (data <    0) data = 0;
                *(image_out + j*xsize + i) = (BYTE)data;
            }
        }
        free(ar);
        free(ai);
        free(ff);
        return 0;
}
```

List 14.5　基于二维 FFT 的滤波处理、逆傅里叶变换

```
#include "StdAfx.h"
#include "BaseList.h"
#include <stdio.h>
#include <stdlib.h>
#include <math.h>

/*--- FFTFilterImage --- 图像的二次 FFT 变换、滤波处理、逆傅里叶变换------------------------
            （仅限于 xsize、 ysize 是二的次方）
    image_in:     输入图像数据指针
    image_out:    输出图像数据指针
    xsize:        图像宽度
    ysize:        图像高度
    a, b:         通过区域（a 以上 b 以下的区域通过）
                      a=0, b=xsize=ysize 时，全区域通过
---------------------------------------------------------------------------*/
int FFTFilterImage(BYTE *image_in, BYTE *image_out, int xsize, int ysize, int a, int b)
{
        float *ar;      //数据实数部（输入输出）
        float *ai;      //数据虚数部（输入输出）
        float *ff;      //滤波子的空间频率特性
        float data;
        long  i, j, circ;

        ar = (float *)malloc((size_t)ysize*xsize*sizeof(float));
        ai = (float *)malloc((size_t)ysize*xsize*sizeof(float));
        ff = (float *)malloc((size_t)ysize*xsize*sizeof(float));
        if ((ar == NULL) || (ai == NULL) || (ff == NULL)) {
            return -1;
        }
        //读入原图像，变换二维 FFT 输入数据
        for (j = 0; j < ysize; j++) {
            for (i = 0; i < xsize; i++) {
                ar[xsize*j + i] = (float)(*(image_in + j*xsize + i));
                ai[xsize*j + i] = 0.0;
            }
        }
```

```
    //二维 FFT 变换
    if (FFT2(ar, ai, 1, xsize, ysize) == -1)
        return -1;
    //做成只通过 a 以上 b 以下成分的滤波器
    for (j = 0; j < ysize; j++) {
        for(i = 0; i < xsize; i++) {
            data = (float)((i-xsize/2)*(i-xsize/2)
                + (j-ysize/2)*(j-ysize/2));
            circ = (long)sqrt(data);
            if ((circ >= a) && (circ <= b))
                ff[xsize*j + i] = 1.0;
            else
                ff[xsize*j + i] = 0.0;
        }
    }
    //对原图像的频率成分实施滤波
    for (j = 0; j < ysize; j++) {
        for (i = 0; i < xsize; i++) {
            ar[xsize*j + i] *= ff[xsize*j + i];
            ai[xsize*j + i] *= ff[xsize*j + i];
        }
    }
    //实施逆 FFT 变换，将滤波后的频率成分变回图像
    if (FFT2(ar, ai, -1, xsize, ysize) == -1)
        return -1;
    //将结果变为图像数据
    for (j = 0; j < ysize; j++) {
        for (i = 0; i < xsize; i++) {
            data = ar[xsize*j + i];
            if (data > 255) data = 255;
            if (data <     0) data = 0;
            *(image_out + j*xsize + i) = (BYTE)data;
        }
    }
    free(ar);
    free(ai);
    free(ff);
    return 0;
}
```

14.5 对话框类源代码

List 14.6 和 List 14.7 分别列出了傅里叶变换对话框类的源文件 FftDlg.cpp 和头文件 FftDlg.h。

List 14.6 FftDlg.cpp

```
#include "stdafx.h"
#include "DIPAX.h"
#include "FftDlg.h"
```

```
#include "afxdialogex.h"
////////////////
#include "Global.h"
#include "BaseList.h"
//////////

// CFftDlg 对话框

IMPLEMENT_DYNAMIC(CFftDlg, CDialog)

CFftDlg::CFftDlg(CWnd* pParent /*=NULL*/)
	: CDialog(CFftDlg::IDD, pParent)
{
	m_xsize = 0;
	m_ysize = 0;
	m_nFrom = 10;
	m_nTo = 100;
	//////////////////////////////////////
	//保存表示画面具柄
	m_pParent = pParent;
}

CFftDlg::~CFftDlg()
{
}

void CFftDlg::DoDataExchange(CDataExchange* pDX)
{
	CDialog::DoDataExchange(pDX);

	DDX_Text(pDX, IDC_FFT_TO, m_nTo);
	DDX_Text(pDX, IDC_FFT_FROM, m_nFrom);
}

BEGIN_MESSAGE_MAP(CFftDlg, CDialog)
	ON_BN_CLICKED(IDC_FFT_DISPLAY, &CFftDlg::OnClickedFftDisplay)
	ON_BN_CLICKED(IDC_FFT_FILTER_IMAGE, &CFftDlg::OnClickedFftFilterImage)
	ON_BN_CLICKED(IDC_FFT_IMAGE, &CFftDlg::OnClickedFftImage)
	ON_BN_CLICKED(IDC_FFT_ORIGIN, &CFftDlg::OnClickedFftOrigin)
	ON_BN_CLICKED(IDCANCEL, &CFftDlg::OnBnClickedCancel)
END_MESSAGE_MAP()

// CFftDlg 消息处理程序

BOOL CFftDlg::OnInitDialog()
{
	CDialog::OnInitDialog();

	//获取图像尺寸
	m_xsize = ::GetXSize();
	m_ysize = ::GetYSize();
```

```
    //分配内存
    m_image = new BYTE[m_xsize*m_ysize];

    m_image_fft = new BYTE[m_xsize*m_ysize];

    //读入表示的图像数据
    ::ReadImageData(m_image);

    return TRUE;  // return TRUE unless you set the focus to a control
    // 异常: OCX 属性页应返回 FALSE
}

void CFftDlg::PostNcDestroy()
{
    //释放内存
    delete[] m_image;
    delete[] m_image_fft;

    CDialog::PostNcDestroy();
}

void CFftDlg::OnClickedFftDisplay()
{
    // TODO: 在此添加控件通知处理程序代码
    UpdateData(TRUE);

    BYTE *image_out;

    //分配内存
    image_out = new BYTE[m_xsize*m_ysize];

    //图像的 FFT 变换及滤波处理
    ::FFTFilter(m_image, image_out, m_xsize, m_ysize, m_nFrom, m_nTo);

    //表示滤波后频率图像
    ::Disp_image(image_out);
    m_pParent->Invalidate();

    //释放内存
    delete [] image_out;
}

void CFftDlg::OnClickedFftFilterImage()
{
    UpdateData(TRUE);

    BYTE *image_out;

    //分配内存
    image_out = new BYTE[m_xsize*m_ysize];
```

```
        //图像的 FFT 变换、滤波处理、逆傅里叶变换
        ::FFTFilterImage(m_image, image_out, m_xsize, m_ysize, m_nFrom, m_nTo);

        //表示滤波后图像
        ::Disp_image(image_out);
        m_pParent->Invalidate();

        //释放内存
        delete [] image_out;
}

void CFftDlg::OnClickedFftImage()
{
        //将二次 FFT 的变换结果图像化
        ::FFTImage(m_image, m_image_fft, m_xsize, m_ysize);

        //表示 FFT 图像
        ::Disp_image(m_image_fft);
        m_pParent->Invalidate();
}

void CFftDlg::OnClickedFftOrigin()
{
        //表示原图像
        ::Disp_image(m_image);
        m_pParent->Invalidate();
}

void CFftDlg::OnBnClickedCancel()
{
        // TODO: Add your control notification handler code here
        CDialog::OnCancel();
}
```

List 14.7　FftDlg.h

```
// CFftDlg 对话框

class CFftDlg : public CDialog
{
        DECLARE_DYNAMIC(CFftDlg)

public:
        CFftDlg(CWnd* pParent = NULL);     // 标准构造函数
        virtual ~CFftDlg();

// 对话框数据
        enum { IDD = IDD_FFT_DIALOG };

protected:
        virtual void DoDataExchange(CDataExchange* pDX);       // DDX/DDV 支持
```

```
    /////////////////////////////////////////////////////////////
    //亲窗口具柄
    CWnd* m_pParent;

    //图像数据指针
    BYTE *m_image;

    //频率数据指针
    BYTE *m_image_fft;
    DECLARE_MESSAGE_MAP()
public:
    int m_xsize;
    int m_ysize;

    virtual BOOL OnInitDialog();
    virtual void PostNcDestroy();
    afx_msg void OnClickedFftDisplay();
    afx_msg void OnClickedFftFilterImage();
    afx_msg void OnClickedFftImage();
    afx_msg void OnClickedFftOrigin();
    int m_nTo;
    int m_nFrom;
    afx_msg void OnBnClickedCancel();
};
```

第 15 章

小波变换

15.1 基本概念

小波变换具有多分辨率特性，也称作多尺度特性，可以由粗到精地逐步观察信号，也可看成是用一组带通滤波器对信号做滤波。通过适当地选择尺度因子和平移因子，可得到一个伸缩窗，只要适当选择基本小波，就可以使小波变换在时域和频域都具有表征信号局部特征的能力，基于多分辨率分析与滤波器组相结合，丰富了小波分析的理论基础，拓宽了其应用范围。

15.1.1 小波与小波变换

小波（wavelet）意思是“小的波”或者“细的波”，是平均值为 0 的有效有限持续区间的波。具体地说，小波就是空间平方可积函数（square integrable function）$L^2(R)$（R 表示实数）中满足下述条件的函数或者信号 $\psi(t)$:

$$\int_R \left|\psi(t)\right|^2 \mathrm{d}t < \infty \tag{15.1}$$

$$\int_{R^*} \frac{\left|\Psi(\omega)\right|^2}{\left|\omega\right|} \mathrm{d}\omega < \infty \tag{15.2}$$

这时，$\psi(t)$也称为基小波（basic wavelet）或者母小波（mother wavelet），式（15.2）称为容许性条件。

$$\psi_{a,b}(t) = \frac{1}{\sqrt{a}}\psi\left(\frac{t-b}{a}\right) \tag{15.3}$$

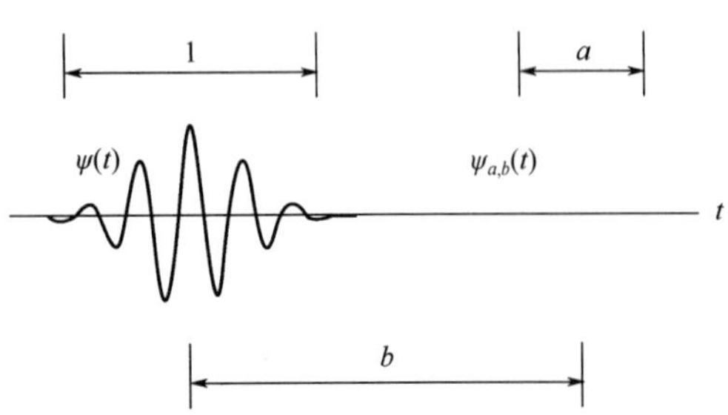

图 15.1　小波与小波函数

式（15.3）为由基小波生成的依赖于参数（a, b）的连续小波变换（continuous wavelet transform, CWT）函数，简称为小波函数（wavelet function），如图 15.1 所示，它是小波 $\psi(t)$在水平方向增加到 a 倍、平移 b 的距离得到的。$1/\sqrt{a}$ 是为了规范化（归一化）的系数。a 为尺度参数（scale），b 为平移参数（shift）。由于 a 表示小波的时间幅值，所以 $1/a$ 相当于频率。

对于任意的函数或者信号 $f(t) \in L^2(R)$，其连续小波变换为：

$$W(a,b) = \frac{1}{\sqrt{a}} \int_R f(t) \psi^* \left(\frac{t-b}{a} \right) \mathrm{d}t \tag{15.4}$$

如果小波满足式（15.5）所示条件，则其逆变换存在，其表达式如式（15.6）所示。

$$C_\psi = \int_{-\infty}^{\infty} \frac{|\psi(\omega)|^2}{|\omega|} \mathrm{d}\omega < \infty \tag{15.5}$$

$$f(t) = \frac{2}{C_\psi} \int_0^{\infty} \left[\int_{-\infty}^{\infty} W(a,b) \psi_{a,b}(t) \mathrm{d}b \right] \frac{\mathrm{d}a}{a^2} \tag{15.6}$$

在进行基于数值计算信号的小波变换及逆变换时，需要使用离散小波变换。

15.1.2　离散小波变换

一般 a、b 按下式取二进分割（binary partition），即可对连续小波离散化：

$$\begin{aligned} a &= 2^j \\ b &= k2^j \end{aligned} \tag{15.7}$$

如 $j=0, \pm 1, \pm 2, \cdots$ 离散化时，相当于小波函数的宽度减少一半，进而减少一半，或者增加一倍，进而增加一倍等进行伸缩。另外，由 $k=0, \pm 1, \pm 2, \cdots$ 能够覆盖所有的变量领域。

把式（15.7）代入式（15.3）得到的小波函数称为二进小波（dyadic wavelet），即：

$$\psi_{j,k}(t) = \frac{1}{\sqrt{2^j}} \psi \left(\frac{t-k2^j}{2^j} \right) = 2^{-\frac{j}{2}} \psi(2^{-j} t - k) \tag{15.8}$$

适当选取式（15.8）的 ψ 就可以使 $\{\psi_{j,k}\}$ 成为正交系。正交系包括平移正交和放大缩小正交。

15.1.3　小波族

下面介绍常用的小波族。

（1）哈尔小波（Haar wavelet）

哈尔小波是最早、最简单的小波，哈尔小波满足放大缩小的规范正交条件，任何小波的讨论都是从哈尔小波开始的。哈尔小波用公式表示如式（15.9）所示，用图表示为图 15.2。

$$\psi(t) = \begin{cases} 1, & 0 \leqslant t < 1/2 \\ -1, & 1/2 \leqslant t < 1 \\ 0, & \text{其他} \end{cases} \tag{15.9}$$

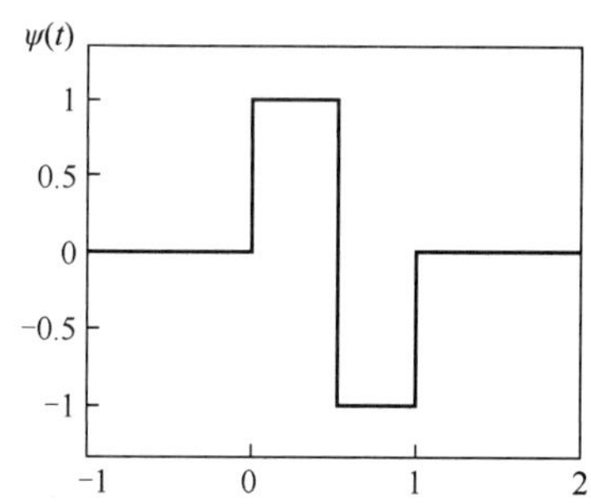

图 15.2　哈尔小波函数

（2）Daubechies 小波

Ingrid Daubechies 是小波研究的开拓者之一，发明了紧支撑正交小波，从而使离散小波分析实用化。Daubechies 族小波可写成 db$N$，在此 N 为阶（order），db 为小波名。

其中 db1 小波就等同于上述的 Haar 小波。图 15.3 是 Daubechies 族的其他 9 个成员的小波函数。

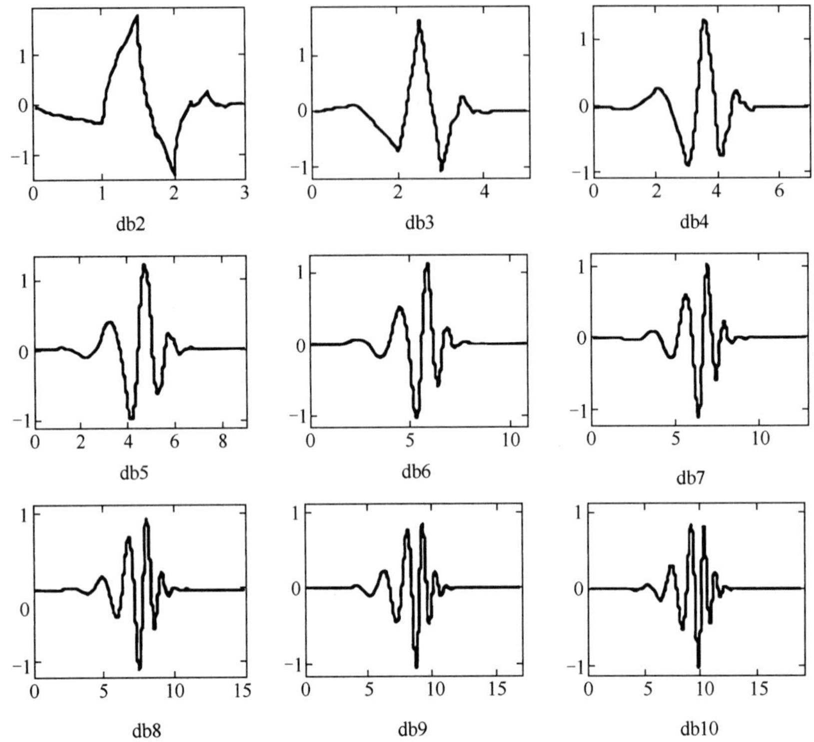

图 15.3 Daubechies 小波

另外，还有双正交样条小波（Biorthogonal）、Coiflets 小波、Symlets 小波、Morlet 小波、Mexican Hat 小波、Meyer 小波等。

15.1.4 信号的分解与重构

由被称为尺度函数的线性组合来近似表示信号。尺度函数的线性组合称为近似函数（approximated function）。近似的精度被称为级（level）或分辨率索引，第 0 级是精度最高的近似，级数越大表示越粗略的近似。任意第 j 级的近似函数与精度粗一级的第 $j+1$ 级的近似函数的差分就是小波。信号最终可以由第 1 级开始到任意级的小波与尺度函数的线性组合来表示。下面考虑把第 0 级的近似函数 $f_0(t)$用精度一直降到第 j 级的近似函数来表示。

$$
\begin{aligned}
f_0(t) &= f_1(t) + g_1(t) \\
f_1(t) &= f_2(t) + g_2(t) \\
&\cdots \\
f_{j-1}(t) &= f_j(t) + g_j(t)
\end{aligned}
\tag{15.10}
$$

在上式中，把最下面的 $f_{j-1}(t)$代入邻接的上式中所得到的式子，再代入其邻接的上式中，不断重复迭代上述操作直到 $f_0(t)$为止，可见 $f_0(t)$可以用 $f_j(t)$和 $g_j(t)$集合的和表示，如下式所示：

$$
\begin{aligned}
f_0(t) &= g_1(t) + g_2(t) + \cdots + g_j(t) + f_j(t) \\
&= \sum_{j=1}^{j} g_j(t) + f_j(t)
\end{aligned} \tag{15.11}
$$

这个公式的含义是，在把信号 $f_0(t)$用第 j 级的近似函数 $f_j(t)$来粗略近似地表示时，如果把粗略近似所失去的成分顺次附加上去的话，就可以恢复 $f_0(t)$。也就是，信号 $f_0(t)$能够表现为任意粗略级的近似函数 $f_j(t)$和第 0 级到第 j 级的小波成分的和。因此可以说，信号 $f_0(t)$能够用从第 1 级到第 j 级的 j 个分辨率即多分辨率的小波来表示。这种信号分析被称为多分辨率分析（multiresolution analysis）。

对于 Daubechies 这样的正交小波，由于函数本身及其尺度函数的形状复杂，用已知的函数难以表现。为此，Mallat 在 1989 年提出了用离散序列表示正交小波及其尺度函数的方法。在 Daubechies 小波中采用自然数 N 来赋予小波特征。表示 Daubechies 小波的尺度函数的序列 p_k 在表 15.1 给出。表示小波的序列 q_k ，是将 p_k 在时间轴方向上反转后，再将其系数符号反转得到的，即：

$$
q_k = (-1)^k p_{-k} \tag{15.12}
$$

表 15.1　Daubechies 序列 p_k

N=2	N=3	N=4
0.48296291314453	0.33267055295008	0.23037781330889
0.83651630373780	0.80689150931109	0.71484657055291
0.22414386804201	0.45987750211849	0.63088076792986
−0.12940952255126	−0.13501102001025	−0.02798376941686
	−0.08544127388203	−0.18703481171909
	0.03522629188571	0.03084138183556
		0.03288301166689
		−0.01059740178507

N=6	N=8	N=10
0.11154074335011	0.05441584224311	0.02667005790055
0.49462389039845	0.31287159091432	0.18817680007763
0.75113390802110	0.67563073629732	0.52720118893138
0.31525035170920	0.58535468365422	0.68845903945344
−0.22626469396544	−0.01582910525638	0.28117234366057
−0.12976686756727	−0.28401554296158	−0.24984642432716
0.09750160558732	0.00047248457391	−0.19594627437729
0.02752286553031	0.12874742662049	0.12736934033575
−0.03158203931749	−0.01736930100181	0.09305736460355
0.00055384220116	−0.04408825393080	−0.07139414716635
0.00477725751095	0.01398102791740	−0.02945753682184
−0.00107730108531	0.00874609404741	0.03321267405936
	−0.00487035299345	0.00360655356699
	−0.00039174037338	−0.01073317548330
	0.00067544940645	0.00139535174707
	−0.00011747678412	0.00199240529519
		−0.00068585669496
		−0.00011646685513
		0.00009358867032
		−0.00001326420289

图 15.4 表示了 N=3 的 Daubechies 小波及其尺度函数。比较图 15.4 和上面的表 15.1

中的 N=3 项会发现，表中的 p_k 仅定义了 6 个数值，而图却表示了一个相当复杂的函数形状。在下一小节中将说明从 $2N$ 个离散序列直接求取展开系数的方法。

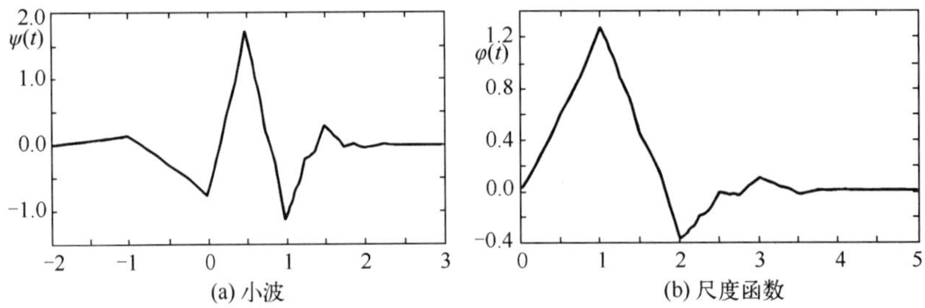

图 15.4　N=3 的 Daubechies 小波及其尺度函数

15.1.5　二维离散小波变换

由上面的讨论可知，由 Daubechies 小波所代表的正交小波及其尺度函数可以用离散序列表示。在这一小节中，介绍 Mallat 发现的利用这个离散序列来求取小波展开系数的方法。

如 15.1.2 小节所述，连续信号 $f(t)$的第 0 级的近似函数 $f_0(t)$按照下式由第 0 级的尺度函数展开：

$$f(t) \approx f_0(t) = \sum_k s_k^{(0)} \varphi(t-k) \tag{15.13}$$

其中：

$$s_k^{(0)} = \int_{-\infty}^{\infty} f(t) \varphi_{0,k}^*(t) \mathrm{d}t \tag{15.14}$$

然而，在 Daubechies 小波中，虽然 $2N$ 个离散序列被给出，但是由于尺度函数 $\varphi_{0,k}(t)$ 没有被给出，所以存在用上式不能计算 $s_k^{(0)}$的问题。

为了克服这个问题，由 Mallat 提出的方法是，把对信号采样得到序列 $f(n)$看作 $s_k^{(0)}$。Mallat 发现由于 $\varphi_{0,k}$ 在矩形或三角形的窗口上改变 k、平移时间轴，所以对于某 k 值，$s_k^{(0)}$ 给出从窗口能够看到的范围的信号中间值。这个信号的中间值相当于 $f(k)$。这意味着 $\varphi_{0,k}$ 是像 $\delta_k(t)$那样的德尔塔函数（δ function）。Mallat 认为 $\varphi_{0,k}(t)$具有基于德尔塔函数 $\delta_k(t)$重构相同的作用。在图像处理的应用方面，$f(n)$看作 $s_k^{(0)}$被证明在实用上是没有问题的。得到了 $s_k^{(0)}$以后，就可以基于 $s_k^{(0)}$求第 0 级以外的尺度系数 $s_k^{(j)}$及小波系数 $w_k^{(j)}$。

通过式（15.15）能够从第 0 级的尺度系数 $s_k^{(0)}$，依次求取高级数（低分辨率）的尺度系数。

$$s_k^{(j)} = \sum_n p_{n-2k}^* s_n^{(j-1)} \tag{15.15}$$

通过使用式（15.16），能够从第 0 级的尺度系数 $s_k^{(0)}$，依次求取高级数（低分辨率）的小波系数。

$$w_k^{(j)} = \sum_n q_{n-2k}^* s_n^{(j-1)} \tag{15.16}$$

下面对使用离散小波的二维图像数据的小波变换进行说明。图像数据作为二维的离散数据给出，用 $f(m,n)$表示。与二维离散傅立叶变换的情况相同，首先进行水平方向上的离散小波变换，对其系数再进行垂直方向上的小波变换。把图像数据 $f(m,n)$看作第 0 级的尺度系数 $s_{m,n}^{(0)}$。

首先，进行水平方向上的离散小波变换。

$$
\begin{aligned}
s_{m,n}^{(j+1,x)} &= \sum_k p_{k-2m}^* s_{k,n}^{(j)} \\
w_{m,n}^{(j+1,x)} &= \sum_k q_{k-2m}^* s_{k,n}^{(j)}
\end{aligned}
\tag{15.17}
$$

式中，$s_{m,n}^{(j+1,x)}$及 $w_{m,n}^{(j+1,x)}$分别表示水平方向的尺度系数及小波系数。j=0 时如图 15.5 所示。

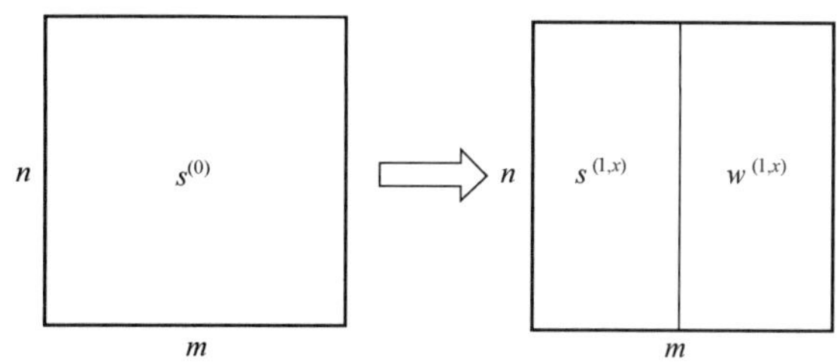

图 15.5　$s_{m,n}^{(0)}$的分解

接着，分别对系数进行垂直方向的离散小波变换。

$$
\begin{aligned}
s_{m,n}^{(j+1)} &= \sum_l p_{l-2n}^* s_{m,l}^{(j+1,x)} \\
w_{m,n}^{(j+1,h)} &= \sum_l q_{l-2n}^* s_{m,l}^{(j+1,x)} \\
w_{m,n}^{(j+1,v)} &= \sum_l p_{l-2n}^* w_{m,l}^{(j+1,x)} \\
w_{m,n}^{(j+1,d)} &= \sum_l q_{l-2n}^* w_{m,l}^{(j+1,x)}
\end{aligned}
\tag{15.18}
$$

式中，$w_{m,n}^{(j+1,h)}$表示在水平方向上使尺度函数起作用、垂直方向上使小波起作用的系数；$w_{m,n}^{(j+1,v)}$表示在水平方向上使小波起作用、垂直方向上使尺度函数起作用的系数；$w_{m,n}^{(j+1,d)}$表示在水平和垂直方向上全都使小波起作用的系数。j=0 时如图 15.6 所示。

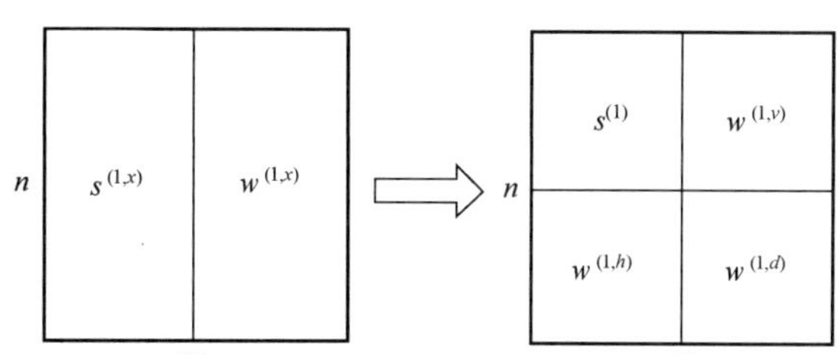

图 15.6　$s_{m,n}^{(1,x)}$及 $w_{m,n}^{(1,x)}$的分解

15.1.6 图像的小波变换编程

List 15.1 和 List 15.2 表示了一维离散小波变换和其逆变换的程序。List 15.3 和 List 15.4 表示了二维离散小波变换和其逆变换的程序。这些程序都是按照第 j 级的尺度系数 $s^{(j)}$来求第 j+1 级的小波系数 $w^{(j+1)}$及尺度系数 $s^{(j+1)}$。接着，由 $w^{(j+1)}$及 $s^{(j+1)}$重构 $s^{(j)}$。小波采用了 Daubechies（N=2）。另外，表示小波的序列 q_k ，是将 p_k 在时间轴方向上反转后，再将其系数符号反转得到的，如式（15.12）所示。

接下来使用 List 15.5 的程序对图 15.7（a）所示的图像进行二维小波变换。List 15.5 使用 List 15.3 的 wavelet2d 函数对图像信号 $f(m,n)$进行分解，使用 List 15.4 的 iwavelet2d 函数进行重构。图 15.7（b）表示对原始图像信号分解（即第一级小波分解）后的 4 个成分（或称为 4 个子图像），由图可见，$w^{(1,v)}$表现垂直方向上的高频成分，$w^{(1,h)}$表现水平方向上的高频成分，$w^{(1,d)}$表现对角线方向上的高频成分。另外，$s^{(1)}$表现对 $s^{(0)}$平均化的低频成分。对 $s^{(1)}$再进一步分解成 4 个成分（即第二级小波分解）的结果如图 15.7（c）所示。

(a) 原始图像　　(b) 一级小波分解　　(c) 二级小波分解

图 15.7　图像的小波变换示例

可见，在图像分解过程中，总的数据量既没有增加也没有减少。但是，一个图像经过小波变换后，得到一系列不同分辨率的子图像，即表示低频成分的子图像及表示不同方向上高频成分的子图像。高频成分的子图像上大部分数值都接近于 0，越是高频，这种现象越明显。所以，对于一幅图像来说，包含图像的主要信息是低频成分，而高频成分仅包含细节信息。因此，一个最简单的图像压缩方法是保存低频成分而去掉高频成分。

15.2 对话框功能说明

图 15.8 显示了小波变换的对话框。

（1）功能概述

小波变换对话框 WaveletDlg 提供了对图像进行小波变换、低频分量置零、高频分量置零处理及逆小波变换恢复图像的功能。用户可以通过该对话框查看原图像、小波变换后的图像，并对低频分量置零或高频分量进行置零处理，最后查看恢复后的图像。

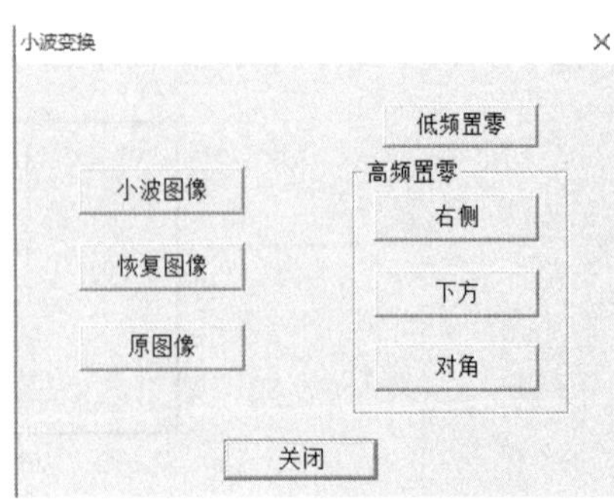

图 15.8　小波变换对话框

（2）按钮功能介绍

① 小波图像。

功能：显示图像经过小波变换后的结果图像。

② 恢复图像。

功能：显示经过逆小波变换恢复后的图像。

③ 原图像。

功能：显示原始图像。

④ 低频置零。

功能：对低频分量置零处理。

⑤ 高频置零。

功能：提供三个选项（右侧、下方、对角），用于选择对高频分量进行置零处理的方向。

右侧：对水平高频分量置零。

下方：对垂直高频分量置零。

对角：对对角高频分量置零。

⑥ 关闭。

功能：关闭小波变换对话框。

（3）使用流程

① 读入长宽相同的灰度原图像。

② 打开小波变换对话框。

③ 点击“小波图像”按钮查看图像经过小波变换后的结果。

④ 点击“低频置零”，或者“右侧”“下方”或“对角”按钮，对相应方向的高频分量进行置零处理。

⑤ 点击“恢复图像”按钮查看经过逆小波变换恢复后的图像。

⑥ 点击“原图像”按钮查看原始图像。

⑦ 完成操作后，点击“关闭”按钮关闭对话框。

15.3　对话框功能实现

在 DIPAX 工程上依次进行以下各步操作。

① 添加菜单：小波变换(W)，ID_WAVELET。参考 2.1.3 添加菜单。

② 添加菜单函数：void OnWavelet()。参考 2.1.4 添加菜单函数。

③ 添加对话框：IDD_WAVELET_DIALOG。参考 2.1.5 添加对话框。

④ 添加对话框类：CWaveletDlg。参考 2.1.6 添加对话框类。

⑤ 菜单与对话框连接，参考 2.1.7 菜单与对话框连接（模式）。操作步骤如下所述。

a. 在 DIPAXView.cpp 文件的上方添加小波变换对话框头文件：#include "WaveletDlg.h"。

b. 编辑菜单函数，在 List 3.3 DIPAXView.cpp 中找到 void CDIPAXView:: OnWavelet() 函数，输入函数内容。

⑥ 添加对话框功能。

表 15.2 给出了图 15.8 所示小波变换功能界面的名称、ID、参数、函数及功能（属性）说明。可以参考 2.1.8 小节和 2.1.9 小节，完成这些内容的添加。

表 15.2　对话框功能内容

序号	名称（属性）	ID	参数、函数、功能（属性）
1	小波图像	IDC_WAVELET_TRANS	void OnClickedWaveletTrans()
2	恢复图像	IDC_WAVELET_ITRANS	void OnClickedWaveletItrans()
3	原图像	IDC_WAVELET_ORIGIN	void OnClickedWaveletOrigin()
4	低频置零	IDC_WAVELET_FILTER_LOW	void OnClickedWaveletFilterLow()
5	高频置零	IDC_STATIC	静态文字
6	右侧	IDC_WAVELET_FILTER_V	void OnClickedWaveletFilterV
7	下方	IDC_WAVELET_FILTER_H	void OnClickedWaveletFilterH
8	对角	IDC_WAVELET_FILTER_D	void OnClickedWaveletFilterD
9	关闭	IDCANCEL	void OnBnClickedCancel()

⑦ 添加初始化函数 OnInitDialog()。参考 2.1.10 小节。

⑧ 添加关闭窗口函数 OnCancel()。该函数用于窗口右上角的“×”和键盘 ESC 键的功能。添加方法与初始化函数 OnInitDialog()相同，参考 2.1.10 小节。

小波变换对话框类的源代码显示在 List 15.6 和 List 15.7 中，完成上述添加后，参考 List 14.6 和 List 14.7 完成各个函数内容的填写，然后编译运行。

15.4　C 语言函数源代码

本节包含以下 C 语言函数源代码：List 15.1 一维小波变换、List 15.2 一维逆小波变换、List 15.3 二维小波变换、List 15.4 二维逆小波变换、List 15.5 二维小波信号图像化。完成本章处理内容，需要将这些函数输入（导入）DIPAX 工程（参考 3.3 节）。

List 15.1　一维小波变换

```
#include "StdAfx.h"
#include "BaseList.h"
#include <stdio.h>
#include <math.h>
//#include "fwt.h"

/*--- Wavelet1d --- 一维小波变换------------------------------------------
      s0        输入信号
      s_len     输入信号长
      p         比例配列 pk
      q         小波配列 qk
      sup       配列长
      s1        分解信号 s1
      w1        分解信号 w1
------------------------------------------------------------------------*/
```

```
void Wavelet1d (double *s0,int s_len,   double *p, double *q, int sup,
                        double *s1, double *w1)
{
   int n, k;
   int index;

   for (k = 0; k < s_len/2; k++) {
      s1[k] = 0.0;
      w1[k] = 0.0;
      for (n = 0; n < sup; n++) {
         index = (n+2*k)%s_len ;
         s1[k] += p[n] * s0[index];
         w1[k] += q[n] * s0[index];
      }
   }
}
```

List 15.2　一维逆小波变换

```
#include "StdAfx.h"
#include "BaseList.h"
#include <stdio.h>
#include <math.h>
//#include "fwt.h"

/*---Iwaveletel d --- 一维逆小波变换------------------------------------------
     s1         分解信号 s1
     w1         分解信号 w1
     s_len      信号长
     p          小波数列 pk
     q          比例数列 qk
     sup        数列长
     s0         恢复信号
----------------------------------------------------------------------------*/
void Iwavelet1d (double *s1, double *w1, int s_len, double *p,
                double *q, int sup, double *s0)
{
   int n, k;
   int index,ofs;

   ofs=max(1024,s_len);   //为了不使 index 为负数的补正值
   for (n = 0; n < s_len; n++) {
      s0[2*n+1] = 0.0;
      s0[2*n] = 0.0;
      for (k = 0; k < sup/2; k++) {
         index = (n-k+ofs)%s_len;
         s0 [2*n+1] += p[2*k+1] * s1[index] + q[2*k+1] * w1[index];
         s0 [2*n] += p[2*k] * s1[index] + q[2*k] * w1[index];
      }
   }

}
```

List 15.3 二维小波变换

```
#include "StdAfx.h"
#include "BaseList.h"
#include <stdio.h>
#include <math.h>

/*--- Wavelete2d --- 二维小波变换-----------------------------------------
    image_in:   输入图像数据指针
    xsize:      图像宽度
    ysize:      图像高度
    s1          j+1 级的二维比例系数
    w1v         j+1 级的二维小波系数（垂直方向成分）
    w1h         j+1 级的二维小波系数（水平方向成分）
    w1d         j+1 级的二维小波系数（对角方向成分）
---------------------------------------------------------------------------*/

void Wavelet2d (BYTE *image_in, int xsize, int ysize,
            double *s1, double *w1v, double *w1h, double *w1d)
{
  if(xsize != ysize) return;

  int i,j;
  double *s1x, *w1x;
  double *s1xt, *w1xt;
  double *s1t, *w1ht, *w1vt, *w1dt;
  double *s0;     // j 级的二维比例系数
  int s_len; //输入信号长
  s_len = xsize;

  s0 = new double[xsize*ysize];

  s1x = new double[s_len*(s_len/2)];
  w1x = new double[s_len*(s_len/2)];

  s1xt = new double[(s_len/2)*s_len];
  w1xt = new double[(s_len/2)*s_len];

  s1t = new double[(s_len/2)*(s_len/2)];
  w1ht = new double[(s_len/2)*(s_len/2)];
  w1vt = new double[(s_len/2)*(s_len/2)];
  w1dt = new double[(s_len/2)*(s_len/2)];


  int sup = 4; //小波数列 p_k 的长度
  double p[4]   = {0.482962913145, 0.836516303738,
                   0.224143868042, -0.129409522551};
                   //分割数列 p_k (N=2)
  double q[4];  //分割数列 q_k (N=2)

  for(i=0;i<sup;i++)  //由 p_k 生成 q_k
```

```
            q[i]=pow((double)-1,i)*p[sup-i-1];

    for(j = 0; j < ysize; j++)
        for(i=0; i<xsize; i++)
            *(s0 + j*xsize + i) = (double)(*(image_in + j*xsize +i));

    for (j = 0; j < s_len; j++) {
        Wavelet1d(&(*(s0 +j*s_len)),s_len,p,q,sup, &(*(s1x + j*(s_len/2))),
            &(*(w1x + j*(s_len/2))));
    } //将 s0 分解为 s1x 和 w1x

    for(j=0;j<s_len;j++){  //行列倒置
        for(i=0;i<s_len/2;i++){
            *(s1xt + i*s_len + j )=*(s1x + j*(s_len/2) + i);
            *(w1xt + i*s_len + j )=*(w1x + j*(s_len/2) + i);
        }
    }

    for (j = 0; j < s_len/2; j++) {
        Wavelet1d( &(*(s1xt + j*s_len)),s_len,p,q,sup, &(*(s1t + j*(s_len/2))),
            &(*(w1ht + j*(s_len/2))));
        //将 s1x 分解为 s1 和 w1h
        Wavelet1d( &(*(w1xt + j*s_len)),s_len,p,q,sup, &(*(w1vt + j*(s_len/2))),
            &(*(w1dt + j*(s_len/2))));
        //将 w1x 分解为 w1v 和 w1d
    }

    for(j=0;j<s_len/2;j++){  //行列倒置
        for(i=0;i<s_len/2;i++){
            *(s1 + i*(s_len/2) + j)=*(s1t + j*(s_len/2) + i);
            *(w1h + i*(s_len/2) + j)=*(w1ht + j*(s_len/2) + i);
            *(w1v + i*(s_len/2) + j)=*(w1vt + j*(s_len/2) + i);
            *(w1d + i*(s_len/2) + j)=*(w1dt + j*(s_len/2) + i);
        }
    }

    delete [] s1x;
    delete [] w1x;
    delete [] s1xt;
    delete [] w1xt;
    delete [] s1t;
    delete [] w1ht;
    delete [] w1vt;
    delete [] w1dt;
    delete [] s0;
}
```

List 15.4　二维逆小波变换

```
#include "StdAfx.h"
#include "BaseList.h"
```

```
#include <stdio.h>
#include <math.h>

/*--- Iwavelete2d --- 二维逆小波变换-------------------------------------------
    s1            j+1 级的二维比例系数
    w1v           j+1 级的二维小波系数（垂直方向成分）
    w1h           j+1 级的二维小波系数（水平方向成分）
    w1d           j+1 级的二维小波系数（对角方向成分）
    image_out:    输出图像数据指针
    xsize:        图像宽度
    ysize:        图像高度
---------------------------------------------------------------------------*/

void Iwavelet2d (double *s1, double *w1v, double *w1h, double *w1d,
                 BYTE *image_out, int xsize, int ysize)
{
    if(xsize != ysize) return;
    int i,j;
    double *s1x, *w1x;
    double *s1xt, *w1xt;
    double *s1t, *w1ht, *w1vt, *w1dt;
    double *s0;     // j 级的二维比例系数
    int s_len; //输入信号长
    s_len = xsize/2;

    s0 = new double[xsize*ysize];

    s1x = new double[(2*s_len)*s_len];
    w1x = new double[(2*s_len)*s_len];

    s1xt = new double[s_len*(2*s_len)];
    w1xt = new double[s_len*(2*s_len)];

    s1t = new double[s_len*s_len];
    w1ht = new double[s_len*s_len];
    w1vt = new double[s_len*s_len];
    w1dt = new double[s_len*s_len];

    int sup = 4; //小波数列 p_k 的长度
    double p[4]   = {0.482962913145, 0.836516303738,
                    0.224143868042, -0.129409522551};
                    //分割数列 p_k (N=2)
    double q[4];    //分割数列 q_k (N=2)


    for(i=0;i<sup;i++)  //由 p_k 生成 q_k
        q[i]=pow((double)-1,i)*p[sup-i-1];

    for(j=0;j<s_len;j++){  //行列倒置
        for(i=0;i<s_len;i++){
            *(s1t + j*s_len + i) = *(s1 + i*s_len + j);
```

```
            *(w1ht + j*s_len + i) = *(w1h + i*s_len + j);
            *(w1vt + j*s_len + i) = *(w1v + i*s_len + j);
            *(w1dt + j*s_len + i) = *(w1d + i*s_len + j);
        }
    }

    for (j = 0; j < s_len; j++) {
     Iwavelet1d(&(*(s1t + j*s_len)),&(*(w1ht + j*s_len)),s_len,p,q,sup,
                &(*(s1xt + j*2*s_len)));
            //由 s1 和 w1h 恢复 s1x
        Iwavelet1d(&(*(w1vt + j*s_len)),&(*(w1dt + j*s_len)),s_len,p,q,sup,
                &(*(w1xt + j*2*s_len)));
            //由 w1v 和 w1d 恢复 w1x
    }

    for(j=0;j<s_len;j++){ //行列倒置
        for(i=0;i<s_len*2;i++){
          *(s1x + i*s_len + j) = *(s1xt + j*2*s_len + i );
         *(w1x + i*s_len + j) = *(w1xt + j*2*s_len + i );
        }
    }

    //由 s1x 和 w1x 恢复 s0
    for (j = 0; j < s_len*2; j++) {
         Iwavelet1d(&(*(s1x + j*s_len)),&(*(w1x + j*s_len)),s_len,p,q,sup,&(*(s0 +j*2*s_len)));
    }

    double value;
    for(j = 0; j < ysize; j++)
    {
        for(i=0; i < xsize; i++)
        {
            value = *(s0 + j*xsize + i);
            *(image_out + j*xsize +i) = (BYTE)value;
        }
    }
    delete [] s1x;
    delete [] w1x;
    delete [] s1xt;
    delete [] w1xt;
    delete [] s1t;
    delete [] w1ht;
    delete [] w1vt;
    delete [] w1dt;
    delete [] s0;

}
```

List 15.5　二维小波信号图像化

```
#include "StdAfx.h"
```

```
#include "BaseList.h"
#include <stdio.h>
#include <math.h>

/*--- Wavelete2d_image ---  二维小波信号图像化-------------------------------------------
     s1              j+1 级的二维比例系数
     w1v             j+1 级的二维小波系数（垂直方向成分）
     w1h             j+1 级的二维小波系数（水平方向成分）
     w1d             j+1 级的二维小波系数（对角方向成分）
      image_out:  输出图像数据指针
     xsize:          图像宽度
     ysize:          图像高度

--------------------------------------------------------------------------*/
//二维小波信号图像化
void Wavelet2d_image (double *s1, double *w1v, double *w1h, double *w1d,
                                   BYTE *image_out, int xsize, int ysize)
{
        int i,j;
        double value;

        double maxs = (double)0;
        double mins = (double)500;

        double maxv = (double)0;
        double minv = (double)500;

        double maxh = (double)0;
        double minh = (double)500;

        double maxd = (double)0;
        double mind = (double)500;

        double sizes, sizev, sizeh, sized;

        for(j = 0; j < ysize/2; j++ )
        {
                for(i = 0; i < xsize/2; i++ )
                {
                  value = *(s1 + j*xsize/2 + i);
                    if(value > maxs ) maxs = value;
                    if(value < mins ) mins = value;

                    value = *(w1v + j*xsize/2 + i);
                    if(value > maxv ) maxv = value;
                    if(value < minv ) minv = value;

                    value = *(w1h + j*xsize/2 + i);
                    if(value > maxh ) maxh = value;
                    if(value < minh ) minh = value;
```

```
                value = *(w1d + j*xsize/2 + i);
                if(value > maxd ) maxd = value;
                if(value < mind ) mind = value;

            }
        }

        sizes = maxs - mins;
        sizev = maxv - minv;
        sizeh = maxh - minh;
        sized = maxd - mind;
        for(j = 0; j < ysize/2; j++ )
        {
            for(i = 0; i < xsize/2; i++ )
            {
                value = *(s1 + j*xsize/2 + i);
                *(image_out + j*xsize + i) = (BYTE)( (value-mins)*(double)255 / sizes);

                value = *(w1v + j*xsize/2 + i);
                *(image_out + j*xsize + i+xsize/2) = (BYTE)( (value-minv)*(double)255 / sizev);

                value = *(w1h + j*xsize/2 + i);
                *(image_out + (j+ysize/2)*xsize + i) = (BYTE)( (value-minv)*(double)255 / sizeh);

                value = *(w1d + j*xsize/2 + i);
                *(image_out + (j+ysize/2)*xsize + i+xsize/2) = (BYTE)( (value-minv)*(double)255 / sized);
            }
        }
    }
```

15.5　对话框类源代码

List 15.6 和 List 15.7 分别列出了小波变换对话框类的源文件 WaveletDlg.cpp 和头文件 WaveletDlg.h。

List 15.6　WaveletDlg.cpp

```
#include "stdafx.h"
#include "DIPAX.h"
#include "WaveletDlg.h"
#include "afxdialogex.h"
#include "Global.h"
#include "BaseList.h"

// CWaveletDlg 对话框

IMPLEMENT_DYNAMIC(CWaveletDlg, CDialog)

CWaveletDlg::CWaveletDlg(CWnd* pParent /*=NULL*/)
    : CDialog(CWaveletDlg::IDD, pParent)
```

```
{
    //初始化
    m_pimage_in = NULL;
    m_pimage_out = NULL;
    m_s1 = NULL;
    m_w1v = NULL;
    m_w1h = NULL;
    m_w1d = NULL;

    m_pParent = pParent;
}

CWaveletDlg::~CWaveletDlg()
{
    //释放内存
    delete [] m_pimage_in;
    delete [] m_pimage_out;
    delete [] m_s1;
    delete [] m_w1v;
    delete [] m_w1h;
    delete [] m_w1d;
}

void CWaveletDlg::DoDataExchange(CDataExchange* pDX)
{
    CDialog::DoDataExchange(pDX);
}

BEGIN_MESSAGE_MAP(CWaveletDlg, CDialog)
    ON_BN_CLICKED(IDC_WAVELET_FILTER_D, &CWaveletDlg::OnClickedWaveletFilterD)
    ON_BN_CLICKED(IDC_WAVELET_FILTER_H, &CWaveletDlg::OnClickedWaveletFilterH)
    ON_BN_CLICKED(IDC_WAVELET_FILTER_V, &CWaveletDlg::OnClickedWaveletFilterV)
    ON_BN_CLICKED(IDC_WAVELET_ITRANS, &CWaveletDlg::OnClickedWaveletItrans)
    ON_BN_CLICKED(IDC_WAVELET_ORIGIN, &CWaveletDlg::OnClickedWaveletOrigin)
    ON_BN_CLICKED(IDC_WAVELET_TRANS, &CWaveletDlg::OnClickedWaveletTrans)
    ON_BN_CLICKED(IDCANCEL, &CWaveletDlg::OnBnClickedCancel)
END_MESSAGE_MAP()

// CWaveletDlg 消息处理程序

BOOL CWaveletDlg::OnInitDialog()
{
    CDialog::OnInitDialog();

    //获取图像尺寸
    m_xsize = ::GetXSize();
    m_ysize = ::GetYSize();

    //分配内存
    m_pimage_in = new BYTE[m_xsize*m_ysize];
```

```
    m_pimage_out = new BYTE[m_xsize*m_ysize];
    m_s1 = new double[(m_xsize/2)*(m_ysize/2)];
    m_w1v = new double[(m_xsize/2)*(m_ysize/2)];
    m_w1h = new double[(m_xsize/2)*(m_ysize/2)];
    m_w1d = new double[(m_xsize/2)*(m_ysize/2)];

    //读入图像数据
    ::ReadImageData(m_pimage_in);

    //二维小波变换
    ::Wavelet2d (m_pimage_in, m_xsize, m_ysize, m_s1, m_w1v, m_w1h, m_w1d);

    return TRUE;   // return TRUE unless you set the focus to a control
    // 异常: OCX 属性页应返回 FALSE
}

void CWaveletDlg::OnCancel()
{
    CDialog::OnCancel();
}

void CWaveletDlg::OnClickedWaveletFilterD()
{
    int i, j;

    for(j = 0; j < m_ysize/2; j++ )
    {
        for(i = 0; i < m_xsize/2; i++ )
        {
            *(m_w1d + j*m_xsize/2 + i) = 0.0;
            *(m_pimage_out + (j+m_ysize/2)*m_xsize + i+m_xsize/2) = 0;
        }
    }

    //表示处理结果
    ::Disp_image(m_pimage_out);

    //更新画面
    m_pParent->Invalidate();
}

void CWaveletDlg::OnClickedWaveletFilterH()
{
    int i, j;

    for(j = 0; j < m_ysize/2; j++ )
    {
        for(i = 0; i < m_xsize/2; i++ )
        {
            *(m_w1h + j*m_xsize/2 + i) = 0.0;
            *(m_pimage_out + (j+m_ysize/2)*m_xsize + i) = 0;
```

```
        }
    }

    //表示处理结果
    ::Disp_image(m_pimage_out);

    //更新画面
    m_pParent->Invalidate();
}

void CWaveletDlg::OnClickedWaveletFilterV()
{
    int i, j;

    for(j = 0; j < m_ysize/2; j++ )
    {
        for(i = 0; i < m_xsize/2; i++ )
        {
            *(m_w1v + j*m_xsize/2 + i) = 0.0;
            *(m_pimage_out + j*m_xsize + i+m_xsize/2) = 0;

        }
    }

    //表示处理结果
    ::Disp_image(m_pimage_out);

    //更新画面
    m_pParent->Invalidate();
}

void CWaveletDlg::OnClickedWaveletItrans()
{
    //二维逆小波变换
    ::Iwavelet2d (m_s1, m_w1v, m_w1h, m_w1d, m_pimage_out, m_xsize, m_ysize );

    //表示处理结果
    ::Disp_image(m_pimage_out);

    //更新画面
    m_pParent->Invalidate();
}

void CWaveletDlg::OnClickedWaveletOrigin()
{
    //表示原图像
    ::Disp_image(m_pimage_in);

    //更新画面
    m_pParent->Invalidate();
}
```

```
void CWaveletDlg::OnClickedWaveletTrans()
{
    //二维小波变换
    ::Wavelet2d (m_pimage_in, m_xsize, m_ysize, m_s1, m_w1v, m_w1h, m_w1d);

    //小波信号图像化
    ::Wavelet2d_image (m_s1, m_w1v, m_w1h, m_w1d, m_pimage_out, m_xsize, m_ysize);

    //表示处理结果
    ::Disp_image(m_pimage_out);

    //更新画面
    m_pParent->Invalidate();
}

void CWaveletDlg::OnBnClickedCancel()
{
    CDialog::OnCancel();
}
```

List 15.7　WaveletDlg.h

```
#pragma once

// CWaveletDlg 对话框

class CWaveletDlg : public CDialog
{
    DECLARE_DYNAMIC(CWaveletDlg)

public:
    CWaveletDlg(CWnd* pParent = NULL);    // 标准构造函数
    virtual ~CWaveletDlg();

// 对话框数据
    enum { IDD = IDD_WAVELET_DIALOG };

    //亲窗口具柄
    CWnd* m_pParent;

    //输入图像指针
    BYTE *m_pimage_in;

    //输出图像指针
    BYTE *m_pimage_out;

    //小波信号
    double *m_s1;     //左上角
    double *m_w1v;    //右上角
    double *m_w1h;    //左下角
    double *m_w1d;    //右下角
```

```
        //图像尺寸
        int m_xsize;
        int m_ysize;

protected:
        virtual void DoDataExchange(CDataExchange* pDX);        // DDX/DDV 支持

        DECLARE_MESSAGE_MAP()
public:
        virtual BOOL OnInitDialog();
        virtual void OnCancel();
        afx_msg void OnClickedWaveletFilterD();
        afx_msg void OnClickedWaveletFilterH();
        afx_msg void OnClickedWaveletFilterV();
        afx_msg void OnClickedWaveletItrans();
        afx_msg void OnClickedWaveletOrigin();
        afx_msg void OnClickedWaveletTrans();
        afx_msg void OnBnClickedCancel();
};
```

第 16 章

模式识别

16.1 基本概念

模式识别（pattern recognition）就是当能够把认识对象分类成几个概念时，将被观测的模式与这些概念中的一类进行对应的处理。模式分类可以认为是模式识别的前处理或者一部分。

图像识别是模式识别的一个分支，特指模式识别的对象是图像，具体地说，它可以是物体的照片、影像、手写字符、遥感图像、超声波信号、CT 影像、MRI 影像、射电照片等。

如果一幅图像经过特征提取，得到一个 m 维的特征向量，那么这个样本就可以看作是 m 维特征空间中的一个点。模式识别的目标就是选择合适的特征，使得不同类的样本占据 m 维特征空间中的不同区域，同类样本在 m 维特征空间中尽可能的紧凑。在给定训练集以后，通过训练在特征空间中确定分割边界，将不同类样本分到不同的类别中。在统计决策理论中，分割边界是由每个类的概率密度分布函数来决定的，每个类的概率密度分布函数必须预先知道或者通过学习获得。学习分为参数化和非参数化，前者已知概率密度分布函数形式，需要估计其表征参数。而后者未知概率密度分布函数形式，要求直接推断概率密度分布函数。这种方法称为统计识别方法。统计识别方法分为几何分类法和概率统计分类法。以下介绍几何分类法的距离法。

距离法是最简单和最直观的几何分类方法。下面以最近邻法为例介绍一下这类方法。假设有 c 个类别 $\omega_1,\omega_2,\cdots,\omega_c$ 的模式识别问题，每类有样本 N_i 个，$i=1,2,\cdots,c$ 。可以规定 ω_i 类的判别函数为：

$$g_i(x)=\min_k\left\|x-x_i^k\right\| \quad k=1,2,\cdots,N_i \tag{16.1}$$

式中，x_i^k 的下角标 i 表示 ω_i 类，上角标 k 表示 ω_i 类 N_i 样本中的第 k 个。按照上式，决策规则可以写为：

若 $g_j(x)=\min\limits_i g_i(x), i=1,2,\cdots,c$ ，则决策为 $x\in\omega_j$ 。

其直观解释为：对未知样本 x，人们只要比较 x 与 $N=\sum\limits_{i=1}^{c}N_i$ 个已知样本之间的欧氏距离，就可决策 x 与离它最近的样本同类。

K-近邻法是最近邻法的一个推广。K-近邻法就是取未知样本 x 的 k 个近邻，看这 k 个近邻中多数属于哪一类，就把 x 归为哪一类。具体来说就是在 N 个已知样本中找出离 x 最近的 k 个样本，若 $k_1,k_2,\cdots,k_c$ 分别是 k 个近邻中属于 $\omega_1,\omega_2,\cdots,\omega_c$ 类的样本，则我们可以定义判别函数为：

$$g_i(x)=k_i, i=1,2,\cdots,c \tag{16.2}$$

决策规则为：

若 $g_j(x)=\max_i k_i$，则决策 $x\in\omega_j$。

K-近邻法的程序被列于 List 16.1。下面举例说明 K-近邻法的处理过程及处理结果。

对第 8 章的图 8.3（b）的二值图像，利用第 8 章的方法进行特征测量，测得的特征数据包括圆形度、面积、周长和圆心坐标。例如，测得的圆形度的特征参数如图 16.1（a）所示，对这些特征数据利用 List 16.1 的 K-近邻法程序进行分类，数据分类结果如图 16.1（b）所示，根据数据分类结果，对不同类的图像分别用不同的灰度值表示如图 16.2 所示，其中圆形度较大的 0 类的桔子和梨用较明亮的灰度值表示，圆形度较小的 1 类的两个香蕉用较暗的灰度值表示。

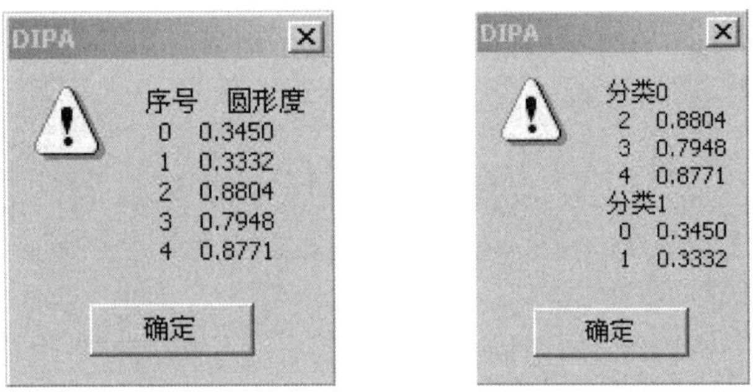

(a) 分类前　　(b) 分类后

图 16.1　圆形度特征参数

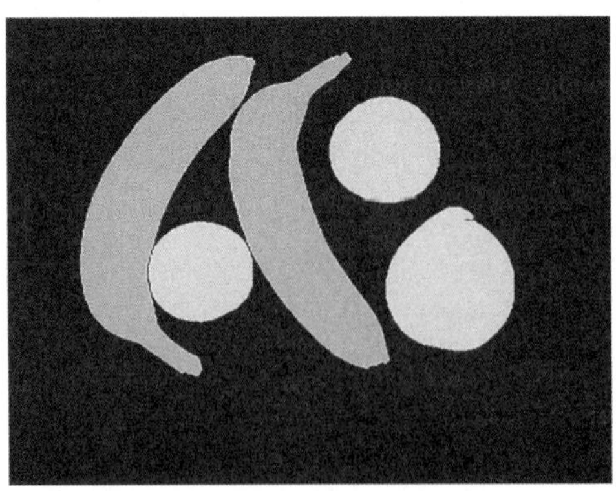

图 16.2　K-近邻法分类圆形度后的图像

也可以用测得的周长、面积及中心坐标进行分类。选择不同的参数，分类的结果不尽相同，对于不同的图像，有些参数可能不能获得很好的分类效果。

16.2　对话框功能说明

图 16.3 显示了模式识别的对话框。

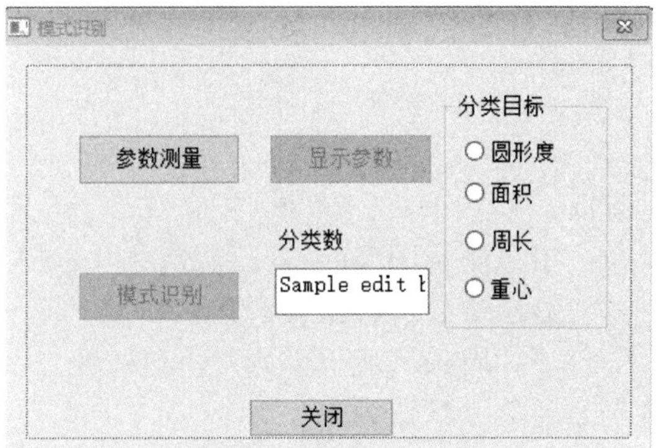

图 16.3　模式识别对话框

（1）功能概述

模式识别对话框 PatternRecogDlg 提供了一个用户友好的界面，用于进行图像的模式识别操作。用户可以通过该对话框选择分类目标（圆形度、面积、周长或重心），测量图像特征，执行模式识别，并查看分类结果。

（2）按钮功能介绍

① 分类目标。

功能：静态文本，说明接下来的操作是模式识别，指定分类的目标属性。

② 圆形度。

功能：单选按钮，用于选择以圆形度作为分类标准。

③ 面积。

功能：单选按钮，用于选择以面积作为分类标准。

④ 周长。

功能：单选按钮，用于选择以周长作为分类标准。

⑤ 重心。

功能：单选按钮，用于选择以重心作为分类标准。

⑥ 参数测量。

功能：按钮，点击后执行图像特征的测量，包括圆形度、面积、周长和重心等。

⑦ 显示参数。

功能：按钮，用于显示上一步测量的图像特征参数。该按钮在参数测量前为禁用状态。

⑧ 模式识别。

功能：按钮，用于执行模式识别操作，根据选择的分类标准对图像进行分类。该按钮在参数测量前为禁用状态。

⑨ 分类数。

功能：静态文本，提示用户输入分类的数量。

⑩ 编辑控件。

功能：用于输入分类的数量，是一个可编辑的文本控件。

⑪ 关闭。

功能：用于关闭模式识别对话框。

（3）使用流程

① 读入二值图像。

② 打开模式识别对话框。

③ 点击“参数测量”按钮，测量图像的特征参数。

④ 测量完成后，点击“显示参数”按钮查看测量结果。

⑤ 点击“圆形度”“面积”“周长”或“重心”单选按钮之一，选择分类标准。

⑥ 在编辑控件中输入分类数，默认为2。

⑦ 点击“模式识别”按钮执行分类操作。

⑧ 查看分类结果，对话框将显示分类结果，通过不同灰度值查看分类后的图像。

⑨ 完成操作后，点击“关闭”按钮关闭对话框。

16.3 对话框功能实现

在DIPAX工程上依次进行以下各步操作。

① 添加菜单：模式识别(R)，ID_PATTERN_RECOG。参考2.1.3添加菜单。

② 添加菜单函数：void OnPatternRecog()。参考2.1.4添加菜单函数。

③ 添加对话框：IDD_PATTERN_RECOG_DLG。参考2.1.5添加对话框。

④ 添加对话框类：CPatternRecogDlg。参考2.1.6添加对话框类。

⑤ 菜单与对话框连接。参考2.1.7菜单与对话框连接（模式）。操作步骤如下所述。

a. 在DIPAXView.cpp文件的上方添加特征提取对话框头文件：#include "PatternRecogDlg.h"。

b. 编辑菜单函数，在List 3.3 DIPAXView.cpp中找到void CDIPAXView::OnPatternRecog()函数，输入函数内容。

⑥ 添加对话框功能。

表16.1给出了图16.3所示模式识别功能界面的名称、ID、参数、函数及功能（属性）说明。可以参考2.1.8小节和2.1.9小节，完成这些内容的添加。

表16.1 对话框功能内容

序号	名称（属性）	ID	参数、函数、功能（属性）
1	分类目标	IDC_STATIC	静态文字
2	圆形度	IDC_PATTERN_RADIO1	Group：True int m_nPattern
3	面积	IDC_PATTERN_RADIO2	Group：False
4	周长	IDC_PATTERN_RADIO3	Group：False
5	重心	IDC_PATTERN_RADIO4	Group：False

续表

序号	名称（属性）	ID	参数、函数、功能（属性）
6	参数测量	IDC_PATTERN_MEASURE	void OnClickedPatternMeasure()
7	显示参数	IDC_PATTERN_DISP	Disabled: True void :OnClickedPatternDisp()
8	模式识别	IDC_PATTERN_RECOGNISION	Disabled: True void OnClickedPatternRecognision()
9	分类数	IDC_STATIC	静态文字
10	（编辑控件）	IDC_PATTERN_NUMBER	int m_NumClusters
11	关闭	IDCANCEL	void OnBnClickedCancel()

表 16.1 中的序号是从左到右、从上到下排序。没有名称的序号，在括号内说明了其性质。单选按钮，需要设定“圆形度”ID 的属性 Group 为 True，其他 ID 为 Flase，然后用“Tab Order”排序。

⑦ 添加初始化函数 OnInitDialog()。参考 2.1.10 小节。

⑧ 添加对话框关闭的后处理函数 PostNcDestroy()。添加方法与初始化函数 OnInitDialog()相同，参考 2.1.10 小节。

模式识别对话框类的源代码显示在 List 16.2 和 List 16.3 中，完成上述添加后，参考 List 16.2 和 List 16.3 完成各个函数内容的填写，然后编译运行。

16.4　C 语言函数源代码

本节包含以下 C 语言函数源代码：List 16.1　K-近邻法，完成本章处理内容，需要将该函数输入（导入）DIPAX 工程（参考 3.3 节）。

List 16.1　K-近邻法

```
#include "StdAfx.h"
#include "BaseList.h"

/*---- KMeans --- K-邻近法模式识别 -----------------------
        Pattern:            输入模式数据指针
        SizeVector:         输入模式数据维数
        NumClusters:        输入分类个数
        Cluster:            输出分类结果
---------------------------------------------------------------*/
// Step 3 of K-means
int  CalcNewClustCenters(double *Pattern, int NumPatterns, int SizeVector, int NumClusters, aCluster
*Cluster);

//ret indx of clust closest to pattern whose index is arg
int FindClosestCluster(int pat, double *Pattern, int NumPatterns, int SizeVector, int NumClusters, aCluster
*Cluster);

void KMeans(double *Pattern, int NumPatterns, int SizeVector, int NumClusters, aCluster *Cluster)
{
        int i,j;
```

```
        int pat,Clustid,MemberIndex;
        //Initial cluster centers
        for (i=0; i<NumClusters; i++) {
                Cluster[i].Member[0]=i;
                for (j=0; j<SizeVector; j++) {
                        Cluster[i].Center[j]=Pattern[j*NumClusters + i];
                }
        }

        int converged;
        int pass;
        int SV, NC, NP;
        pass=1;
        converged=FALSE;
        while (converged==FALSE) {
                ///////////////////
                //Clear membership list for all current clusters
                for (i=0; i<NumClusters;i++){
                        Cluster[i].NumMembers=0;
                }
                for (pat=0; pat<NumPatterns; pat++) {
                        //Find cluster center to which the pattern is closest
                        NP = NumPatterns;
                        SV = SizeVector;
                        NC = NumClusters;
                        Clustid= FindClosestCluster(pat, Pattern, NP, SV, NC, Cluster );
                        if(Clustid < 0 ) return;
                        //post this pattern to the cluster
                        MemberIndex=Cluster[Clustid].NumMembers;
                        Cluster[Clustid].Member[MemberIndex]=pat;
                        Cluster[Clustid].NumMembers++;
                }
                /////////////////////
                NP = NumPatterns;
                SV = SizeVector;
                NC = NumClusters;
                converged=CalcNewClustCenters(Pattern, NP, SV, NC, Cluster);
                pass++;
        }

    }

    int FindClosestCluster(int pat, double *Pattern, int NumPatterns, int SizeVector, int NumClusters, aCluster
*Cluster)
    {
        int i, ii, ClustID, p, c;
        double MinDist, d, dist;
        MinDist =9.9e+99;
        ClustID=-1;
        for (i=0; i<NumClusters; i++) {
        //      d=EucNorm(pat,i, Pattern, SV, Cluster);
```

```
            /////////////////
            dist=0.0;
            c = i;
            p = pat;
            for (ii=0; ii<SizeVector ;ii++){
                dist += (Cluster[c].Center[ii]-Pattern[ii*NumPatterns + p])*(Cluster[c].Center[ii]-
Pattern[ii*NumPatterns + p]);
            }
            d = dist;
            ////////////////////
            //    printf("Distance from pattern %d to cluster %d is %f\n\n",pat,i,sqrt(d));
            if (d<MinDist) {
                MinDist=d;
                ClustID=i;
            }
        }

        return ClustID;
    }

    int CalcNewClustCenters(double *Pattern, int NumPatterns, int SizeVector, int NumClusters, aCluster
*Cluster)
    {
        int ConvFlag,VectID,i,j,k;
        double tmp[MAXVECTDIM];

        ConvFlag=TRUE;

        for (i=0; i<NumClusters; i++) {                          //for each cluster

            for (j=0; j<SizeVector; j++) {                        // clear workspace
                tmp[j]=0.0;
            }
            for (j=0; j<Cluster[i].NumMembers; j++) { //traverse member vectors
                VectID=Cluster[i].Member[j];
                for (k=0; k<SizeVector; k++) {                   //traverse elements of vector
                    tmp[k] += Pattern[k*NumPatterns + VectID];            // add (member) pattern elmnt
into temp
                }
            }
            for (k=0; k<SizeVector; k++) {                       //traverse elements of vector
                tmp[k]=tmp[k]/Cluster[i].NumMembers;
                if (tmp[k] != Cluster[i].Center[k])
                    ConvFlag=FALSE;
                Cluster[i].Center[k]=tmp[k];
            }
        }
        return ConvFlag;
    }
```

16.5 对话框类源代码

List 16.2 和 List 16.3 分别列出了模式识别对话框类的源文件 PatternRecogDlg.cpp 和头文件 PatternRecogDlg.h。

List 16.2 PatternRecogDlg.cpp

```
#include "stdafx.h"
#include "DIPAX.h"
#include "PatternRecogDlg.h"
#include "afxdialogex.h"
#include "Global.h"

// CPatternRecogDlg 对话框

IMPLEMENT_DYNAMIC(CPatternRecogDlg, CDialog)

CPatternRecogDlg::CPatternRecogDlg(CWnd* pParent /*=NULL*/)
	: CDialog(CPatternRecogDlg::IDD, pParent)
{

	m_NumClusters = 2;
	m_nPattern = 0; //保存表示画面具柄
	m_pParent = pParent;

	//初始化
	m_pimage_in = NULL;
	m_pimage_label = NULL;
	m_pimage_out = NULL;

	m_fsize = NULL;
	m_fradio = NULL;
	m_flength = NULL;

	m_ncenter_x = NULL;
	m_ncenter_y = NULL;
}

CPatternRecogDlg::~CPatternRecogDlg()
{
}

void CPatternRecogDlg::DoDataExchange(CDataExchange* pDX)
{
	CDialog::DoDataExchange(pDX);
	DDX_Text(pDX, IDC_PATTERN_NUMBER, m_NumClusters);
	DDX_Radio(pDX, IDC_PATTERN_RADIO1, m_nPattern);
}
```

```
BEGIN_MESSAGE_MAP(CPatternRecogDlg, CDialog)
    ON_BN_CLICKED(IDC_PATTERN_DISP, &CPatternRecogDlg::OnClickedPatternDisp)
    ON_BN_CLICKED(IDC_PATTERN_MEASURE, &CPatternRecogDlg::OnClickedPatternMeasure)
    ON_BN_CLICKED(IDC_PATTERN_RECOGNISION, &CPatternRecogDlg::
OnClickedPatternRecognision)
    ON_BN_CLICKED(IDCANCEL, &CPatternRecogDlg::OnBnClickedCancel)
END_MESSAGE_MAP()

// CPatternRecogDlg 消息处理程序

BOOL CPatternRecogDlg::OnInitDialog()
{
    CDialog::OnInitDialog();

    //获取图像尺寸
    m_xsize = ::GetXSize();
    m_ysize = ::GetYSize();

    //分配内存
    m_pimage_in = new BYTE[m_xsize*m_ysize];
    m_pimage_label = new BYTE[m_xsize*m_ysize];
    m_pimage_out = new BYTE[m_xsize*m_ysize];

    //读入表示的图像数据
    ::ReadImageData(m_pimage_in);

    //区域个数初始化
    m_ncnt = 0;

    return TRUE;  // return TRUE unless you set the focus to a control
    // 异常: OCX 属性页应返回 FALSE
}

void CPatternRecogDlg::PostNcDestroy()
{
    //释放内存
    if(m_pimage_in)
    {
        delete [] m_pimage_in;
        m_pimage_in = NULL;
    }
    if(m_pimage_label)
    {
        delete [] m_pimage_label;
        m_pimage_label = NULL;
    }
    if(m_pimage_out)
    {
        delete [] m_pimage_out;
        m_pimage_out = NULL;
    }
```

```
    if(m_fsize)
    {
        delete [] m_fsize;
        m_fsize = NULL;
    }
    if(m_fradio)
    {
        delete [] m_fradio;
        m_fradio = NULL;
    }

    if(m_flength)
    {
        delete [] m_flength;
        m_flength = NULL;
    }

    if(m_ncenter_x)
    {
        delete [] m_ncenter_x;
        m_ncenter_x = NULL;
    }

    if(m_ncenter_y)
    {
        delete [] m_ncenter_y;
        m_ncenter_y = NULL;
    }
    CDialog::PostNcDestroy();

}

void CPatternRecogDlg::OnClickedPatternDisp()
{
    UpdateData(TRUE);
    //表示测算数据
    int i;
    CString str1, str;

    if(m_nPattern == 0)//圆形度
    {
        str.Format("序号      圆形度  \n");
        for(i=0; i<m_ncnt; i++)
        {
            str1.Format("%3d    %8.4f\n", i, m_fradio[i]);
            str = str + str1;
        }
    }
    else if(m_nPattern == 1)//面积
    {
```

```
        str.Format("序号       面积  \n");
        for(i=0; i<m_ncnt; i++)
        {
            str1.Format("%3d    %8d\n", i, (int)m_fsize[i]);
            str = str + str1;
        }
    }
    else if(m_nPattern == 2)//周长
    {
        str.Format("序号       周长  \n");

        for(i=0; i<m_ncnt; i++)
        {
            str1.Format("%3d    %8.4f\n", i, m_flength[i]);
            str = str + str1;
        }
    }

    else //重心位置
    {
        str.Format("序号       重心  \n");

        for(i=0; i<m_ncnt; i++)
        {
            str1.Format("%3d    (%d, %d)\n", i, m_ncenter_x[i], m_ncenter_y[i]);
            str = str + str1;
        }
    }
    AfxMessageBox(str);
}

void CPatternRecogDlg::OnClickedPatternMeasure()
{
    int i, j;
    //消除周围像素
    for( i = 0; i < m_xsize; i++)
    {
        *(m_pimage_in + i) = 0;
        *(m_pimage_in + m_xsize + i) = 0;
        *(m_pimage_in + (m_ysize-1)*m_xsize + i) = 0;
        *(m_pimage_in + (m_ysize-2)*m_xsize + i) = 0;
    }
    for( j = 0; j < m_ysize; j++)
    {
        *(m_pimage_in + j*m_xsize ) = 0;
        *(m_pimage_in + j*m_xsize + 1 ) = 0;
        *(m_pimage_in + j*m_xsize + m_xsize-1) = 0;
        *(m_pimage_in + j*m_xsize + m_xsize-2) = 0;
    }

    //贴标签处理（区域处理）
```

```
    int nRnt = Labeling(m_pimage_in, m_pimage_label, m_xsize, m_ysize, &m_ncnt);

    if(nRnt == -1)//标签个数太多
    {
        m_ncnt = 0;
        return;
    }
    if(m_ncnt == 0)//没有测试对象
        return;

    m_NumPatterns = m_ncnt;

    //分配内存
    m_fradio = new float[m_ncnt];
    m_fsize = new float[m_ncnt];
    m_flength = new float[m_ncnt];
    m_ncenter_x = new int[m_ncnt];
    m_ncenter_y = new int[m_ncnt];

    //测算特征数据
    ::Features(m_pimage_label, m_pimage_out, m_xsize, m_ysize, m_ncnt, m_fsize,
               m_flength, m_fradio, m_ncenter_x, m_ncenter_y);

    //表示处理结果
    ::Disp_image(m_pimage_out);

    //更新画面
    m_pParent->Invalidate();

    //使数据表示键有效
    GetDlgItem(IDC_PATTERN_RECOGNISION)->EnableWindow(TRUE);
    GetDlgItem(IDC_PATTERN_DISP)->EnableWindow(TRUE);
}

void CPatternRecogDlg::OnClickedPatternRecognision()
{
    UpdateData(TRUE);

    if(m_nPattern == 3)
        m_SizeVector = 2;
    else
        m_SizeVector = 1;

    m_pPattern = new double[m_NumPatterns*m_SizeVector];
    m_pCluster = new aCluster[m_NumClusters];

    //代入模式数据
    int i, j;
    if(m_nPattern == 0)//圆形度
    {
        for (i=0; i<m_NumPatterns; i++) {
```

```
            m_pPattern[i] = m_fradio[i];
        }
    }
    else if(m_nPattern == 1)//面积
    {
        for (i=0; i<m_NumPatterns; i++) {
            m_pPattern[i] = m_fsize[i];
        }
    }
    else if(m_nPattern == 2)//周长
    {
        for (i=0; i<m_NumPatterns; i++) {
            m_pPattern[i] = m_flength[i];
        }
    }

    else //圆心位置
    {
        for (i=0; i<m_NumPatterns; i++) {

            m_pPattern[i] = (double)m_ncenter_x[i];
            m_pPattern[ m_NumPatterns + i] = (double)m_ncenter_y[i];
        }
    }

    KMeans(m_pPattern, m_NumPatterns, m_SizeVector, m_NumClusters, m_pCluster);

    int out, x, y;
    double center;

    CString str, str1, str2;

    if(m_nPattern != 3)
    {
        for(i = 0; i < m_NumClusters; i++)
        {
            str1.Format("分类%d\n",i);
            for(j = 0; j < m_pCluster[i].NumMembers; j++)
            {
                out = m_pCluster[i].Member[j] ;
                center = m_pPattern[out];
                str2.Format("%3d    %8.4f\n", out, center);
                str1 += str2;
            }
            str += str1;
        }
    }
    else
    {
        for(i = 0; i < m_NumClusters; i++)
        {
```

```
                str1.Format("分类%d\n",i);
                for(j = 0; j < m_pCluster[i].NumMembers; j++)
                {
                        out = m_pCluster[i].Member[j] ;
                        x = (int)m_pPattern[out];
                        y = (int)m_pPattern[m_NumPatterns + out];
                        str2.Format("%3d    (%d, %d)\n", out, x, y);
                        str1 += str2;
                }
                str += str1;
        }
}

AfxMessageBox(str);

//用不同灰度值表示分类后图像
int p,pp;
int ii,jj;
BOOL flage;
for(j = 0; j < m_ysize; j++)
{
        for(i = 0; i < m_xsize; i++)
        {
                p = *(m_pimage_label + j*m_xsize + i) - L_BASE;
                if( p >= 0 )
                {
                        flage = FALSE;
                        for(ii = 0; ii < m_NumClusters; ii++)
                        {
                                for(jj = 0; jj < m_pCluster[ii].NumMembers; jj++)
                                {
                                        out = m_pCluster[ii].Member[jj] ;
                                        if(p == out)
                                        {
                                                pp = 255 - 100*(1+ii)/m_NumClusters ;
                                                if(pp < 10 ) pp = 10;
                                                *(m_pimage_out + j*m_xsize + i) = pp;
                                                flage = TRUE;
                                                break;
                                        }
                                }
                                if(flage == TRUE) break;
                        }
                }
        }
}

//表示处理结果
::Disp_image(m_pimage_out);

//更新画面
```

```
        m_pParent->Invalidate();

    delete [] m_pPattern;
    delete [] m_pCluster;
}

void CPatternRecogDlg::OnBnClickedCancel()
{
    CDialog::OnCancel();
}
```

List 16.3　PatternRecogDlg.h

```
#pragma once

#include "BaseList.h"

// CPatternRecogDlg dialog

class CPatternRecogDlg : public CDialog
{
    DECLARE_DYNAMIC(CPatternRecogDlg)

public:
    CPatternRecogDlg(CWnd* pParent = NULL);    //标准构造函数
    virtual ~CPatternRecogDlg();

// 对话框数据
    enum { IDD = IDD_PATTERN_RECOG_DLG };
    //亲窗口具柄
    CWnd* m_pParent;

    //输入图像指针
    BYTE *m_pimage_in;

    //输出图像指针
    BYTE *m_pimage_out;

    //区域标记图像指针
    BYTE *m_pimage_label;

    //面积数据指针
    float *m_fsize;

    //圆形度数据指针
    float *m_fradio;

    //长度数据指针
    float *m_flength;

    //重心坐标数据指针
    int *m_ncenter_x;
```

```
        int *m_ncenter_y;

        //区域个数
        int m_ncnt;

        //图像尺寸
        int m_xsize;
        int m_ysize;

        //样本数
        int m_NumPatterns;

        //样本维数
        int m_SizeVector;

        //分类模式数据
        double *m_pPattern;

        //分类结果数据
       aCluster *m_pCluster;//[MAXCLUSTER];

protected:
        virtual void DoDataExchange(CDataExchange* pDX);        // DDX/DDV 支持

        DECLARE_MESSAGE_MAP()
public:
        int m_NumClusters;
        int m_nPattern;
        virtual BOOL OnInitDialog();
        virtual void PostNcDestroy();
        afx_msg void OnClickedPatternDisp();
        afx_msg void OnClickedPatternMeasure();
        afx_msg void OnClickedPatternRecognision();
        afx_msg void OnBnClickedCancel();
};
```